例題で学ぶ
はじめての微分方程式

鬼塚政一・榊原航也・濱谷義弘
共著

培風館

はじめに

本書は，微分方程式をはじめて学ぶ読者を対象にした入門書です．特に解を求めること (解法) を中心に解説しています．大学の初年次で学ぶ微分積分や線形代数の知識があると望ましいですが，高校で学ぶ微分積分の公式の知識だけでも多くの内容を読み進めることができます．学ぶ内容をできるだけ絞り，その分紙面を割いてていねいに説明しました．数学に自信がない読者にもストレスなく読んでもらえるように，以下のような工夫をしています．

まず，**例** を参考にして問題の解き方をわかりやすく解説します．他書でははぶかれるような計算でも省略せず，ていねいな計算を心がけました．また，「です・ます調」のやわらかい文体を使い，やさしい表現になるように言葉にも気を配りました．

次に，**例題** をあげて解答の書き方をしっかりと学ぶことができるようにしました．問題の解答を書く際のお手本として「である調」を使って書いています．例と同様に，できるだけていねいに計算式を書きました．

そして節末には関連する **問題** をあげて，読者が自身で理解度を確認できるようにしました．はじめは解きやすい簡単な問題から徐々に難易度を上げた問題を載せています．巻末には解答を付けていますので，答えを確認することができます．

以上のように “例” と “例題” で学び，読者の誰もがしっかりと微分方程式の基礎を理解できる教科書をめざして本書を執筆しました．

さて，本書の内容は次のとおりです．

1 章は，微分方程式とその解について具体的な例をとおして説明するところからはじめます．ここでは，1 階微分方程式とよばれるもっとも単純で基本的な方程式を解けるようになることが目標です．2 章では，2 階微分方程式と高階微分方程式の解法を中心に学びます．まず，同次方程式とよばれる基準になる方程式の解法を紹介し，次に，非同次方程式の解の形を推測して求める解法について説明します．ここまでの内容については，高校で学ぶ微分積分の公式と逆三角関数の微分積分の公式だけでほとんどを読み進めることができます．

3 章と 4 章は“ベクトル”や“行列”を用いた微分方程式が登場します．線形代数の知識があることが望ましいですが，例や例題でていねいに説明 (復習) しますので行列の和・差・積について理解していれば十分です．3 章では，連立線形微分方程式の解法を中心に説明します．また，行列の指数関数とそれを用いた定数変化法について解説します．4 章では，2 次元平面上に 2 元連立線形微分方程式の解の軌道を描き，視覚的 (幾何学的) に解の特徴をとらえる方法を説明します．他書では解軌道の描画をコンピュータに任せることが多いですが，本書では視覚的にも微分方程式の解について理解してもらえるよう，解軌道を“手描きする”方法を説明しています．加えて，微分方程式の安定性について，線形近似の方法やリヤプノフ関数による判定法を説明します．

以上の 1～4 章それぞれの最後の節には，さまざまな現象を記述する数理モデルを紹介しています．紙幅の都合により本書に載せることができなかった数理モデルについては Web へゆずることにしましたので，微分方程式がどのようなことに役立つかをもっと知りたい読者は，ぜひ Web の補足資料をご一読ください．

Web 資料はコチラ

最後に 5 章では，その他の解法として，べき級数による解法とラプラス変換による解法について解説しました．基本的な微分方程式の解法をまず学ぶには，1, 2 章のあとに 5 章を学ぶという順番で勉強することもできます．

なお，本書では数学的な厳密性や詳細を他書へゆずった箇所もいくつかありますが，その分わかりやすさに重点をおきましたので，誰もが理解できる教科書として結実したと信じています．本書を手にした読者のみなさんが，微分方程式の解や解法についての理解を深め，微分方程式を解く楽しさにふれてもらえたら幸いです．また，本書で身につけた知識や技能が理工学のみならず種々の科学を学ぶ際に役立つ基礎となることを期待しています．

最後になりましたが，本書執筆の際にさまざまなご助言やアイデアをいただきました培風館の岩田誠司氏および編集部の方々に心より感謝申し上げます．誰にでもわかるていねいな教科書を作りたいという著者らの希望にしっかりと応えてくれました．また，著者らを支えてくれた家族や同僚，そして日頃の講義でさまざまな疑問・質問を投げかけてくれた学生諸君に感謝いたします．

2024 年 2 月

著 者 一 同

目　次

1

1 階微分方程式

本章では，微分方程式とその解について説明したあと，さまざまな形 (または型) の 1 階微分方程式の解を求める方法 (解法) について紹介します．すべての微分方程式が解けるわけではありませんが，微分方程式の形をみきわめることで，解が求まる場合があります．特に，変数分離形や非同次 1 階線形微分方程式の解法を基本とし，同次形，ベルヌーイ型，リッカチ型，完全形とよばれる 1 階微分方程式の解法を解説します．

1.1 微分方程式とは？

●微分方程式とその解について

これまで学んできた方程式 (“=” で結ばれた式) とは，例えば，

$$2x+3=0, \qquad x^2-3x+2=0, \qquad \sin x = 1$$

など，未知の値 x のみが含まれたものでした．本書で扱う**微分方程式**とは，未知の関数 $y(x)$ に加え，その導関数 $y'(x)$ や 2 次導関数 $y''(x)$ など “微分” を含む方程式のことをいいます[1]．

例 例えば，

微分方程式の例 (1)

$$y'(x) = 2 \tag{1.1.1}$$

を考えましょう．この方程式は 1 次導関数 $y'(x)$ を含みますので，1 階微分方程式とよばれます．これをみたす関数として，

$$y(x) = 2x$$

1) $y'(x)$ は，$\{y(x)\}'$, $\dfrac{\mathrm{d}}{\mathrm{d}x}y(x)$, $\dfrac{\mathrm{d}y}{\mathrm{d}x}(x)$, $\dfrac{\mathrm{d}y(x)}{\mathrm{d}x}$ などの記号で表されることもあります．

をあげることができます．実際に，$y(x)$ を x で微分すると，

$$y'(x) = (2x)' = 2$$

となって微分方程式 (1.1.1) の形になり，$y(x)$ は微分方程式 (1.1.1) をみたしています． ■

このように，微分方程式をみたす関数 $y(x)$ を微分方程式の**解**とよびます．

例 もう一つ例を紹介します．

微分方程式の例 (2)

$$y'(x) = 2y(x) \tag{1.1.2}$$

を考えます．この方程式も 1 次導関数 $y'(x)$ を含みますので，1 階微分方程式です．これをみたす関数としては，

$$y(x) = \mathrm{e}^{2x}$$

をあげることができます．実際に，$y(x)$ を x で微分しますが，e^{2x} は e^{z} と $z = 2x$ の合成関数であることに注意すると，

$$y'(x) = \mathrm{e}^{2x} \cdot (2x)' = 2\mathrm{e}^{2x} = 2y(x)$$

となります．よって微分方程式 (1.1.2) の形になりますので，$y(x) = \mathrm{e}^{2x}$ は微分方程式 (1.1.2) の解です． ■

以上より，微分方程式の解は**関数**[2] であることが特徴だとわかります．このことから，微分方程式は，時間が経過するにつれて変化する現象を表すことに適しており，さまざまな現象を理解するのに役立ちます．以下に微分方程式の数理モデルの例を紹介します．

例 **(自由落下の微分方程式)** 図 1.1 のような質点が重力に従って自由落下する現象を考えます．時刻 x における質点の高さを $y(x)$ と書くことにします[3]．このとき，質点の速度は $y'(x)$，加速度は $y''(x)$ として与えられます．理想化した状況[4]のもとでは，

“質点の加速度 $y''(x)$ は，重力による鉛直下向きの加速度 g (定数) と一致する”

2) 微分方程式 (1.1.2) は $y(x) = 0$ という**値**も解にもちます．$y(x) = 0$ は微分しても $y'(x) = 0$ で式 (1.1.2) をみたします．このような場合は**定数関数**といえます．

3) 何かしらの現象の数理モデルを紹介するときに，時刻を t と表す教科書のほうが多いかもしれませんが，本書ではこれまで使い慣れている x を独立変数として使うことにします．

4) 空気抵抗がなく，重力加速度は定数として考える場合です．

ことが知られています．この関係を式で表すと，

自由落下の微分方程式

$$y''(x) = -g \tag{1.1.3}$$

になります．この方程式は2次導関数 $y''(x)$ を含みますので，2階微分方程式とよびます[5]．じつは，関数

$$y(x) = -\frac{g}{2}x^2 + 3x + 1$$

が微分方程式 (1.1.3) の一つの解になることがわかります．実際に，$y(x)$ を x で微分すると，

$$y'(x) = -\frac{g}{2} \cdot 2x + 3 = -gx + 3$$

となり，もう一度 x で微分すると，

$$y''(x) = -g$$

となるので，微分方程式 (1.1.3) の形を得ます．よって，この $y(x)$ は微分方程式 (1.1.3) の解です．

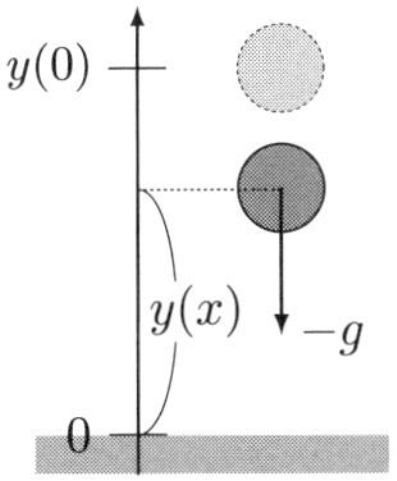

図 1.1　質点の自由落下の模式図

さらに，C_1 と C_2 を定数とするとき，関数

$$y(x) = -\frac{g}{2}x^2 + C_1x + C_2$$

も微分方程式 (1.1.3) の解であることがわかります[6]．C_1 と C_2 はどんな値でもよいので，微分方程式 (1.1.3) の解はいくつもあるといえます．■

では，具体的に与えられた関数が微分方程式の解であることを確認してみましょう．

例題 1.1.1. 次に示す関数 $y(x)$ が，右に与えられた微分方程式の解であることを確かめなさい．ただし，a, b, c, d は定数とする．

(1) $y(x) = a + bx + cx^2 + dx^3, \qquad y^{(4)}(x) = 0$

(2) $xy(x) - \log\bigl(y(x)\bigr) = a, \qquad y'(x) = \dfrac{y(x)^2}{1 - xy(x)}$

---

5)　1次導関数 $y'(x)$ と2次導関数 $y''(x)$ の両方を含む場合は，次数が大きいほうを採用して“2階微分方程式”とよびます．

6)　節末の問題で確認しましょう．

解答：(1) $y(x)$ を4回微分すると

$$y'(x) = b + 2cx + 3dx^2, \quad y''(x) = 2c + 6dx, \quad y^{(3)}(x) = 6d,$$
$$y^{(4)}(x) = 0$$

だから，$y^{(4)}(x) = 0$ をみたす．よって，$y(x)$ は微分方程式の解である．

(2) $\log\bigl(y(x)\bigr)$ が $\log z$ と $z = y(x)$ の合成関数であることに注意して，与えられた関数の両辺を x で微分すると

$$y(x) + xy'(x) - \frac{y'(x)}{y(x)} = 0$$

である．この両辺に $y(x)$ をかければ，

$$y(x)^2 + xy(x)y'(x) - y'(x) = 0$$

となる．左辺に $y'(x)$ の式をまとめると

$$(xy(x) - 1)y'(x) = -y(x)^2$$

であるから，

$$y'(x) = \frac{y(x)^2}{1 - xy(x)}$$

をみたす．よって，$y(x)$ は微分方程式の解である． □

問題 1.1.2. 次に示す関数 $y(x)$ が，右に与えられた微分方程式の解であることを確かめなさい．ただし，C, C_1, C_2, g は定数である．

(1) $y(x) = x^2 + x, \qquad y'(x) = 2x + 1$

(2) $y(x) = \mathrm{e}^{3x}, \qquad y'(x) = 3y(x)$

(3) $y(x) = \sqrt{\dfrac{2}{3}x^3 + C}, \qquad y'(x) = \dfrac{x^2}{y(x)}$

(4) $y(x) = Cx^3 + 2, \qquad 3y(x) - xy'(x) = 6$

(5) $y(x) = \left(x + 2 + \mathrm{e}^{\frac{1}{2}x}\right)^2, \qquad y'(x) - y(x) = -x\sqrt{y(x)}$

(6) $\dfrac{x}{y(x)^2} + \log\dfrac{1}{x^2} = C, \qquad \dfrac{1}{y(x)^2} - \dfrac{2}{x} = \dfrac{2xy'(x)}{y(x)^3}$

(7) $y(x) = -\dfrac{g}{2}x^2 + C_1x + C_2, \qquad y''(x) = -g$

(8) $y(x) = \cos x, \qquad y''(x) + y(x) = 0$

(9) $y(x) = \mathrm{e}^{2x}\cos x, \qquad y''(x) - 4y'(x) + 5y(x) = 0$

(10) $y(x) = C_1\sin(2x + C_2), \qquad y''(x) + 4y(x) = 0$

1.2　変数分離形

本節から，具体的に 1 階微分方程式を解いていきましょう．微分方程式の左辺を $y'(x)$ に固定し，右辺を "定数または x の関数"，"y の関数"，"x の関数と y の関数の積" というように，少しずつ考え方を発展させていきます．

●微分方程式の右辺が定数または x の関数の場合

例えば，微分方程式

右辺が定数の例

$$y'(x) = 1 \tag{1.2.1}$$

を考えてみましょう．両辺を x で積分してみると，

$$\int (\text{左辺})\,\mathrm{d}x = \int y'(x)\,\mathrm{d}x = y(x) + C_1, \quad \int (\text{右辺})\,\mathrm{d}x = \int 1\,\mathrm{d}x = x + C_2$$

となるので，

$$y(x) + C_1 = x + C_2, \quad \text{すなわち}, \quad y(x) = x + C_2 - C_1$$

が成り立ちます．ここで C_1 と C_2 は積分定数です．この積分定数は 1 や $\dfrac{1}{2}$，$\sqrt{2}$ など "任意" の実数を割りあてます．また，文字をできるだけ減らすために，$C = C_2 - C_1$ とおくと，C にも "任意" の実数を割りあてることができ，

$$y(x) = x + C$$

と書くことができます．よって，以下では，C のことを**任意定数**とよぶことにし，

$$y(x) = x + C \quad (C \text{ は任意定数})$$

と表すことにします．そして，これを微分方程式 (1.2.1) の**一般解**とよびます．

微分方程式 (1.2.1) の解を求める解法は，右辺の関数が 1 (定数関数) ではなく，x の関数 $f(x)$ の場合にも同様に適用できます．実際に，微分方程式

右辺が x の関数の場合

$$y'(x) = f(x)$$

を考えてみましょう．$f(x)$ の原始関数を $F(x)$ と書くことにすれば，両辺を x で積分することで

$$y(x) = F(x) + C \quad (C \text{ は任意定数})$$

となります．

☆注意☆　これで "解けた！" と思ってしまいそうですが，本当に具体的に解を書き下すためには，$f(x)$ の原始関数 $F(x)$ を求める必要があります．残念ながら，$F(x)$ を具体的に求めることができるのは非常に限られた場合です (例えば，$f(x) = \mathrm{e}^{-x^2}$ の原始関数を初等関数で表すことはできません)[7]．本書では，解を具体的に求められる場合を考えるので，積分の復習をかねて手を動かしてみてください．

●微分方程式の右辺が y の関数の場合

次に，右辺が x の関数ではない微分方程式

右辺が y の関数の例

$$y' = y \tag{1.2.2}$$

を考えてみます．(なお，これまでは $y'(x) = y(x)$ のように "(x)" を付けて書いていましたが，微分方程式を書く際，"(x)" は省略されることが多いので，今後は式 (1.2.2) のように書くことにします．)

さて，この場合も先ほどと同様に両辺を x で積分すればよいと思われるかもしれませんが，それではうまくいきません．実際に積分してみると，左辺については先ほどと同様ですが，右辺は

$$\int y \, \mathrm{d}x$$

となり，これ以上どうしようもありません．しかし，ここであきらめるのではなく，以下のように解きます．

まず，$y \neq 0$ として式 (1.2.2) の両辺を y で割って

$$\frac{y'}{y} = 1$$

とし，y についての式を左辺にまとめます．では，この両辺を x で積分してみましょう．左辺については，

$$\int \frac{y'}{y} \, \mathrm{d}x$$

となりますが，ここで，

$$y' = \frac{\mathrm{d}y}{\mathrm{d}x}$$

7)　つまり，解を具体的に書き下すことができるのはとても奇跡的なことです．逆にいえば，具体的に求めることができるのは千載一遇のチャンスであり，みのがしてはなりません．

より，形式的に $\boxed{y'\,\mathrm{d}x = \mathrm{d}y}$ と書けます．よって，置換積分の公式を用いて，

$$\int \frac{y'}{y}\,\mathrm{d}x = \int \frac{\boxed{y'\,\mathrm{d}x}}{y} = \int \frac{\boxed{\mathrm{d}y}}{y} = \int \frac{1}{y}\,\mathrm{d}y = \log|y| + C_1$$

のように積分が計算できます．もちろん，右辺については

$$\int 1\,\mathrm{d}x = x + C_2$$

ですので，先ほどと同様に $D = C_2 - C_1$ とまとめれば，

$$\log|y| = x + C_2 - C_1 = x + D$$

となります．

ここで終わりにするのではなく，“$y = (x$ の式$)$” となるまで整理しましょう．両辺の指数をとると

$$\mathrm{e}^{\log|y|} = \mathrm{e}^{x+D}$$

となります．対数関数は指数関数の逆関数であることを思いだすと，$\mathrm{e}^{\log|y|} = |y|$ が成り立ちます．また，指数法則により $\mathrm{e}^{x+D} = \mathrm{e}^D\mathrm{e}^x$ となるので，まとめると

$$|y| = \mathrm{e}^D\mathrm{e}^x$$

となります．

ここで，左辺の絶対値をはずすと

$$y = \pm\mathrm{e}^D\mathrm{e}^x$$

となるので，$C = \pm\mathrm{e}^D$ とおけば，

$$y = C\mathrm{e}^x \quad (C \text{ は } 0 \text{ 以外の任意定数})$$

を得ます．ただし，$\mathrm{e}^D > 0$ より C は 0 にならないことに注意します．しかしながら，仮に $C = 0$ としてみると $y = 0$ となりますが，$y' = 0 = y$ より $y = 0$ は式 (1.2.2) をみたすので，式 (1.2.2) の解です．このことは，最初の仮定でのぞいた $y = 0$ の場合に答えています．よって，$C = 0$ の場合も含めることができます．[8]

結果として，($C = 0$ の場合も含む) 微分方程式 (1.2.2) の一般解

$$y(x) = C\mathrm{e}^x \quad (C \text{ は任意定数})$$

が求まりました[9]．

---

8)　ここでの議論は，後で「$y = 0$ の場合をあわせて考えれば」という表現によって何度も用いられます．

9)　多くの場合，のぞいた y の値 (定数関数) も解になりますが，上記のように確認が必要です．

式 (1.2.2) の解を求める解法は，右辺が一般に y の関数 $g(y)$ の場合に拡張できます．実際に，微分方程式

右辺が y の関数の場合

$$y' = g(y)$$

を考えてみましょう．$g(y) \neq 0$ として両辺を $g(y)$ で割って y の関数を左辺にまとめると

$$\frac{y'}{g(y)} = 1$$

となります．両辺を x について積分しましょう．$\dfrac{1}{g(y)}$ の原始関数を $G(y)$ とすれば，左辺は

$$\int \frac{y'}{g(y)}\,\mathrm{d}x = \int \frac{1}{g(y)}\,\mathrm{d}y = G(y) + C_1$$

と書けますので，右辺が $x + C_2$ になることから，$D = C_2 - C_1$ とすれば，

$$G(y) = x + D \quad (D \text{ は任意定数}) \tag{1.2.3}$$

となります．もし，G の逆関数 G^{-1} がわかるのであれば，

$$y(x) = G^{-1}(x + D) \quad (D \text{ は任意定数})$$

となり，一般解が求まります[10)]．

●微分方程式の右辺が x の関数と y の関数の積の場合

それでは最後に，右辺が x の関数と y の関数の積として表される場合を考えてみましょう．例えば，微分方程式

右辺が x の関数と y の関数の積の例

$$y' = xy \tag{1.2.4}$$

を考えます．これまでの解き方から，“両辺を y の関数で割って左辺を y の式にし，右辺を x の式にする” とうまくいくのではないかと予想できます．では，これに従って計算してみましょう．$y \neq 0$ として，両辺を y で割れば

$$\frac{y'}{y} = x$$

10) 逆関数を求めるのが困難である場合は，式 (1.2.3) のままで解が求まったと考えることもあります．

となるので，両辺を x で積分すると

$$\log|y| = \frac{1}{2}x^2 + D \quad (D\text{ は任意定数})$$

となります．ここで，先ほどと同様の計算をして，"$y = (x$ の式$)$" となるように変形すると，次の一般解を得ます[11]．

$$y(x) = Ce^{\frac{1}{2}x^2} \quad (C\text{ は任意定数}).$$

以上のことより，もちろん，式 (1.2.4) の解を求める解法は，微分方程式

右辺が x の関数と y の関数の積の場合

$$y' = f(x)g(y) \tag{1.2.5}$$

に一般化されます．このような形の微分方程式は**変数分離形**とよばれ，上記の解法を一般化することで具体的に解ける，最も基本的かつ重要な微分方程式です．

変数分離形の微分方程式 (1.2.5) は，$g(y) \neq 0$ として両辺を $g(y)$ で割ると

$$\frac{y'}{g(y)} = f(x) \tag{1.2.6}$$

となるので，$\dfrac{1}{g(y)}$ の原始関数を $G(y)$ とし，$f(x)$ の原始関数を $F(x)$ とすれば，

$$G(y) = F(x) + D \quad (D\text{ は任意定数})$$

を得ます．もし，G の逆関数 G^{-1} が求まるのであれば，

$$y(x) = G^{-1}(F(x) + D) \quad (D\text{ は任意定数})$$

となり，これが一般解です．

☆**注意**☆　なお，この一般解の公式を覚える必要はありません．変数分離形において重要なことは，y についての関数を y' 側にまとめ，x についての関数をもう一方にまとめることで変数を分離して，

$$(y\text{ の関数}) \times y' = (x\text{ の関数})$$

という形をつくりだすことです．

例題 1.2.1. 次の微分方程式の一般解を求めなさい．

$$y' + \frac{1}{x}y = 0. \tag{1.2.7}$$

---

11)　本当にこのようになるのか，ここまでの内容が理解できているかの確認のために，自分で手を動かして計算してみましょう．p.7 の考え方を思いだしてください．

解答：左辺の第2項を右辺に移項すると

$$y' = -\frac{1}{x}y$$

となり，これは変数分離形であるから，$y \neq 0$ として両辺を y で割ると

$$\frac{y'}{y} = -\frac{1}{x}$$

となるので，両辺を x で積分すると

$$\int \frac{1}{y}\,\mathrm{d}y = -\int \frac{1}{x}\,\mathrm{d}x$$

を得る．それぞれ積分を計算すると，

$$(\text{左辺}) = \log|y| + C_1, \qquad (\text{右辺}) = -\log|x| + C_2 = \log\frac{1}{|x|} + C_2$$

であるから，$D = C_2 - C_1$ としてまとめると

$$\log|y| = \log\frac{1}{|x|} + D \quad (D\text{ は任意定数})$$

となる．両辺の指数をとると

$$\mathrm{e}^{\log|y|} = \mathrm{e}^{\log\frac{1}{|x|} + D}$$

となるが，

$$(\text{左辺}) = |y|, \qquad (\text{右辺}) = \mathrm{e}^{D}\mathrm{e}^{\log\frac{1}{|x|}} = \mathrm{e}^{D}\frac{1}{|x|}$$

であるから，

$$|y| = \mathrm{e}^{D}\frac{1}{|x|}$$

を得る．ここで，両辺の絶対値をはずすと

$$y = \pm\mathrm{e}^{D}\frac{1}{x}$$

となるので，$C = \pm\mathrm{e}^{D}$ とおけば，

$$y = \frac{C}{x} \quad (C\text{ は 0 以外の任意定数})$$

を得る．一方，仮に $C = 0$ とすると $y = 0$ であるが，$y' = 0$ より，これは式 (1.2.7) の解である．

以上をまとめて，式 (1.2.7) の一般解が

$$y(x) = \frac{C}{x} \quad (C\text{ は任意定数})$$

と求まった． □

●初期値問題

ここまでみてきた微分方程式の一般解には，任意定数 C が含まれていました．つまり，解は一般にいくつも存在するということを意味しています．では，微分方程式に条件を付け加えることで，この任意定数 C をただ一つに定めることができることを説明します．

例　ためしに，微分方程式 (1.2.1) に $y(0)=1$ という条件が加わった問題，すなわち

$$y' = 1, \quad y(0) = 1 \tag{1.2.8}$$

の解を求めることを考えてみます．すでに求めているように，微分方程式 $y'=1$ の一般解は

$$y(x) = x + C \quad (C \text{ は任意定数})$$

でした．この解に $x=0$ を代入してみると

$$y(0) = 0 + C = C$$

なので，式 (1.2.8) の条件 $y(0)=1$ から，$C=1$ として，ただ一つの C が求まります．つまり，式 (1.2.8) の解は

$$y(x) = x + 1$$

であることがわかりました．■

一般に，

$$y' = f(x, y), \quad y(x_0) = y_0$$

の形の微分方程式と条件とが対になった問題を**初期値問題**，条件 "$y(x_0) = y_0$" のことを**初期条件**とよびます．初期値問題では，任意定数をただ一つに定めるので，解に任意定数は現れないことに注意してください．

なお，上記の例のように，一般解を求めてから任意定数を定めるのではなく，次のように一気に計算することもできます．初期値問題 (1.2.8) を再び考えましょう．一般解を求めた際は，微分方程式 $y'=1$ の両辺を x について不定積分していましたが，その代わりに 0 から x まで定積分してみます．すると，

$$\int_0^x y'(s)\,\mathrm{d}s = \int_0^x 1\,\mathrm{d}s$$

となります．ただし，積分範囲に x が入るため，積分変数は x ではなく s にしています．このとき，初期条件 $y(0)=1$ を用いれば

$$(\text{左辺}) = \Big[y(s)\Big]_{s=0}^{s=x} = y(x) - y(0) = y(x) - 1,$$

$$(\text{右辺}) = \Big[s\Big]_{s=0}^{s=x} = x - 0 = x$$

となるので，まとめると $y(x) = x + 1$ となり，あたりまえですが，上記と同じ結果を得ます．この方法で計算したほうが，一般解を求めて，あとから任意定数を決める手順をふまなくてすむため，計算ミスも減ります．本書では，これ以降，初期値問題を解く際は定積分を用いた計算を採用することにします．

また，上記では簡単な微分方程式 $y' = 1$ の初期値問題を考えましたが，これは一般の変数分離形の場合も同様です．つまり，式 (1.2.5) に初期条件 $y(x_0) = y_0$ が付いた初期値問題を考える際は，まず両辺を $g(y)$ で割って式 (1.2.6) の形にし，この両辺を x_0 から x まで積分します．つまり，

$$\int_{x_0}^{x} \frac{y'(s)}{g(y(s))}\,\mathrm{d}s = \int_{x_0}^{x} f(s)\,\mathrm{d}s$$

となります．右辺は，$f(s)$ の原始関数 $F(s)$ を用いれば $F(x) - F(x_0)$ と計算できます．一方で，左辺については，$t = y(s)$ と変数変換しましょう．

$$\frac{\mathrm{d}t}{\mathrm{d}s} = y'(s)$$

なので，形式的に $\boxed{\mathrm{d}t = y'(s)\,\mathrm{d}s}$ とできます．また，積分の範囲は

s	$x_0 \to x$
t	$y(x_0) \to y(x)$

となるので，初期条件 $y(x_0) = y_0$ より，左辺の積分について

$$\int_{x_0}^{x} \frac{y'(s)}{g(y(s))}\,\mathrm{d}s = \int_{x_0}^{x} \frac{\boxed{y'(s)\,\mathrm{d}s}}{g(y(s))} = \int_{y(x_0)=y_0}^{y(x)} \frac{\boxed{\mathrm{d}t}}{g(t)} = \int_{y_0}^{y(x)} \frac{1}{g(t)}\,\mathrm{d}t$$

と，積分範囲が変わることに注意してください．よって，$\dfrac{1}{g(t)}$ の原始関数 $G(t)$ を用いることで

$$G(y(x)) - G(y_0) = F(x) - F(x_0)$$

となり，これを $y(x)$ について整理することで**初期値問題の解**が求まります．

☆**注意**☆　なお，ここでもこの公式を覚えるのではなく，あくまでも

“y についての関数を y' 側にまとめ，x についての関数をもう一方にまとめる”という手順を理解することが大切です．

例題 1.2.2. 次の初期値問題の解を求めなさい.

$$y' = \frac{y^2-1}{2x}, \quad y(1) = 2.$$

解答： この方程式は変数分離形より，$y^2-1 \neq 0$ として両辺を y^2-1 で割ると

$$\frac{y'}{y^2-1} = \frac{1}{2x}$$

となるので，両辺を 1 から x まで積分し，$t = y(s)$ と変換すると

$$\int_{y(1)=2}^{y(x)} \frac{1}{t^2-1}\,\mathrm{d}t = \int_1^x \frac{y'(s)}{y(s)^2-1}\,\mathrm{d}s = \int_1^x \frac{1}{2s}\,\mathrm{d}s$$

を得る．ここで，

$$\frac{1}{t^2-1} = \frac{1}{(t+1)(t-1)} = \frac{1}{2}\left(\frac{1}{t-1} - \frac{1}{t+1}\right)$$

と部分分数分解できるので，

$$(\text{左辺}) = \frac{1}{2}\left[\log\left|\frac{t-1}{t+1}\right|\right]_{t=2}^{t=y(x)} = \frac{1}{2}\left(\log\left|\frac{y(x)-1}{y(x)+1}\right| - \log\frac{1}{3}\right)$$

$$= \frac{1}{2}\log\left|\frac{3(y(x)-1)}{y(x)+1}\right|,$$

$$(\text{右辺}) = \frac{1}{2}\big[\log|s|\big]_{s=1}^{s=x} = \frac{1}{2}\log|x| - \frac{1}{2}\log 1 = \frac{1}{2}\log|x|$$

を得る．よって，両辺を 2 倍してから指数をとれば

$$\left|\frac{3(y(x)-1)}{y(x)+1}\right| = |x|$$

となる．ここで，両辺の絶対値をはずすと

$$\frac{3(y(x)-1)}{y(x)+1} = \pm x$$

である．左辺に $x=1$ を代入し，$y(1)=2$ を用いれば

$$\frac{3(y(1)-1)}{y(1)+1} = \frac{3(2-1)}{2+1} = 1$$

なので，これをみたすのは $\dfrac{3(y(x)-1)}{y(x)+1} = x$ (右辺が $+x$ のとき) である．あとはこれを $y(x)$ について解けば，初期値問題の解

$$y(x) = \frac{x+3}{3-x}$$

を得る． □

問題 1.2.3. 次の微分方程式の一般解を求めなさい[12].

(1) $y' = 3y$ (2) $y' = 2xy$ (3) $y' + y\tan x = 0$ (4) $y' + 2xy = x$

(5) $y' + ye^x = y^2 e^x$ (6) $y' = \dfrac{e^x}{y}$ (7) $y' = \dfrac{x}{y^2}$ (8) $y' = \dfrac{2 + \sin x}{3(y-1)^2}$

(9) $y' = \dfrac{\cos x}{\sin y}$ (10) $\sqrt{1 - x^2}\,y' = \sqrt{1 - y^2}$ (11) $y' = xy^2 + x$

(12) $y' \cos^2 x = \sin x \cos^2 y$

問題 1.2.4. 次の初期値問題の解を求めなさい.

(1) $y' = 3y,\ y(0) = 1$ (2) $y' = 2xy,\ y(0) = 1$ (3) $y' = 2xy,\ y(2) = 3$

(4) $xy' + y^2 = 0,\ y(1) = 1$ (5) $y' + \dfrac{y^2 - 1}{2x} = 0,\ y(1) = 2$

(6) $y' \sin x + y \cos x = 0,\ y\left(\dfrac{\pi}{2}\right) = 1$ (7) $y' \cos x = y \tan x,\ y\left(\dfrac{\pi}{3}\right) = 2$

(8) $x^2 y' = \left(x^3 - x^2 + x - 1\right)\left(y^2 - 3y + 2\right),\ y(1) = 3$

1.3 非同次1階線形微分方程式と定数変化法

本節では，変数分離形の解法を利用して，次の形の微分方程式

$$y' = a(x)y + b(x) \tag{1.3.1}$$

を解く方法を紹介します．ただし，$a(x)$, $b(x)$ は与えられた関数です．このように，y と y' に関して1次式で表される方程式のことを**1階線形微分方程式**とよびます．特に，$b(x) = 0$ のとき，すなわち，微分方程式

$$y' = a(x)y \tag{1.3.2}$$

を**同次方程式**とよび，$b(x) \neq 0$ のとき微分方程式 (1.3.1) を**非同次方程式**とよびます．同次方程式 (1.3.2) の右辺は x の関数と y の関数の積として表されており，これは前節で学んだ変数分離形ですので，解を求めることができます．そこで，本節では非同次方程式の解き方を学ぶことにします．

非同次方程式 (1.3.1) は，右辺に $b(x)$ があるために変数分離形の解法では解けません．そこで，**定数変化法**として知られる解法を用いることにします．まずは一般的な設定でどのように解を求めるのかをみていきましょう．

---

12) ただし，必ずしも "$y(x) = (x$ の式)" の形で求める必要はありません．

●定数変化法と一般解

非同次方程式 (1.3.1) を考えるまえに，まずは同次方程式 (1.3.2) を考えます．同次方程式 (1.3.2) は変数分離形ですので，$y \neq 0$ として両辺を y で割ると

$$\frac{y'}{y} = a(x)$$

となるので，両辺を x で積分すると

$$\int \frac{1}{y}\,\mathrm{d}y = \int a(x)\,\mathrm{d}x$$

を得ます．$a(x)$ の原始関数の一つを $A(x)$ と書くことにすれば

$$\log|y| = A(x) + D \quad (D\text{ は任意定数})$$

となるので，両辺の指数をとると

$$|y| = \mathrm{e}^{D}\mathrm{e}^{A(x)}$$

を得ます．左辺の絶対値をはずし $y = 0$ の場合をあわせて考えれば[13]，一般解が

$$y(x) = C\mathrm{e}^{A(x)} \quad (C\text{ は任意定数}) \tag{1.3.3}$$

と求まります．

次に，非同次方程式 (1.3.1) を考えるのですが，定数変化法の重要な点は，同次方程式の一般解 (1.3.3) の任意定数 C を x の関数 $C(x)$ と考えることです．すなわち，非同次方程式 (1.3.1) の解を

$$y(x) = C(x)\,\mathrm{e}^{A(x)} \tag{1.3.4}$$

の形と推測し，一般解を求めます．目標は，式 (1.3.4) が非同次方程式 (1.3.1) の解となるような $C(x)$ を定める (求める) ことです．まず，微分すると，

$$y'(x) = C'(x)\mathrm{e}^{A(x)} + C(x)A'(x)\mathrm{e}^{A(x)} = C'(x)\mathrm{e}^{A(x)} + a(x)y(x)$$

なので，非同次方程式 (1.3.1) に代入すると

$$C'(x)\mathrm{e}^{A(x)} + a(x)y(x) = a(x)y(x) + b(x)$$

となります．これを $C'(x)$ について整理すると

$$C'(x) = \mathrm{e}^{-A(x)}b(x) \tag{1.3.5}$$

です．x について不定積分すれば

13) p.7 の網掛け部分の議論を参照してください．以下同様です．

$$C(x) = \int \mathrm{e}^{-A(x)} b(x)\,\mathrm{d}x$$

を得ます．よって，$F(x)$ により $\mathrm{e}^{-A(x)}b(x)$ の原始関数の一つを表すことにすれば，

$$C(x) = F(x) + D \quad (D\text{ は任意定数})$$

となります．これで，目標の $C(x)$ を定める (求める) ことができました．これを (1.3.4) に代入すれば，非同次方程式 (1.3.1) の一般解

$$y = (F(x) + D)\mathrm{e}^{A(x)} \quad (D\text{ は任意定数}) \tag{1.3.6}$$

を得ます．

非同次線形微分方程式の解法をまとめると次のようになります．

定数変化法 (一般解を求める方法)

(ステップ 1) まず，変数分離形である同次方程式 (1.3.2) の一般解 (1.3.3) を求める．

(ステップ 2) 同次方程式の一般解 (1.3.3) において，任意定数 C を x の関数 $C(x)$ と考える (式 (1.3.4))．それを非同次方程式 (1.3.1) に代入して $C'(x)$ についての関係式 (1.3.5) を導く．

(ステップ 3) 式 (1.3.5) を x について不定積分して $C(x)$ を求め，式 (1.3.4) に代入して非同次方程式 (1.3.1) の一般解を求める．

式 (1.3.6) と同様に，ステップ 1 で得られる一般解の形 (1.3.3) も覚える必要はなく，毎回，変数分離形の解法で解くようにしましょう．

例題 1.3.1. 次の微分方程式の一般解を求めなさい．

$$y' = 2y + 3. \tag{1.3.7}$$

解答：(ステップ 1) まず，同次方程式

$$y' = 2y$$

の一般解を求める．これは変数分離形より，$y \neq 0$ として両辺を y で割ると

$$\frac{y'}{y} = 2$$

となるので，両辺を x で積分すると

$$\int \frac{1}{y}\,\mathrm{d}y = \int 2\,\mathrm{d}x$$

を得る．積分を計算すると

$$\log|y| = 2x + D \quad (D \text{ は任意定数})$$

となるので，両辺の指数をとると

$$|y| = \mathrm{e}^{D}\mathrm{e}^{2x},$$

すなわち，

$$y = \pm\mathrm{e}^{D}\mathrm{e}^{2x} = C\mathrm{e}^{2x} \quad (C \text{ は } 0 \text{ 以外の任意定数})$$

を得る．一方，仮に $C = 0$ としても同次方程式 $y' = 2y$ をみたすので，一般解が

$$y(x) = C\mathrm{e}^{2x} \quad (C \text{ は任意定数})$$

と求まる．

(ステップ 2) 非同次方程式の解を

$$y(x) = C(x)\mathrm{e}^{2x}$$

とおく．このとき，

$$y'(x) = C'(x)\mathrm{e}^{2x} + C(x)2\mathrm{e}^{2x} = C'(x)\mathrm{e}^{2x} + 2y(x)$$

であるから，これを式 (1.3.7) に代入すれば

$$C'(x)\mathrm{e}^{2x} + 2y(x) = 2y(x) + 3$$

を得る．これを整理すると

$$C'(x)\mathrm{e}^{2x} = 3, \quad \text{すなわち，} \quad C'(x) = 3\mathrm{e}^{-2x}$$

となる．

(ステップ 3) よって，x について不定積分すれば

$$C(x) = \int 3\mathrm{e}^{-2x}\,\mathrm{d}x = -\frac{3}{2}\mathrm{e}^{-2x} + D \quad (D \text{ は積分定数})$$

となる．以上より，

$$y(x) = \left(-\frac{3}{2}\mathrm{e}^{-2x} + D\right)\mathrm{e}^{2x} = D\mathrm{e}^{2x} - \frac{3}{2} \quad (D \text{ は任意定数})$$

が一般解となる．　□

●定数変化法と初期値問題

前節と同様に，初期値問題

$$y' = a(x)y + b(x), \quad y(x_0) = y_0$$

を考えることもできます．“定数変化法 (一般解を求める方法)” のステップ2まではまったく同じです．つまり，同次方程式の一般解 (1.3.3) を求め，式 (1.3.4) のように $y(x) = C(x)\mathrm{e}^{A(x)}$ ($A(x)$ は $a(x)$ の原始関数) とおき，$C(x)$ に関する微分方程式 (1.3.5) を得るところまでは同じです．

次に，初期条件 $y(x_0) = y_0$ を考えます．$x = x_0$ のとき $C(x_0)\mathrm{e}^{A(x_0)} = y_0$ となりますが，これを $C(x_0)$ について整理すると

$$C(x_0) = y_0\mathrm{e}^{-A(x_0)} \tag{1.3.8}$$

を得ます．ここで，微分方程式 (1.3.5) の両辺を x_0 から x まで定積分すると

$$\int_{x_0}^{x} C'(s)\,\mathrm{d}s = \int_{x_0}^{x} \mathrm{e}^{-A(s)}b(s)\,\mathrm{d}s$$

となります．先ほどと同様に，$F(x)$ を $\mathrm{e}^{-A(x)}b(x)$ の原始関数の一つとすれば，

$$C(x) - C(x_0) = F(x) - F(x_0)$$

が成り立ちますので，式 (1.3.8) として求めておいた $C(x_0)$ の値を用いることで，

$$C(x) = F(x) - F(x_0) + y_0\mathrm{e}^{-A(x_0)}$$

を得ます．これを式 (1.3.4) に代入すれば，非同次方程式の初期値問題の解

$$y(x) = \left(F(x) - F(x_0) + y_0\mathrm{e}^{-A(x_0)}\right)\mathrm{e}^{A(x)}$$

が求まりました．

これまでの解法をまとめておきましょう．

定数変化法 (初期値問題の解を求める方法)

ステップ1とステップ2は “定数変化法 (一般解を求める方法)” と同じで，式 (1.3.5) を導く．

(ステップ3) 初期条件 $y(x_0) = y_0$ から $C(x_0)$ の値を求める (式 (1.3.8))．

(ステップ4) 式 (1.3.5) を x_0 から x まで定積分し，式 (1.3.8) を使って $C(x)$ を求める．それを式 (1.3.4) に代入して初期値問題の解を求める．

では，例題を解いてみましょう．

例題 1.3.2. 次の初期値問題の解を求めなさい．

$$y' + y\cos x = -(\sin x)\mathrm{e}^{-\sin x}, \quad y(0) = 1. \tag{1.3.9}$$

解答：(ステップ1) 同次方程式 $y' + y\cos x = 0$ の一般解を求める．第2項を右辺に移項すると

$$y' = -y\cos x$$

となり，これは変数分離形であるから，$y \neq 0$ として両辺を y で割ると

$$\frac{y'}{y} = -\cos x$$

となるので，両辺を x で積分すると

$$\int \frac{1}{y}\,\mathrm{d}y = \int (-\cos x)\,\mathrm{d}x$$

を得る．積分を計算すると

$$\log|y| = -\sin x + D \quad (D \text{ は任意定数})$$

となるので，両辺の指数をとると

$$|y| = \mathrm{e}^{D}\mathrm{e}^{-\sin x}$$

を得る．左辺の絶対値をはずし，$y = 0$ の場合をあわせて考えれば，一般解が

$$y(x) = C\mathrm{e}^{-\sin x} \quad (C \text{ は任意定数})$$

と求まる．

(ステップ2) 非同次方程式の解を $y(x) = C(x)\mathrm{e}^{-\sin x}$ とおく．これを x で微分すると，

$$y'(x) = C'(x)\mathrm{e}^{-\sin x} + C(x)\mathrm{e}^{-\sin x}(-\cos x) = C'(x)\mathrm{e}^{-\sin x} - y(x)\cos x$$

であるから，初期値問題 (1.3.9) の微分方程式に代入すれば

$$C'(x)\mathrm{e}^{-\sin x} - y(x)\cos x + y(x)\cos x = -(\sin x)\mathrm{e}^{-\sin x}$$

を得る．これを整理すると

$$C'(x)\mathrm{e}^{-\sin x} = -(\sin x)\mathrm{e}^{-\sin x},$$

すなわち，

$$C'(x) = -\sin x$$

となる．

(ステップ3) 初期条件 $y(0)=1$ から $C(0)\mathrm{e}^{-\sin 0}=y(0)=1$ となるが，$\sin 0=0$ より (左辺) $=C(0)$ なので，

$$C(0)=1$$

を得る．

(ステップ4) よって，$C'(x)=-\sin x$ の両辺を 0 から x まで積分すると

$$C(x)-C(0)=\int_0^x(-\sin s)\,\mathrm{d}s=\Big[\cos s\Big]_0^x=\cos x-\cos 0=\cos x-1$$

となる．ここで，$C(0)=1$ を代入すれば

$$C(x)=\cos x-1+1=\cos x$$

を得るので，初期値問題の解は

$$y(x)=C(x)\mathrm{e}^{-\sin x}=(\cos x)\mathrm{e}^{-\sin x}$$

と求まった． □

問題 1.3.3. 次の微分方程式の一般解を求めなさい．

(1) $y'+2y=4$　(2) $y'=2y+x$　(3) $y'+2xy=x$

(4) $y'+\dfrac{1}{x}y=1-x^2$　(5) $y'+2xy=\mathrm{e}^{-x^2}$　(6) $\left(x^2+1\right)y'+2xy=x^2$

(7) $x\left(x^2+1\right)y'=1-2x^2y$　(8) $y'+(\cos x)y=\cos^3 x$

問題 1.3.4. 次の初期値問題の解を求めなさい．

(1) $y'-y=1,\ y(0)=1$　(2) $y'+y=1+x,\ y(0)=-2$

(3) $y'-3y=\sin x,\ y(0)=0$　(4) $y'+\dfrac{1}{x}y=\log x,\ y(1)=-1$

(5) $y'=3y+x\mathrm{e}^{2x},\ y(1)=1$　(6) $\left(x^2+1\right)y'=xy+\sqrt{x^2+1},\ y(0)=1$

1.4 同次形

本節では，変数変換と変数分離形の解法を利用して，次の形の微分方程式

$$y'=f\left(\frac{y}{x}\right) \tag{1.4.1}$$

を解く方法を紹介します．ただし，f は与えられた関数とします．この形で表される微分方程式を**同次形**とよびます[14]．

14) 前節で登場した同次方程式とよび方が似ていますが，別物なので注意してください．

●同次形微分方程式の一般解

同次形の微分方程式は，適切に変数変換することにより変数分離形の問題に帰着できることが知られています．まずは，一般解の求め方をみてみましょう．右辺の $\dfrac{y}{x}$ をまとめて u とおきます．つまり，変数変換

$$u = \frac{y}{x} \qquad \left(u(x) = \frac{y(x)}{x}\right) \tag{1.4.2}$$

を考えます[15]．両辺に x をかけると $y = xu$ になります．両辺を x について微分すると

$$y' = u + xu'$$

となるので，これを式 (1.4.1) に代入すると

$$u + xu' = y' = f\left(\frac{y}{x}\right) = f(u)$$

となります．これを u' について整理すると，u についての微分方程式

$$u' = \frac{f(u) - u}{x} \tag{1.4.3}$$

を得ます．これは変数分離形です[16]．よって，この微分方程式の一般解は，1.2 節で学んだ変数分離形の解法で解けます．微分方程式 (1.4.3) の一般解を $u(x)$ で表すと，変数変換を行った式 (1.4.2) を用いて，$y(x) = xu(x)$ となるので，同次形の微分方程式 (1.4.1) の一般解 $y(x)$ を求めることができます．

ここまでの手順をまとめておきます．

同次形の解法 (一般解を求める方法)

(ステップ 1) $u = \dfrac{y}{x}$ (式 (1.4.2)) を同次形微分方程式 (1.4.1) に代入し，u についての変数分離形の微分方程式 (1.4.3) を得る．

(ステップ 2) 微分方程式 (1.4.3) を変数分離形の解法 (1.2 節) で解き，一般解を $u(x)$ とする．

(ステップ 3) $y(x) = xu(x)$ とすることで，同次形微分方程式 (1.4.1) の一般解を求める．

---

15) y は x についての関数であったことから，u も x についての関数になることに注意してください．簡単のため，以降は “(x)” を省略して計算します．

16) いままで関数の記号として y を用いていたところが u に変わっています．

例題 1.4.1. 次の微分方程式の一般解を求めなさい．

$$y' = \frac{y^2 + 2xy}{x^2}. \tag{1.4.4}$$

解答：右辺は

$$\frac{y^2 + 2xy}{x^2} = \frac{y^2}{x^2} + \frac{2xy}{x^2} = \left(\frac{y}{x}\right)^2 + 2 \cdot \frac{y}{x}$$

となり，$\dfrac{y}{x}$ の関数になっている．よって，微分方程式 (1.4.4) は同次形である．

(ステップ 1) まず，

$$u = \frac{y}{x}$$

と変数変換する．このとき，式 (1.4.4) の右辺は $u^2 + 2u$ となる．$y = xu$ より $y' = u + xu'$ であるから，式 (1.4.4) に代入すると

$$u + xu' = u^2 + 2u, \quad \text{すなわち，} \quad u' = \frac{u^2 + u}{x} \tag{1.4.5}$$

を得る．

(ステップ 2) 微分方程式 (1.4.5) は変数分離形であるので，$u^2 + u \neq 0$ として両辺を $u^2 + u$ で割ると

$$\frac{u'}{u^2 + u} = \frac{1}{x}$$

となる．よって，両辺を x で積分すると

$$\int \frac{1}{u^2 + u}\, \mathrm{d}u = \int \frac{1}{x}\, \mathrm{d}x$$

を得る．ここで，

$$\frac{1}{u^2 + u} = \frac{1}{u(u+1)} = \frac{1}{u} - \frac{1}{u+1}$$

と部分分数分解できるので，それぞれ積分を計算すると

$$(\text{左辺}) = \int \left(\frac{1}{u} - \frac{1}{u+1}\right) \mathrm{d}u = \log|u| - \log|u+1| + C_1 = \log\left|\frac{u}{u+1}\right| + C_1,$$

$$(\text{右辺}) = \log|x| + C_2$$

となる．$D = C_2 - C_1$ としてまとめると

$$\log\left|\frac{u}{u+1}\right| = \log|x| + D \quad (D \text{ は任意定数})$$

となる．両辺の指数をとると

$$\left|\frac{u}{u+1}\right| = \mathrm{e}^D |x|$$

を得る．ここで，両辺の絶対値をはずすと

$$\frac{u}{u+1} = \pm \mathrm{e}^D x$$

となるので，$C = \pm \mathrm{e}^D$ とおけば，

$$\frac{u}{u+1} = Cx \quad (C \text{ は 0 以外の任意定数})$$

を得る．これを u について解くと，

$$u = \frac{Cx}{1 - Cx} \quad (C \text{ は 0 以外の任意定数})$$

となる．一方，仮に $C = 0$ とすると $u = 0$ であるが，$u' = 0$ より，これは式 (1.4.5) の解である．

以上をまとめて，式 (1.4.5) の一般解が

$$u(x) = \frac{Cx}{1 - Cx} \quad (C \text{ は任意定数})$$

と求まった．

(ステップ 3) よって，$y(x) = xu(x)$ より，もとの同次形の微分方程式 (1.4.4) の一般解は

$$y(x) = xu(x) = \frac{Cx^2}{1 - Cx} \quad (C \text{ は任意定数})$$

となる． □

●同次形微分方程式の初期値問題

同次形の微分方程式についても初期値問題

$$y' = f\left(\frac{y}{x}\right), \quad y(x_0) = y_0$$

を考えてみましょう．式 (1.4.2) のように $u = \dfrac{y}{x}$ とおき，u についての変数分離形の微分方程式 (1.4.3) を導くまではまったく同じです．ここで，初期条件 $y(x_0) = y_0$ により，

$$u(x_0) = \frac{y_0}{x_0} \tag{1.4.6}$$

となります．あとは，式 (1.4.3) と初期条件 (1.4.6) の初期値問題の解 $u(x)$ を求め，$y(x) = xu(x)$ とすることで，同次形の微分方程式の初期値問題の解を得ます．

ここまでの手順をまとめておきましょう．

同次形の解法 (初期値問題の解を求める方法)

(ステップ 1) $u = \dfrac{y}{x}$ (式 (1.4.2)) を同次形微分方程式 (1.4.1) に代入し，u についての変数分離形の微分方程式 (1.4.3) を得る．

(ステップ 2) 微分方程式 (1.4.3) と初期条件 $u(x_0) = \dfrac{y_0}{x_0}$ の初期値問題を変数分離形の解法 (1.2 節) で解き，解を $u(x)$ とする．

(ステップ 3) $y(x) = xu(x)$ とすることで，同次形微分方程式 (1.4.1) の初期値問題の解を求める．

例題 1.4.2. 次の初期値問題の解を求めなさい．ただし，e はネイピア数を表す．

$$y' = \frac{x^2 + xy + y^2}{x^2}, \quad y(\mathrm{e}) = \mathrm{e}. \tag{1.4.7}$$

解答：右辺は

$$\frac{x^2 + xy + y^2}{x^2} = \frac{x^2}{x^2} + \frac{xy}{x^2} + \frac{y^2}{x^2} = 1 + \frac{y}{x} + \left(\frac{y}{x}\right)^2$$

となり，$\dfrac{y}{x}$ の関数になっている．よって，微分方程式 (1.4.7) は同次形である．

(ステップ 1) まず，

$$u = \frac{y}{x}$$

と変数変換する．このとき，式 (1.4.7) の右辺は $1+u+u^2$ となる．$y = xu$ より $y' = u + xu'$ であるから，式 (1.4.7) に代入すると

$$u + xu' = 1 + u + u^2, \quad すなわち， \quad u' = \frac{1 + u^2}{x}$$

を得る．

(ステップ 2) この微分方程式は変数分離形であるので，両辺を $1 + u^2$ で割ると

$$\frac{u'}{1 + u^2} = \frac{1}{x}$$

となる．$y(\mathrm{e}) = \mathrm{e}$ より

$$u(\mathrm{e}) = \frac{y(\mathrm{e})}{\mathrm{e}} = 1$$

であることに注意して，両辺を e から x まで積分すると

$$\int_{u(\mathrm{e})=1}^{u(x)} \frac{1}{1 + t^2}\,\mathrm{d}t = \int_{\mathrm{e}}^{x} \frac{u'(s)}{1 + u(s)^2}\,\mathrm{d}s = \int_{\mathrm{e}}^{x} \frac{1}{s}\,\mathrm{d}s$$

を得る[17]．それぞれ積分を計算すると

$$(\text{左辺}) = \Big[\arctan t\Big]_1^{u(x)} = \arctan(u(x)) - \arctan 1 = \arctan(u(x)) - \frac{\pi}{4},$$

$$(\text{右辺}) = \Big[\log|s|\Big]_{\mathrm{e}}^{x} = \log|x| - \log|\mathrm{e}| = \log|x| - 1$$

を得る．よって，

$$\arctan(u(x)) - \frac{\pi}{4} = \log|x| - 1$$

が成り立つので，これを $u(x)$ について解けば，u についての初期値問題の解

$$u(x) = \tan\left(\log|x| - 1 + \frac{\pi}{4}\right)$$

を得る．

(ステップ 3) したがって，$y(x) = xu(x)$ より，もとの初期値問題 (1.4.7) の解は

$$y(x) = xu(x) = x\tan\left(\log|x| - 1 + \frac{\pi}{4}\right)$$

となる． □

問題 1.4.3. 次の微分方程式の一般解を求めなさい．

(1) $y' = 1 + \dfrac{2y}{x}$　(2) $y' = \dfrac{2x + y}{x}$　(3) $y' = \dfrac{y}{x} + \mathrm{e}^{-\frac{y}{x}}$

(4) $x^2y' = xy + y^2 + x^2$　(5) $x^2y' = 2(x - y)^2$　(6) $y' = \dfrac{3y^2 + 2xy + x^2}{2xy + x^2}$

問題 1.4.4. 次の初期値問題の解を求めなさい．

(1) $y' = \dfrac{y}{x},\ y(1) = 2$　(2) $y' = \dfrac{x + y}{x},\ y(1) = 0$

(3) $y' = \dfrac{x}{y} + \dfrac{y}{x},\ y(1) = 3$　(4) $y' = \dfrac{y}{x} + \mathrm{e}^{\frac{y}{x}},\ y(1) = 1$

(5) $y' = \dfrac{y}{x} + \cos^2\left(\dfrac{y}{x}\right),\ y(\mathrm{e}) = \dfrac{\pi \mathrm{e}}{4}$

1.5 ベルヌーイ型

本節では，変数変換と定数変化法を利用して，次の形の微分方程式

$$y' + p(x)y = q(x)y^n \tag{1.5.1}$$

を解く方法を紹介します．ただし，n を実数，$p(x)$，$q(x)$ を与えられた関数とします．この形の微分方程式を**ベルヌーイ型**とよびます．$n = 0$ のときは，

17) $t = u(s)$ と変数変換しました．

式 (1.5.1) は

$$y' + p(x)y = q(x)$$

となりますが，これは 1.3 節で学んだ 1 階線形微分方程式 (1.3.1) です．また，$n = 1$ のときは，式 (1.5.1) は

$$y' + p(x)y = q(x)y, \quad \text{すなわち}, \quad y' = (q(x) - p(x))y$$

となります．つまり，ベルヌーイ型微分方程式 (1.5.1) は 1 階線形微分方程式の一般化と考えることができます．

●ベルヌーイ型微分方程式の一般解

ベルヌーイ型微分方程式 (1.5.1) を解くためには，前節の同次形の微分方程式で考えたように適切な変数変換を行う必要があります．ここでは，変数変換

$$u = y^{1-n} \qquad \bigl(u(x) = y(x)^{1-n}\bigr) \tag{1.5.2}$$

をしてみましょう．このとき，両辺を微分すると，合成関数の微分法より

$$u' = (1-n)y^{-n}y', \quad \text{すなわち}, \quad y' = \frac{1}{1-n}y^n u'$$

となるので，これをベルヌーイ型微分方程式 (1.5.1) に代入すると，

$$\frac{1}{1-n}y^n u' + p(x)y = q(x)y^n$$

となります．ここで，両辺に $(1-n)$ をかけ，さらに y^n で割ると，

$$u' + (1-n)p(x)y^{1-n} = (1-n)q(x)$$

です．また，変数変換の式 (1.5.2) より $y^{1-n} = u$ であることに注意すると，

$$u' + (1-n)p(x)u = (1-n)q(x) \tag{1.5.3}$$

となり，これは 1 階線形微分方程式 (1.3.1) の形をしていることがわかります．すなわち，式 (1.5.3) の一般解 $u(x)$ は，1.3 節で学んだ定数変化法により求めることができます．こうして得た $u(x)$ に対して，

$$y(x) = u(x)^{\frac{1}{1-n}}$$

とすることにより，もとのベルヌーイ型微分方程式 (1.5.1) の一般解が求まるわけです．

ここまでの流れをまとめておきましょう．

ベルヌーイ型の解法 (一般解を求める方法)

(ステップ 1) $u = y^{1-n}$ (式 (1.5.2)) をベルヌーイ型微分方程式 (1.5.1) に代入し，u についての 1 階線形微分方程式 (1.5.3) を得る．

(ステップ 2) 1 階線形微分方程式 (1.5.3) を定数変化法 (1.3 節) で解き，一般解を $u(x)$ とする．

(ステップ 3) $y(x) = u(x)^{\frac{1}{1-n}}$ とすることで，ベルヌーイ型微分方程式 (1.5.1) の一般解を求める．

例題 1.5.1. 次の微分方程式の一般解を求めなさい．

$$y' + y = xy^3. \tag{1.5.4}$$

解答：(ステップ 1) これはベルヌーイ型微分方程式であるので，

$$u = y^{1-3} = y^{-2}$$

と変数変換する．このとき，

$$u' = -2y^{-3}y', \quad \text{すなわち，} \quad y' = -\frac{1}{2}y^3u'$$

であるから，式 (1.5.4) に代入すると

$$-\frac{1}{2}y^3u' + y = xy^3$$

となる．$y^{-2} = u$ であることに注意して，両辺を -2 倍して，また y^3 で割ると

$$u' - 2u = -2x \tag{1.5.5}$$

を得る．これは非同次 1 階線形微分方程式である．

(ステップ 2) まず，同次方程式

$$u' - 2u = 0, \quad \text{すなわち，} \quad u' = 2u$$

を考える．これは変数分離形であるので，$u \neq 0$ として両辺を u で割ると

$$\frac{u'}{u} = 2$$

となるので，両辺を x で積分すると

$$\int \frac{1}{u}\,\mathrm{d}u = \int 2\,\mathrm{d}x$$

を得る．積分を計算すると

$$\log|u| = 2x + D \quad (D \text{ は任意定数})$$

となるので，両辺の指数をとると $|u| = \mathrm{e}^D\mathrm{e}^{2x}$ を得る．左辺の絶対値をはずし，$u=0$ の場合をあわせて考えれば，一般解が

$$u(x) = C\mathrm{e}^{2x} \quad (C \text{ は任意定数})$$

と求まる．

次に，$u = C(x)\mathrm{e}^{2x}$ とおくと

$$u' = C'(x)\mathrm{e}^{2x} + C(x)2\mathrm{e}^{2x} = C'(x)\mathrm{e}^{2x} + 2u$$

であるから，これを式 (1.5.5) に代入すれば

$$C'(x)\mathrm{e}^{2x} + 2u - 2u = -2x$$

を得る．これを整理すると

$$C'(x)\mathrm{e}^{2x} = -2x, \quad \text{すなわち，} \quad C'(x) = -2x\mathrm{e}^{-2x}$$

となる．よって，x について不定積分すれば，部分積分の公式より，

$$C(x) = \int(-2x\mathrm{e}^{-2x})\,\mathrm{d}x = \int x(\mathrm{e}^{-2x})'\,\mathrm{d}x = x\mathrm{e}^{-2x} - \int \mathrm{e}^{-2x}\,\mathrm{d}x$$
$$= x\mathrm{e}^{-2x} + \frac{1}{2}\mathrm{e}^{-2x} + D \quad (D \text{ は任意定数})$$

となる．

以上をまとめて，式 (1.5.5) の一般解が

$$u(x) = \left(x\mathrm{e}^{-2x} + \frac{1}{2}\mathrm{e}^{-2x} + D\right)\mathrm{e}^{2x} = D\mathrm{e}^{2x} + x + \frac{1}{2} \quad (D \text{ は任意定数})$$

と求まった．

(ステップ 3)　よって，$y(x) = u(x)^{-\frac{1}{2}}$ より，もとのベルヌーイ型微分方程式 (1.5.4) の一般解は

$$y(x) = \frac{1}{\left(D\mathrm{e}^{2x} + x + \frac{1}{2}\right)^{\frac{1}{2}}} \quad (D \text{ は任意定数})$$

となる．　□

●ベルヌーイ型微分方程式の初期値問題

ベルヌーイ型微分方程式についても，初期値問題

$$y' + p(x)y = q(x)y^n, \quad y(x_0) = y_0$$

を考えることができます．式 (1.5.2) により $u = y^{1-n}$ とおき，u についての

1 階線形微分方程式 (1.5.3) を導くまではまったく同じです．ここで，初期条件 $y(x_0) = y_0$ により，

$$u(x_0) = y_0^{1-n} \tag{1.5.6}$$

となります．あとは，式 (1.5.3) と初期条件 (1.5.6) の初期値問題の解 $u(x)$ を求め，$y(x) = u(x)^{\frac{1}{1-n}}$ とすることにより，もとのベルヌーイ型微分方程式の初期値問題の解を求めることができます．

この手順をまとめておきます．

ベルヌーイ型の解法 (初期値問題の解を求める方法)

(ステップ 1) $u = y^{1-n}$ (式 (1.5.2)) をベルヌーイ型微分方程式 (1.5.1) に代入し，u についての 1 階線形微分方程式 (1.5.3) を得る．

(ステップ 2) 微分方程式 (1.5.3) と初期条件 $u(x_0) = y_0^{1-n}$ の初期値問題を定数変化法 (1.3 節) で解き，解を $u(x)$ とする．

(ステップ 3) $y(x) = u(x)^{\frac{1}{1-n}}$ とすることで，ベルヌーイ型微分方程式 (1.5.1) の初期値問題の解を求める．

例題 1.5.2. 次の初期値問題の解を求めなさい．

$$xy' + 2y = \sqrt{y}\log x, \quad y(1) = 1. \tag{1.5.7}$$

解答：(ステップ 1) これはベルヌーイ型微分方程式であるので，

$$u = y^{1-\frac{1}{2}} = y^{\frac{1}{2}}$$

と変数変換する．このとき，

$$u' = \frac{1}{2}y^{-\frac{1}{2}}y', \quad \text{すなわち，} \quad y' = 2\sqrt{y}u'$$

であるから，式 (1.5.7) に代入すると

$$x \cdot 2\sqrt{y}u' + 2y = \sqrt{y}\log x$$

となる．$y^{\frac{1}{2}} = u$ であることに注意して，両辺を $2x\sqrt{y}$ で割ると

$$u' + \frac{u}{x} = \frac{\log x}{2x} \tag{1.5.8}$$

を得る．これは非同次 1 階線形微分方程式である．

(ステップ 2) まず，同次方程式

$$u' + \frac{u}{x} = 0, \quad \text{すなわち，} \quad u' = -\frac{u}{x}$$

を考える．これは変数分離形であるから，$u \neq 0$ として両辺を u で割ると

$$\frac{u'}{u} = -\frac{1}{x}$$

となるので，両辺を x で積分すると

$$\int \frac{1}{u}\,\mathrm{d}u = -\int \frac{1}{x}\,\mathrm{d}x$$

を得る．積分を計算すると

$$\log|u| = -\log|x| + D = \log\frac{1}{|x|} + D \quad (D\ \text{は積分定数})$$

となるので，両辺の指数をとると

$$|u| = \mathrm{e}^{\log\frac{1}{|x|}+D} = \mathrm{e}^{D}\frac{1}{|x|}$$

を得る．両辺の絶対値をはずし，$u=0$ の場合をあわせて考えれば，一般解が

$$u(x) = \frac{C}{x} \quad (C\ \text{は任意定数})$$

と求まる．

次に，$u(x) = \dfrac{C(x)}{x}$ とおく．

$$u'(x) = \frac{C'(x)x - C(x)}{x^2} = \frac{C'(x)}{x} - \frac{u(x)}{x}$$

であるから，式 (1.5.8) に代入すれば

$$\frac{C'(x)}{x} - \frac{u(x)}{x} + \frac{u(x)}{x} = \frac{\log x}{2x}$$

を得る．これを整理すると $\dfrac{C'(x)}{x} = \dfrac{\log x}{2x}$，すなわち，$C'(x) = \dfrac{1}{2}\log x$ となる．両辺を 1 から x まで積分すると

$$C(x) - C(1) = \int_1^x \frac{1}{2}\log s\,\mathrm{d}s$$

を得る．初期条件 $y(1) = 1$ より $u(1) = y(1)^{\frac{1}{2}} = 1$ が成り立つから，$u(x) = \dfrac{C(x)}{x}$ より

$$C(1) = 1 \cdot u(1) = 1$$

を得る．また，右辺の積分は部分積分の公式により

$$\int_1^x \frac{1}{2}\log s\,\mathrm{d}s = \int_1^x \frac{1}{2}s'\log s\,\mathrm{d}s = \left[\frac{1}{2}s\log s\right]_1^x - \int_1^x \frac{1}{2}s\cdot\frac{1}{s}\,\mathrm{d}s$$
$$= \frac{1}{2}x\log x - \frac{1}{2}(x-1)$$

と計算できるので，

$$C(x) = 1 + \frac{1}{2}x\log x - \frac{1}{2}(x-1) = \frac{1}{2}x\log x - \frac{1}{2}x + \frac{3}{2}$$

を得る．

以上をまとめて，u についての初期値問題の解が

$$u(x) = \frac{C(x)}{x} = \frac{1}{2}\log x - \frac{1}{2} + \frac{3}{2x}$$

と求まった．

(ステップ 3) よって，$y(x) = u(x)^2$ より，もとのベルヌーイ型微分方程式の初期値問題 (1.5.7) の解は

$$y(x) = \left(\frac{1}{2}\log x - \frac{1}{2} + \frac{3}{2x}\right)^2$$

となる． □

問題 1.5.3. 次の微分方程式の一般解を求めなさい[18]．

(1) $y' + y = y^2$　(2) $y' + y = y^3$　(3) $y' - y = y^2 \mathrm{e}^{-x}$

(4) $y' + y = x\sqrt{y}$　(5) $y' - \dfrac{1}{x}y = \sqrt{y}$

(6) $\left(x^2+1\right)y' - 2xy + xy^2\cos x = 0$

問題 1.5.4. 次の初期値問題の解を求めなさい．

(1) $y' + y = \dfrac{4}{y},\ y(0) = 1$　(2) $y' - y = y^2\mathrm{e}^{-x},\ y(0) = 1$

(3) $y' - 2xy = xy^2,\ y(0) = 2$　(4) $x^2y' - 2xy = y^2\cos x,\ y\left(\dfrac{\pi}{2}\right) = \left(\dfrac{\pi}{2}\right)^2$

1.6 リッカチ型

ここでは，変数変換と定数変化法を利用して，次の形の微分方程式

$$y' = p_0(x)y^2 + p_1(x)y + p_2(x) \tag{1.6.1}$$

を解く方法を紹介します．ただし，$p_0(x), p_1(x), p_2(x)$ は与えられた関数とします．この形の微分方程式を**リッカチ型**とよびます．

18) 別の解法で解ける問題もありますが，ベルヌーイ型とみて解いてください．次の問題も同様です．

●リッカチ型微分方程式の一般解

リッカチ型微分方程式 (1.6.1) の解き方は，いままでの微分方程式と少し変わってきます．すでに紹介した同次形やベルヌーイ型の微分方程式は，うまく変数変換することにより，変数分離形や 1 階線形微分方程式に帰着できました．しかしリッカチ型の場合，変数変換をしてもこれまで扱ってきた微分方程式に帰着することは一般にはできません．リッカチ型微分方程式を解くための第一歩は，リッカチ型微分方程式をみたす具体的な解 $y_1(x)$，すなわち

$$y_1'(x) = p_0(x)y_1(x)^2 + p_1(x)y_1(x) + p_2(x) \tag{1.6.2}$$

をみたす解 $y_1(x)$ を一つみつけることです．このような $y_1(x)$ のことを**特殊解**とよびます．

仮に，リッカチ型微分方程式の特殊解 $y_1(x)$ が一つみつかったとしましょう．このとき，この特殊解 $y_1(x)$ を用いて，変数変換

$$y = y_1(x) + \frac{1}{u} \qquad \left(y(x) = y_1(x) + \frac{1}{u(x)}\right) \tag{1.6.3}$$

を考えます．両辺を微分すると

$$y' = y_1'(x) - \frac{u'}{u^2}$$

なので，もとのリッカチ型微分方程式 (1.6.1) に代入すると，

$$y_1'(x) - \frac{u'}{u^2} = p_0(x)\left(y_1(x) + \frac{1}{u}\right)^2 + p_1(x)\left(y_1(x) + \frac{1}{u}\right) + p_2(x) \tag{1.6.4}$$

となります．これを u' について整理してみましょう．右辺を展開すると

$$(\text{右辺}) = p_0(x)\left(y_1(x)^2 + \frac{2y_1(x)}{u} + \frac{1}{u^2}\right) + p_1(x)\left(y_1(x) + \frac{1}{u}\right) + p_2(x)$$

となります．ここで，$y_1(x)$ がリッカチ型微分方程式の特殊解である，すなわち式 (1.6.2) をみたすことに注意すると，式 (1.6.4) は

$$\begin{aligned} -\frac{u'}{u^2} &= p_0(x)\left(\frac{2y_1(x)}{u} + \frac{1}{u^2}\right) + \frac{p_1(x)}{u} \\ &= \frac{p_0(x)}{u^2} + \frac{2p_0(x)y_1(x) + p_1(x)}{u} \end{aligned}$$

となります．よって，両辺に $-u^2$ をかければ

$$u' = -\left(2p_0(x)y_1(x) + p_1(x)\right)u - p_0(x) \tag{1.6.5}$$

を得ます．これは，非同次 1 階線形微分方程式 (1.3.1) の形をしています．

つまり，式 (1.6.5) の一般解 $u(x)$ は，1.3 節で学んだ定数変化法により求めることができます．この $u(x)$ を用いて $y(x) = y_1(x) + \dfrac{1}{u(x)}$ により，もとのリッカチ型微分方程式 (1.6.1) の一般解が求まります．

☆**注意**☆　特殊解 $y_1(x)$ の一般的なみつけ方はなく，問題に応じて探すことになります．現実的な (簡単な) 方法としては，$y_1(x)$ を定数関数，1 次関数，2 次関数と順に考えていき，式 (1.6.1) に代入して x の次数を比較しながら特殊解の候補を探すことになります．ほかにも $\dfrac{1}{x}$ や $\dfrac{1}{x^2}$ など，分母に 1 次関数や 2 次関数を含むものを考えることもあります．通常は $y_1(x) = Ax^\alpha$ (A と α は定数) の形の関数を探すのが一般的です．

リッカチ型微分方程式の解き方の流れをまとめておきましょう．

リッカチ型の解法 (一般解を求める方法)

(ステップ 1) リッカチ型微分方程式 (1.6.1) の特殊解 $y_1(x)$ を一つ求める．$y_1(x)$ を定数関数，1 次関数，2 次関数，またはそれらを分母に含む関数などと順に推測する．$y_1(x) = Ax^\alpha$ の形が一般的．

(ステップ 2) $y = y_1(x) + \dfrac{1}{u}$ (式 (1.6.3)) をリッカチ型微分方程式 (1.6.1) に代入し，u についての 1 階線形微分方程式 (1.6.5) を得る．

(ステップ 3) 1 階線形微分方程式 (1.6.5) を定数変化法 (1.3 節) で解き，一般解を $u(x)$ とする．

(ステップ 4) $y(x) = y_1(x) + \dfrac{1}{u(x)}$ とすることで，リッカチ型微分方程式 (1.6.1) の一般解を求める．

例題 1.6.1. 次の微分方程式の一般解を求めなさい．

$$y' = xy^2 - (2x-1)y + x - 1. \tag{1.6.6}$$

解答：(ステップ 1) まずは，この微分方程式の特殊解 $y_1(x)$ を具体的に求める．いま，$y_1(x) = 1$ として式 (1.6.6) に代入すると，

$$(\text{左辺}) = y_1'(x) = (1)' = 0,$$

$$(\text{右辺}) = xy_1(x)^2 - (2x-1)y_1(x) + x - 1 = x - (2x-1) + x - 1 = 0$$

となり，確かに $y_1(x) = 1$ は微分方程式 (1.6.6) の特殊解である[19]．

19)　式 (1.6.6) は式 (1.6.1) の $p_0(x) = x$, $p_1(x) = -(2x-1)$, $p_2(x) = x-1$ の場合です．このとき $p_0(x)$, $p_1(x)$, $p_2(x)$ がすべて x の 1 次関数なので，定数関数が一つの解になることが推測できます．

(ステップ2) 変数変換

$$y = 1 + \frac{1}{u}$$

を考えると，

$$y' = -\frac{u'}{u^2}$$

なので，式 (1.6.6) に代入すると，

$$\begin{aligned}
-\frac{u'}{u^2} &= x\left(1 + \frac{1}{u}\right)^2 - (2x-1)\left(1 + \frac{1}{u}\right) + x - 1 \\
&= x\left(1 + \frac{2}{u} + \frac{1}{u^2}\right) - \left(2x - 1 + \frac{2x-1}{u}\right) + x - 1 \\
&= \frac{x}{u^2} + \frac{1}{u}
\end{aligned}$$

となるので，両辺に $-u^2$ をかけると

$$u' = -u - x \tag{1.6.7}$$

を得る．これは非同次1階線形微分方程式である．

(ステップ3) まず，同次方程式

$$u' = -u$$

を考える．これは変数分離形であるから，$u \neq 0$ として両辺を u で割ると

$$\frac{u'}{u} = -1$$

となるので，両辺を x で積分すると

$$\int \frac{1}{u}\,\mathrm{d}u = \int (-1)\,\mathrm{d}x$$

を得る．積分を計算すると

$$\log|u| = -x + D \quad (D\text{ は任意定数})$$

となるので，両辺の指数をとると

$$|u| = \mathrm{e}^D \mathrm{e}^{-x}$$

を得る．左辺の絶対値をはずし $u = 0$ の場合をあわせて考えれば，一般解が

$$u(x) = C\mathrm{e}^{-x} \quad (C\text{ は任意定数})$$

と求まる．

次に，$u(x) = C(x)\mathrm{e}^{-x}$ とおくと，

$$u'(x) = C'(x)\mathrm{e}^{-x} + C(x)(-1)\mathrm{e}^{-x} = C'(x)\mathrm{e}^{-x} - u(x)$$

であるから，式 (1.6.7) に代入すれば

$$C'(x)\mathrm{e}^{-x} - u(x) = -u(x) - x$$

を得る．これを整理すると

$$C'(x)\mathrm{e}^{-x} = -x, \quad \text{すなわち,} \quad C'(x) = -x\mathrm{e}^{x}$$

となる．よって，x について不定積分すれば，部分積分の公式により，

$$\begin{aligned} C(x) &= \int (-x\mathrm{e}^{x})\,\mathrm{d}x \\ &= -\int x\,(\mathrm{e}^{x})'\,\mathrm{d}x = -x\mathrm{e}^{x} + \int \mathrm{e}^{x}\,\mathrm{d}x \\ &= -x\mathrm{e}^{x} + \mathrm{e}^{x} + D \quad (D\text{ は任意定数}) \end{aligned}$$

となる．

以上をまとめて，式 (1.6.7) の一般解が

$$u(x) = C(x)\mathrm{e}^{-x} = (-x\mathrm{e}^{x} + \mathrm{e}^{x} + D)\,\mathrm{e}^{-x} = D\mathrm{e}^{-x} - x + 1 \quad (D\text{ は任意定数})$$

と求まった．

(ステップ 4) よって，$y(x) = 1 + \dfrac{1}{u(x)}$ より，もとのリッカチ型微分方程式 (1.6.6) の一般解は

$$y(x) = 1 + \frac{1}{D\mathrm{e}^{-x} - x + 1} \quad (D\text{ は任意定数})$$

となる． □

●リッカチ型微分方程式の初期値問題

リッカチ型微分方程式に対する初期値問題

$$y' = p_0(x)y^2 + p_1(x)y + p_2(x), \quad y(x_0) = y_0 \tag{1.6.8}$$

も考えておきましょう．特殊解 $y_1(x)$ を一つ求めたうえで，変数変換 (1.6.3) により u についての 1 階線形微分方程式 (1.6.5) を得るまでは，一般解を求めるときと同じです．異なるところは，$y(x_0) = y_0$ より，

$$y(x_0) = y_1(x_0) + \frac{1}{u(x_0)}, \quad \text{すなわち,} \quad u(x_0) = \frac{1}{y_0 - y_1(x_0)}$$

という形で u についての微分方程式の初期条件が得られることです．よって，1.3 節で学んだ定数変化法で 1 階線形微分方程式 (1.6.5) の初期値問題を解き，$u(x)$ を求めればよいわけです．あとは，$y(x) = y_1(x) + \dfrac{1}{u(x)}$ により，リッカチ型微分方程式に対する初期値問題 (1.6.8) を解くことができます．

ここまでの流れをまとめておきましょう．

リッカチ型の解法 (初期値問題の解を求める方法)

ステップ 1 とステップ 2 は “リッカチ型の解法 (一般解を求める方法)” と同じで，u についての 1 階線形微分方程式 (1.6.5) を導く．

(ステップ 3) 微分方程式 (1.6.5) と初期条件 $u(x_0) = \dfrac{1}{y_0 - y_1(x_0)}$ の初期値問題を定数変化法 (1.3 節) で解き，その解を $u(x)$ とする．

(ステップ 4) $y(x) = y_1(x) + \dfrac{1}{u(x)}$ とすることで，リッカチ型微分方程式の初期値問題 (1.6.8) の解を求める．

例題 1.6.2. 次の初期値問題の解を求めなさい．

$$y' + y^2 = \frac{2}{x^2}, \quad y(1) = 1. \tag{1.6.9}$$

解答：(ステップ 1) まず，この微分方程式の特殊解 $y_1(x)$ を具体的に求める．いま，$y_1(x) = -\dfrac{1}{x}$ として式 (1.6.9) に代入すると，

$$(\text{左辺}) = y_1' + y_1^2 = \frac{1}{x^2} + \frac{1}{x^2} = \frac{2}{x^2} = (\text{右辺})$$

となり，$y_1(x) = -\dfrac{1}{x}$ は微分方程式 (1.6.9) の特殊解である．

(ステップ 2) 変数変換

$$y = -\frac{1}{x} + \frac{1}{u}$$

を考えると，

$$y' = \frac{1}{x^2} - \frac{u'}{u^2}$$

なので，式 (1.6.9) に代入すると，

$$\frac{1}{x^2} - \frac{u'}{u^2} + \left(-\frac{1}{x} + \frac{1}{u}\right)^2 = \frac{2}{x^2}$$

となる．ここで，左辺の第 1 項と第 3 項を右辺に移項すると，その右辺は

$$\frac{2}{x^2}-\frac{1}{x^2}-\left(-\frac{1}{x}+\frac{1}{u}\right)^2=\frac{1}{x^2}-\left(\frac{1}{x^2}-\frac{2}{xu}+\frac{1}{u^2}\right)=\frac{2}{xu}-\frac{1}{u^2}$$

となるので，

$$-\frac{u'}{u^2}=\frac{2}{xu}-\frac{1}{u^2},\quad \text{すなわち，}\quad u'=-\frac{2u}{x}+1 \tag{1.6.10}$$

を得る．これは非同次 1 階線形微分方程式である．

(ステップ 3)　まず，同次方程式

$$u'=-\frac{2u}{x}$$

を考える．これは変数分離形であるから，$u\neq 0$ として両辺を u で割ると

$$\frac{u'}{u}=-\frac{2}{x}$$

となるので，両辺を x で積分すると

$$\int\frac{1}{u}\,\mathrm{d}u=-\int\frac{2}{x}\,\mathrm{d}x$$

を得る．積分を計算すると

$$\log|u|=-2\log|x|+D=\log\frac{1}{x^2}+D\quad(D\text{ は任意定数})$$

となるので，両辺の指数をとると

$$|u|=\mathrm{e}^{\log\frac{1}{x^2}+D}=\mathrm{e}^D\frac{1}{x^2}$$

を得る．左辺の絶対値をはずし，$u=0$ の場合をあわせて考えれば，一般解が

$$u(x)=\frac{C}{x^2}\quad(C\text{ は任意定数})$$

と求まる．

次に，$u(x)=\dfrac{C(x)}{x^2}$ とおく．

$$u'(x)=\frac{C'(x)x^2-2C(x)x}{x^4}=\frac{C'(x)}{x^2}-\frac{2u(x)}{x}$$

であるから，式 (1.6.10) に代入すれば

$$\frac{C'(x)}{x^2}-\frac{2u}{x}=-\frac{2u}{x}+1$$

を得る．これを整理すると

$$\frac{C'(x)}{x^2}=1,\quad \text{すなわち，}\quad C'(x)=x^2$$

となるので，両辺を1からxまで積分すると

$$C(x)-C(1)=\int_1^x s^2\,\mathrm{d}s$$

を得る．初期条件$y(1)=1$より，

$$1=y(1)=-\frac{1}{1}+\frac{1}{u(1)}=-1+\frac{1}{u(1)}$$

となって，$u(1)=\dfrac{1}{2}$が成り立つので，$u(x)=\dfrac{C(x)}{x^2}$より，

$$C(1)=1^2\cdot u(1)=\frac{1}{2}$$

を得る．また，右辺の積分は

$$\int_1^x s^2\,\mathrm{d}s=\left[\frac{1}{3}s^3\right]_1^x=\frac{1}{3}x^3-\frac{1}{3}$$

と計算できるので，

$$C(x)=\frac{1}{2}+\frac{1}{3}x^3-\frac{1}{3}=\frac{1}{3}x^3+\frac{1}{6}$$

を得る．

以上をまとめて，uについての初期値問題の解が

$$u(x)=\frac{C(x)}{x^2}=\frac{2x^3+1}{6x^2}$$

と求まった．

(ステップ4) よって，$y(x)=-\dfrac{1}{x}+\dfrac{1}{u(x)}$より，もとのリッカチ型微分方程式の初期値問題(1.6.9)の解は

$$y(x)=-\frac{1}{x}+\frac{6x^2}{2x^3+1}=\frac{-(2x^3+1)+6x^2\cdot x}{x(2x^3+1)}=\frac{4x^3-1}{x(2x^3+1)}$$

となる．□

問題 1.6.3. 次の微分方程式の一般解を求めなさい[20]．

(1) $y'=x-xy^2$　(2) $y'=1-x^2+\left(x^2-1\right)y^2$　(3) $y'=-x^2+\dfrac{y}{x}+y^2$

(4) $y'=\left(y^2-5y+6\right)\sin x$　(5) $x^3y'+x^2y-y^2=2x^4$　(6) $y'=y^2+\dfrac{y}{2x}-x$

20) 別の解法で解ける問題もありますが，リッカチ型とみて解いてください．次の問題も同様です．

問題 1.6.4. 次の初期値問題の解を求めなさい.

(1) $y' = y^2 - y - 2,\ \ y(0) = 1$

(2) $y' = \left(y^2 - 3y + 2\right)\cos x,\ \ y(\pi) = 0$

(3) $y' = -\dfrac{1}{x} - \dfrac{1}{x^2} + xy^2,\ \ y(1) = 0$

(4) $y' = y^2 - 2x^2 y + x^4 + 2x,\ \ y(0) = 1$

1.7 完全形

本節では，完全形とよばれる微分方程式の解法を紹介しますが，それを理解するためには，偏微分ができなくてはなりません．そこで，まずは 2 変数関数の偏微分について簡単に復習しておきましょう．

●偏微分の復習

いままでは 1 つの変数 x からなる 1 変数の関数，例えば，$f(x)$ や $g(x)$，そして $y(x)$ などを扱っていましたが，変数が複数の関数を**多変数関数**とよびます．例えば，$f(x,y)$ と書いたら，これは x と y からなる 2 変数の関数であることを意味します．

2 変数関数 $f(x,y)$ に対して**偏微分**を考えます．これは，“1 つの変数のみに着目した微分” のことで，例えば，2 変数関数 $f(x,y)$ において x のみを変数と考えて微分したものを $f_x(x,y)$ や $\dfrac{\partial f}{\partial x}(x,y)$ と書き，***x* に関する偏微分**とよびます．同様に，y に関する偏微分を $f_y(x,y)$ や $\dfrac{\partial f}{\partial y}(x,y)$ と書きます．

例 例えば，$f(x,y) = x^2 + y^3$ という 2 変数関数を考えてみましょう．このとき，

$$f_x(x,y) = 2x, \quad f_y(x,y) = 3y^2$$

が成り立ちます． ■

$f_x(x,y)$ の計算では，x を変数，y を定数とみなして微分することにより上記のように計算できます．同様に，$f_y(x,y)$ の計算では，y を変数，x を定数とみなして微分しています．また，1 変数関数の合成関数の微分に対して**連鎖律**

$$\frac{\mathrm{d}}{\mathrm{d}x} f(g(x)) = f'(g(x))g'(x)$$

が成り立ちますが，多変数関数についても同様の公式が成り立ちます．例えば，2変数関数 $f(x,y)$ と $x=g_1(t)$, $y=g_2(t)$ の合成関数 $z=f(g_1(t),g_2(t))$ については

$$\frac{\mathrm{d}z}{\mathrm{d}t}=\frac{\partial z}{\partial x}\frac{\mathrm{d}x}{\mathrm{d}t}+\frac{\partial z}{\partial y}\frac{\mathrm{d}y}{\mathrm{d}t},$$

すなわち，

合成関数の微分の公式

$$\frac{\mathrm{d}}{\mathrm{d}t}f(g_1(t),g_2(t))=f_x(g_1(t),g_2(t))g_1'(t)+f_y(g_1(t),g_2(t))g_2'(t) \quad (1.7.1)$$

が成り立ちます[21]．

●完全形微分方程式の一般解

それでは，本題に入ります．ここでは，次の形の微分方程式

$$p(x,y)+q(x,y)y'=0 \quad (1.7.2)$$

を考えます．関数 $p(x,y)$ と $q(x,y)$ のいずれに対しても

$$\psi_x(x,y)=p(x,y), \quad \psi_y(x,y)=q(x,y) \quad (1.7.3)$$

をみたす関数 $\psi(x,y)$ が存在するとき，微分方程式 (1.7.2) を**完全形**とよびます．

じつは，式 (1.7.3) をみたす関数 $\psi(x,y)$ が存在するときは，合成関数の微分の公式を用いることですぐに一般解が求まります．まずはその場合を紹介しましょう．

i) 関数 $\psi(x,y)$ が存在する場合　式 (1.7.3) をみたす関数 $\psi(x,y)$ が存在すると仮定し，関数 $y(x)$ を完全形微分方程式 (1.7.2) の解とします．また，

$$f(x,y)=\psi(x,y), \quad x=g_1(t)=t,\ y=g_2(t)=y(t)$$

とすれば，

$$f(g_1(t),g_2(t))=\psi(t,y(t))=\psi(x,y(x))$$

と書けます．ここで，合成関数の微分の公式 (1.7.1) と式 (1.7.2), (1.7.3) を用いると，

21) この公式については，多変数の微分積分学の講義で必ず学ぶ内容ですので確認しておいてください．例えば，中川重和・荒木圭典・安田貴徳・大熊一正・濱谷義弘 著「専門基礎科目 微分積分」培風館 (2018) などを参照してください．

$$\frac{\mathrm{d}}{\mathrm{d}x}\psi(x,y(x)) = \psi_x(x,y(x))(x)' + \psi_y(x,y(x))y'(x)$$
$$= p(x,y(x)) + q(x,y(x))y'(x) = 0$$

が成り立ちます．よって，この式の両辺を x について積分すると，完全形微分方程式 (1.7.2) の一般解

$$\psi(x,y(x)) = C \quad (C\text{ は任意定数}) \tag{1.7.4}$$

を得ます．つまり，式 (1.7.3) をみたす 2 変数関数 $\psi(x,y)$ をみつけることができれば，式 (1.7.4) により一般解を求められるのです．

さて，一般に式 (1.7.2) の形をした微分方程式が与えられたとしても，はたしてそれが完全形であるかどうか，微分方程式を見ただけでわかるでしょうか．そんな簡単にわかるわけがなさそうですが，じつは，

完全形の判定法

微分方程式 (1.7.2) が完全形であるための必要十分条件は，

$$p_y(x,y) = q_x(x,y)$$

が成り立つことである．

ことが知られています．$p(x,y)$，$q(x,y)$ は与えられた関数ですから，関係式 $p_y(x,y) = q_x(x,y)$ が成り立つかについては，実際に計算をして確認できます．

それでは，関係式 $p_y(x,y) = q_x(x,y)$ が成り立つと仮定したとき，$\psi(x,y)$ を求める方法を説明します．

ii) 関係式 $p_y(x,y) = q_x(x,y)$ をみたす場合　考え方は，式 (1.7.3) に現れる 2 つの条件式をそれぞれ微分方程式とみなし，形式的に解くことにより $\psi(x,y)$ をつくるというものです．まず，式 (1.7.3) の第 1 式に着目し，y を定数であるとみなします (ここでは y は x の関数と考えていないことに注意してください)．このとき，式 (1.7.3) の第 1 式を x で積分すると

$$\psi(x,y) = \int^x p(s,y)\,\mathrm{d}s + Q(y) \tag{1.7.5}$$

となります[22]．注目すべきは右辺の第 2 項です．いままでの不定積分では最後に任意定数がでてきましたが，ここでは任意定数の代わりに “y に関する任意の

22) 右辺第 1 項の積分は，$p(x,y)$ の第 1 変数 x について不定積分していることを表しています．

関数 $Q(y)$" が現れます．実際，式 (1.7.5) とした $\psi(x,y)$ を x について偏微分すると第2項は0となり，$\psi_x(x,y)=p(x,y)$ が成り立ちます．これは多変数関数になっているために生じることであり，1変数関数とは大きく異なる点です．

さて次に，式 (1.7.5) の $\psi(x,y)$ を式 (1.7.3) の第2式に代入してみましょう．$\psi(x,y)$ を y で偏微分すると，

$$\psi_y(x,y)=\frac{\partial\psi}{\partial y}(x,y)=\frac{\partial}{\partial y}\left(\int^x p(s,y)\,\mathrm{d}s+Q(y)\right)$$
$$=\frac{\partial}{\partial y}\int^x p(s,y)\,\mathrm{d}s+Q'(y)$$

なので，式 (1.7.3) の第2式より，

$$\frac{\partial}{\partial y}\int^x p(s,y)\,\mathrm{d}s+Q'(y)=q(x,y),$$

すなわち，

$$Q'(y)=q(x,y)-\frac{\partial}{\partial y}\int^x p(s,y)\,\mathrm{d}s \tag{1.7.6}$$

となります．両辺を y について積分すると

$$Q(y)=\int^y q(x,t)\,\mathrm{d}t-\int^y\left(\frac{\partial}{\partial t}\int^x p(s,t)\,\mathrm{d}s\right)\mathrm{d}t$$

という $Q(y)$ の表現式を得ることができます．よって，式 (1.7.5) に代入すれば，

$$\psi(x,y)=\int^x p(s,y)\,\mathrm{d}s+\int^y q(x,t)\,\mathrm{d}t-\int^y\left(\frac{\partial}{\partial t}\int^x p(s,t)\,\mathrm{d}s\right)\mathrm{d}t$$

となり，この $\psi(x,y)$ を用いて式 (1.7.4) としたものが完全形微分方程式 (1.7.2) の一般解になります．

☆注意☆　ここで，式 (1.7.6) の左辺は y についての1変数関数になっているのに対し，右辺は x と y についての2変数関数になっています．これらが等号で結ばれているのは奇妙に感じるかもしれません．しかし，$p_y(x,y)=q_x(x,y)$ が成り立っているため，じつは右辺は y についての1変数関数となることがわかります．実際に，式 (1.7.6) の右辺を x で偏微分してみると

$$\frac{\partial}{\partial x}\left(q(x,y)-\frac{\partial}{\partial y}\int^x p(s,y)\,\mathrm{d}s\right)=\frac{\partial q}{\partial x}(x,y)-\frac{\partial^2}{\partial x\partial y}\int^x p(s,y)\,\mathrm{d}s$$
$$=\frac{\partial q}{\partial x}(x,y)-\frac{\partial}{\partial y}\left(\frac{\partial}{\partial x}\int^x p(s,y)\,\mathrm{d}s\right)=\frac{\partial q}{\partial x}(x,y)-\frac{\partial p}{\partial y}(x,y)=0$$

となり，確かに x に関係しないことがわかります[23)]．

23)　この計算には数学的に曖昧な (不正確な) 点が含まれています．厳密に正当化したい読者は，例えば，一松 信 著「多変数の微分積分学」現代数学社 (2011) などを参照してください．

完全形微分方程式の解き方をまとめておきましょう.

完全形微分方程式の解法 (一般解を求める方法)

(ステップ 1) $p_y(x,y) = q_x(x,y)$ をみたし, 完全形であることを確認する.

(ステップ 2) $\psi_x(x,y) = p(x,y)$ (式 (1.7.3) の第 1 式) を x について積分して $\psi(x,y) = \int^x p(s,y)\,\mathrm{d}s + Q(y)$ (式 (1.7.5)) を得る.

(ステップ 3) $\psi_y(x,y)$ を求め, $\psi_y(x,y) = q(x,y)$ (式 (1.7.3) の第 2 式) に代入する. y について積分して, $Q(y)$ を決定する.

(ステップ 4) ステップ 2 で求めた $\psi(x,y)$ の $Q(y)$ にステップ 3 で求めた $Q(y)$ を代入し, $\psi(x,y) = C$ とすれば, 完全形微分方程式 (1.7.2) の一般解が求まる.

☆**注意**☆　式 (1.7.3) の第 1 式を x について積分するのではなく, 第 2 式を y について積分することからはじめても完全形微分方程式を解くことができます. この場合, 式 (1.7.5) では y についての 1 変数関数 $Q(y)$ が登場していたところが x についての 1 変数関数 $P(x)$ になります. そして, 式 (1.7.3) の第 1 式に代入することで $P(x)$ を決定します.

例題 1.7.1. 次の微分方程式の一般解を求めなさい.

$$y\cos x + 2x\mathrm{e}^y + (\sin x + x^2\mathrm{e}^y - 1)y' = 0. \tag{1.7.7}$$

解答:(ステップ 1)

$$p(x,y) = y\cos x + 2x\mathrm{e}^y, \quad q(x,y) = \sin x + x^2\mathrm{e}^y - 1$$

とする.

$$p_y(x,y) = \cos x + 2x\mathrm{e}^y, \quad q_x(x,y) = \cos x + 2x\mathrm{e}^y$$

より $p_y(x,y) = q_x(x,y)$ が成り立つので, 方程式 (1.7.7) は完全形である.

(ステップ 2) 条件 (1.7.3) を書くと

$$\begin{aligned} \psi_x(x,y) &= p(x,y) = y\cos x + 2x\mathrm{e}^y, \\ \psi_y(x,y) &= q(x,y) = \sin x + x^2\mathrm{e}^y - 1 \end{aligned} \tag{1.7.8}$$

である. 第 1 式を x について積分すると, ある y の関数 $Q(y)$ を用いて

$$\psi(x,y) = \int^x (y\cos s + 2s\mathrm{e}^y)\,\mathrm{d}s = y\sin x + x^2\mathrm{e}^y + Q(y)$$

と表される.

(ステップ3) これを y で偏微分すると，

$$\psi_y(x,y) = \sin x + x^2 \mathrm{e}^y + Q'(y)$$

であるから，式 (1.7.8) の第2式に代入すると

$$\sin x + x^2 \mathrm{e}^y + Q'(y) = \sin x + x^2 \mathrm{e}^y - 1, \quad \text{すなわち,} \quad Q'(y) = -1$$

となる．よって，y について不定積分すると，積分定数をのぞいて $Q(y) = -y$ を得る．

(ステップ4) ゆえに，

$$\psi(x,y) = y\sin x + x^2 \mathrm{e}^y - y$$

であるので，一般解は

$$y(x)\sin x + x^2 \mathrm{e}^{y(x)} - y(x) = C \quad (C \text{ は任意定数})$$

である[24)]． □

●完全形微分方程式の初期値問題

完全形微分方程式に対する初期値問題

$$p(x,y) + q(x,y)y' = 0, \quad y(x_0) = y_0 \qquad (1.7.9)$$

の解は，一般解を求めたあとに，$x = x_0$ を代入するだけで求められます．

完全形微分方程式の解法 (初期値問題の解を求める方法)

ステップ1〜ステップ4は“完全形微分方程式の解法 (一般解を求める方法)”と同じで，一般解 $\psi(x,y) = C$ を導く．

(ステップ5) これに $x = x_0$ を代入し，初期条件 $y(x_0) = y_0$ から $C = \psi(x_0, y_0)$ が定まる．このとき，$\psi(x,y) = C = \psi(x_0,y_0)$ が完全形微分方程式の初期値問題 (1.7.9) の解である．

例題 1.7.2. 次の初期値問題の解を求めなさい．

$$\frac{x}{(x^2+y^2)^{\frac{3}{2}}} + \frac{y}{(x^2+y^2)^{\frac{3}{2}}} y' = 0, \quad y(0) = 1.$$

24) この例題からもわかるように，いつでも一般解を $y(x) = (x \text{ の式})$ の形で表せるとは限りません．

解答：(ステップ 1)

$$p(x,y)=\frac{x}{(x^2+y^2)^{\frac{3}{2}}},\quad q(x,y)=\frac{y}{(x^2+y^2)^{\frac{3}{2}}}$$

とする．

$$p_y(x,y)=-\frac{x\cdot\frac{3}{2}(x^2+y^2)^{\frac{1}{2}}\cdot 2y}{(x^2+y^2)^3}=-\frac{3xy}{2(x^2+y^2)^{\frac{5}{2}}},$$

$$q_x(x,y)=-\frac{y\cdot\frac{3}{2}(x^2+y^2)^{\frac{1}{2}}\cdot 2x}{(x^2+y^2)^3}=-\frac{3xy}{2(x^2+y^2)^{\frac{5}{2}}}$$

より，$p_y(x,y)=q_x(x,y)$ が成り立つので，この微分方程式は完全形である．

(ステップ 2) 条件 (1.7.3) を書くと

$$\begin{aligned}\psi_x(x,y)&=p(x,y)=\frac{x}{(x^2+y^2)^{\frac{3}{2}}},\\ \psi_y(x,y)&=q(x,y)=\frac{y}{(x^2+y^2)^{\frac{3}{2}}}\end{aligned}\tag{1.7.10}$$

である．第 1 式を x について積分すると，ある y の関数 $Q(y)$ を用いて

$$\psi(x,y)=\int^x\frac{s}{(s^2+y^2)^{\frac{3}{2}}}\,\mathrm{d}s=-\frac{1}{(x^2+y^2)^{\frac{1}{2}}}+Q(y)$$

と表される．

(ステップ 3) これを y で偏微分すると

$$\psi_y(x,y)=\frac{y}{(x^2+y^2)^{\frac{3}{2}}}+Q'(y)$$

であるから，式 (1.7.10) の第 2 式に代入すると

$$\frac{y}{(x^2+y^2)^{\frac{3}{2}}}+Q'(y)=\frac{y}{(x^2+y^2)^{\frac{3}{2}}},\quad \text{すなわち，}\quad Q'(y)=0$$

となる．よって，y について不定積分すると，積分定数をのぞいて $Q(y)=0$ を得る．

(ステップ 4) ゆえに，

$$\psi(x,y)=-\frac{1}{(x^2+y^2)^{\frac{1}{2}}}$$

であるので，一般解は

$$-\frac{1}{(x^2+y(x)^2)^{\frac{1}{2}}}=C\quad (C\text{ は任意定数})$$

である．

(ステップ5) 一般解に $x=0$ と初期条件 $y(0)=1$ を代入すると

$$C=-\frac{1}{(0^2+1^2)^{\frac{1}{2}}}=-1$$

となるので，初期値問題の解は

$$-\frac{1}{(x^2+y(x)^2)^{\frac{1}{2}}}=-1,\quad \text{すなわち，}\quad x^2+y(x)^2=1$$

により与えられる． □

問題 1.7.3. 次の微分方程式の一般解を求めなさい[25]．

(1) $2xy+x^2y'=0$　　(2) $2x+3y+1+(3x+2y+5)y'=0$

(3) $(\mathrm{e}^x+1)\,y+(\mathrm{e}^x+x)\,y'=0$　　(4) $xy^2+y+\left(x^2y+x\right)y'=0$

(5) $(\sin x+2x)y+\left(-\cos x+x^2+\mathrm{e}^y\right)y'=0$

(6) $1+2x\sqrt{x^2-y^2}-\left(2y\sqrt{x^2-y^2}\right)y'=0$

問題 1.7.4. 次の初期値問題の解を求めなさい．

(1) $y^4+4xy^3y'=0,\ \ y(1)=1$

(2) $(\mathrm{e}^x+1)\,y+(\mathrm{e}^x+x+2y)\,y'=0,\ \ y(0)=-1$

(3) $9x^2+y-1+(x-4y)y'=0,\ \ y(0)=-2$

(4) $\cos(xy)-xy\sin(xy)+\mathrm{e}^{2x}+\left(y^2-x^2\sin(xy)\right)y'=0,\ \ y(0)=1$

★注目★ 以上，さまざまな形の1階微分方程式の解法について説明してきました．これら以外に，

Web 資料はコチラ

$$y=xy'+f(y')$$

の形で表される**クレロー型**の微分方程式がありますが，これについては Web の補足資料を参照してください． `http://www.baifukan.co.jp/link/linktop3.html`

1.8 1階微分方程式と現象の数理

本節では，さまざまな現象に現れる1階微分方程式の数理モデルについて紹介します[26]．以下で使用する $a,\,b,\,p$ は，どれも正の値の定数とします．

---

25) 別の解法で解ける問題もありますが，完全形とみて解いてください．次の問題も同様です．

26) ここで紹介するモデルの多くは“数理モデル”を書名に含む専門書に載っていますので，詳細にはふれず，できるだけ専門用語を避けて説明します．

●マルサスモデル

まず考えるのは，**マルサスモデル**として知られる人口増加を表す微分方程式

$$y' = ay \tag{1.8.1}$$

です．高校までの数学で学んだように，$y'(x)$ の符号は “$y(x)$ の増減” を表します．ここで $y(x)\,(>\ 0)$ を人口とみると，式 (1.8.1) の右辺の符号は正ですので，$y'(x)$ の符号も正となり人口の増加を意味します．よって，式 (1.8.1) は人口に比例して人口が増加することを表す数理モデルといえます．微分方程式 (1.8.1) は変数分離形の解法で解けるので，初期条件 $y(0) = y_0 > 0$ をみたす解

$$y(x) = y_0 \mathrm{e}^{ax}$$

を得ます．ここで $x \to \infty$ とすると ($a > 0$ と $y_0 > 0$ より) $y(x) \to \infty$ となるので，人口はやがて ∞ に発散することになります．じつは，$y(x)$ が表す初期段階における増加は試験管のなかの細菌の増殖を表していますが，x が大きくなると実際の現象と大きく外れてしまうので，モデルを修正する必要があります．

●ロジスティックモデル

次に考えるのは**ロジスティックモデル**として知られる微分方程式

$$y' = (a - by)y$$

です．この式の右辺は $ay - by^2$ ですので，項 $-by^2 < 0$ には $y(x)$ の増加を抑える “負” の作用があり，マルサスモデルを改良した数理モデルになっています．初期条件 $y(0) = y_0 > 0$ をみたす解として

$$y(x) = \frac{a}{b + \left(\dfrac{a}{y_0} - b\right)\mathrm{e}^{-ax}}$$

を得ます．ここで $x \to \infty$ とすると ($a > 0$ より) $y(x) \to \dfrac{a}{b}$ となるので，$y(x)$ はある一定の値に近づきます．このロジスティックモデルは実際の人口の増加を表す基本的なモデルとして知られています．このように何らかの増加 (成長) 現象を表す数理モデルを一般に**成長モデル**とよびます．

●いろいろな成長モデル

さらにロジスティックモデルを変形もしくは一般化した成長モデルとして，微分方程式

$$y' = ay^{\frac{2}{3}} - by, \quad y' = (a - by^p)y$$

の形でそれぞれ表される**フォン・ヴェルタランフィモデル**や**リチャードモデル**が知られています．フォン・ヴェルタランフィモデルは魚の成長 (体重の増加) を表す数理モデルとして有名で，リチャードモデルは感染症の蔓延 (患者の増加) を表す数理モデルとして重要です．初期条件 $y(0) = y_0 > 0$ をみたすそれぞれの微分方程式の解は

$$y(x) = \left\{ \frac{a}{b} + \left(y_0^{\frac{1}{3}} - \frac{a}{b} \right) \mathrm{e}^{-bx} \right\}^3, \quad y(x) = \left\{ \frac{b}{a} + \left(y_0^{-p} - \frac{b}{a} \right) \mathrm{e}^{-pax} \right\}^{-\frac{1}{p}}$$

となります．

●放射性崩壊を表す数理モデル

最後に，放射性物質が放射線をだしてやがて放射線をださない安定した物質に変わる現象である放射性崩壊を表す微分方程式

$$y' = -ay + b$$

を考えます．ここで $y(x)$ は，安定した物質に変わる以前の何らかの放射性物質 (例えば “鉛 210”) の量を表します．この方程式は非同次 1 階線形微分方程式なので定数変化法で解くことができ，初期条件 $y(0) = y_0 > 0$ をみたす解は

$$y(x) = \left(y_0 - \frac{b}{a} \right) \mathrm{e}^{-ax} + \frac{b}{a}$$

となります．例えば，“ウラン 238” は放射線をだして，“ラジウム 226”，“鉛 210” などをへて，やがては放射線をださない安定な “鉛 206” になることが知られています．放射性物質には，**半減期**とよばれる放射性物質がだす放射線量が半分になるまでの時間が決まっており，それを使って定数 a や b などの値を定めることができます．ちなみに，ラジウム 226 の半減期は 1600 年であり，鉛 210 は 22 年です．特に，鉛 210 は絵画に使われる顔料に含まれており，この量を $y(x)$ として絵画の鑑定を行うことができることが知られています．実際に 1945 年には，フェルメール作とされていた絵画『エマオの弟子たち』が偽物であることが微分方程式の解を使った鑑定により証明されました[27)]．

以上のように，数理モデルとして現象を微分方程式で表すことができれば，その微分方程式を解くことによって，現在の情報をもとに過去・未来の現象の状態を知る (推測する) ことができます．この絵画の鑑定のように，微分方程式を利用することで，ゆるぎない事実として真実をも明らかにできるわけです．

---

27)　D. バージェス・M. ボリー 著／垣田高夫・大町比佐栄 訳「微分方程式で数学モデルを作ろう」日本評論社 (1990) を参照してください．

2

2 階および高階微分方程式

本章では，2 階微分方程式と高階微分方程式の解法を中心に学びます．まず，2 階線形微分方程式の解についての基本的な用語や解の性質を説明し，同次方程式の解法を紹介します．そして，その解法を高階線形微分方程式の解法に発展させます．さらに，非同次方程式の解の形を推測して求める解法について説明します．

2.1　2 階線形微分方程式とその解について

最高次数として 2 次の導関数 y'' を含む方程式を **2 階微分方程式**とよびます．例えば，方程式

$$y'' + y = 0, \qquad y'' + 3y' + 2y = \sin x, \qquad y'' = -\sin y$$

などがあげられます．また，左側と中央の方程式のように，y, y', y'' に関して 1 次式で表される微分方程式のことを **2 階線形微分方程式**とよびます．

例　与えられた関数が微分方程式の解であることを確認する方法はすでに 1.1 節で紹介していますが，2 階線形微分方程式

$$y'' - 4y = 0 \tag{2.1.1}$$

を例に，関数

$$y_1(x) = \mathrm{e}^{2x}, \quad y_2(x) = \mathrm{e}^{-2x}$$

がそれぞれ方程式 (2.1.1) の解であることを確認しましょう．

まず，関数 $y_1(x) = \mathrm{e}^{2x}$ について $y_1''(x)$ を求めると，

$$y_1'(x) = 2\mathrm{e}^{2x}, \quad y_1''(x) = 4\mathrm{e}^{2x}$$

ですから，

$$y_1''(x) - 4y_1(x) = 4\mathrm{e}^{2x} - 4 \cdot \mathrm{e}^{2x} = 0$$

となり，$y_1(x) = \mathrm{e}^{2x}$ は方程式 (2.1.1) の解です．

同様に，関数 $y_2(x) = \mathrm{e}^{-2x}$ について $y_2''(x)$ を求めると，

$$y_2'(x) = -2\mathrm{e}^{-2x}, \quad y_2''(x) = (-2)^2\mathrm{e}^{-2x} = 4\mathrm{e}^{-2x}$$

ですから，

$$y_2''(x) - 4y_2(x) = 4\mathrm{e}^{-2x} - 4 \cdot \mathrm{e}^{-2x} = 0$$

となり，$y_2(x) = \mathrm{e}^{-2x}$ もまた方程式 (2.1.1) の解です．よって，$y_1(x)$ と $y_2(x)$ は方程式 (2.1.1) の解であることが示されました． ■

じつは，方程式 (2.1.1) の一般解は

$$y(x) = C_1y_1(x) + C_2y_2(x) = C_1\mathrm{e}^{2x} + C_2\mathrm{e}^{-2x} \quad (C_1,\ C_2\ \text{は任意定数})$$

として与えられることがわかります．

ここで重要なポイントは，$y_1(x)$ と $y_2(x)$ は **1 次独立**の関係をみたしていることです．これを確認するには，**ロンスキアン**とよばれる行列式

$$W(y_1, y_2)(x) = \begin{vmatrix} y_1(x) & y_2(x) \\ y_1'(x) & y_2'(x) \end{vmatrix} = y_1(x)y_2'(x) - y_2(x)y_1'(x) \quad (2.1.2)$$

が 0 でないことを示せばよいことが知られています．

実際に，上記の例において $y_1(x) = \mathrm{e}^{2x}$ と $y_2(x) = \mathrm{e}^{-2x}$ は 1 次独立であることを確認してみます．$y_1'(x)$ と $y_2'(x)$ はすでに求めていますので，式 (2.1.2) に代入すると，

$$\begin{aligned} W(y_1, y_2)(x) &= \begin{vmatrix} \mathrm{e}^{2x} & \mathrm{e}^{-2x} \\ 2\mathrm{e}^{2x} & -2\mathrm{e}^{-2x} \end{vmatrix} \\ &= \mathrm{e}^{2x}\left(-2\mathrm{e}^{-2x}\right) - \mathrm{e}^{-2x} \cdot 2\mathrm{e}^{2x} \\ &= -4 \neq 0 \end{aligned}$$

ですから，$W(y_1, y_2)(x) \neq 0$ を得ます．よって，$y_1(x) = \mathrm{e}^{2x}$ と $y_2(x) = \mathrm{e}^{-2x}$ は 1 次独立です．

以上のように，2 階線形微分方程式の解 $y_1(x)$ と $y_2(x)$ が 1 次独立であるとき，

$$y(x) = C_1y_1(x) + C_2y_2(x) \quad (C_1,\ C_2\ \text{は任意定数}) \quad (2.1.3)$$

をその 2 階線形微分方程式の**一般解**とよびます．

では，例題で確認してみましょう．

例題 2.1.1. 次の問いに答えなさい.

(1) 関数 $y_1(x) = x^2$, $y_2(x) = \dfrac{1}{x}$ がそれぞれ微分方程式

$$y'' - \frac{2}{x^2}y = 0 \tag{2.1.4}$$

の解であることを確かめなさい. また, $y_1(x)$ と $y_2(x)$ が 1 次独立であることを確認し, 一般解を求めなさい.

(2) 関数 $y_1(x) = \cos x$, $y_2(x) = \sin x$ がそれぞれ微分方程式

$$y'' + y = 0 \tag{2.1.5}$$

の解であることを確かめなさい. また, $y_1(x)$ と $y_2(x)$ が 1 次独立であることを確認し, 一般解を求めなさい.

解答：(1) 関数 $y_1(x)$ を 2 回微分すると

$$y_1'(x) = 2x, \quad y_1''(x) = 2$$

であるから,

$$y_1''(x) - \frac{2}{x^2}y_1(x) = 2 - \frac{2}{x^2} \cdot x^2 = 2 - 2 = 0$$

となる. よって, $y_1(x)$ は微分方程式 (2.1.4) の解である.

同様に, 関数 $y_2(x)$ を 2 回微分すると

$$y_2'(x) = -\frac{1}{x^2}, \quad y_2''(x) = -\frac{-2x}{x^4} = \frac{2}{x^3}$$

より,

$$y_2''(x) - \frac{2}{x^2}y_2(x) = \frac{2}{x^3} - \frac{2}{x^2} \cdot \frac{1}{x} = \frac{2}{x^3} - \frac{2}{x^3} = 0$$

となる. よって, $y_2(x)$ は微分方程式 (2.1.4) の解である.

関数 $y_1(x)$, $y_2(x)$ に対するロンスキアンを求めると,

$$W(y_1, y_2)(x) = \begin{vmatrix} x^2 & \frac{1}{x} \\ 2x & -\frac{1}{x^2} \end{vmatrix} = x^2\left(-\frac{1}{x^2}\right) - \frac{1}{x} \cdot 2x = -3 \neq 0$$

より, $y_1(x) = x^2$ と $y_2(x) = \dfrac{1}{x}$ は 1 次独立である. よって, 微分方程式 (2.1.4) の一般解

$$y(x) = C_1x^2 + C_2\frac{1}{x} \quad (C_1,\ C_2 \text{ は任意定数})$$

を得る.

(2) 関数 $y_1(x)$ を 2 回微分すると

$$y_1'(x) = -\sin x, \quad y_1''(x) = -\cos x$$

であるから，

$$y_1''(x) + y_1(x) = -\cos x + \cos x = 0$$

となる．よって，$y_1(x)$ は微分方程式 (2.1.5) の解である．

同様に，関数 $y_2(x)$ を 2 回微分すると

$$y_2'(x) = \cos x, \quad y_2''(x) = -\sin x$$

より，

$$y_2''(x) + y_2(x) = -\sin x + \sin x = 0$$

となる．よって，$y_2(x)$ は微分方程式 (2.1.5) の解である．

関数 $y_1(x)$, $y_2(x)$ に対するロンスキアンを求めると，

$$\begin{aligned} W(y_1, y_2)(x) &= \begin{vmatrix} \cos x & \sin x \\ -\sin x & \cos x \end{vmatrix} = \cos^2 x - \sin x(-\sin x) \\ &= \cos^2 x + \sin^2 x = 1 \neq 0 \end{aligned}$$

より，$y_1(x) = \cos x$ と $y_2(x) = \sin x$ は 1 次独立である．よって，微分方程式 (2.1.5) の一般解

$$y(x) = C_1 \cos x + C_2 \sin x \quad (C_1,\ C_2 \text{ は任意定数})$$

を得る．□

☆**注意**☆　ここで，一般的な 2 階線形微分方程式

$$y'' + p(x)y' + q(x)y = 0 \tag{2.1.6}$$

を考えます．この方程式について，**解の線形性**とよばれる性質を紹介しておきます．

いま，$y_1(x)$, $y_2(x)$ を方程式 (2.1.6) の解とします[1]．このとき，$y_1(x)$, $y_2(x)$ の 1 次結合

$$y(x) = K_1 y_1(x) + K_2 y_2(x) \quad (K_1,\ K_2 \text{ は定数}) \tag{2.1.7}$$

もまた方程式 (2.1.6) の解になります．実際に，このことを確認しておきましょう．(簡単のため “(x)” を省略して書きます．) 関数 y を 2 回微分すると $y' = K_1 y_1' + K_2 y_2'$, $y'' = K_1 y_1'' + K_2 y_2''$ となります．これらを方程式 (2.1.6) の左辺に代入すれば

$$\begin{aligned} y'' + py' + qy &= K_1 y_1'' + K_2 y_2'' + p(K_1 y_1' + K_2 y_2') + q(K_1 y_1 + K_2 y_2) \\ &= K_1(y_1'' + py_1' + qy_1) + K_2(y_2'' + py_2' + qy_2) \end{aligned}$$

となります．ここで，$y_1(x)$ と $y_2(x)$ は方程式 (2.1.6) の解ですので，この右辺は 0 になります．よって，$y(x)$ もまた方程式 (2.1.6) の解といえます[2]．

---

1)　ここで，$y_1(x)$, $y_2(x)$ が 1 次独立であることは必要ありません．

2)　一般解の形 (2.1.3) で $y(x)$ が与えられたときには，$y(x)$ が解になるかを確認していませんでしたが，これで関数 (2.1.3) も方程式 (2.1.6) の解であることが確かめられました．

問題 2.1.2. 次の (1)〜(5) に示す関数 $y_1(x)$ と $y_2(x)$ が，それぞれ右に与えられた微分方程式の解であることを確かめなさい．また，$y_1(x)$ と $y_2(x)$ が 1 次独立であることを確認し，一般解を求めなさい．

(1) $y_1(x) = \mathrm{e}^{3x}$, $y_2(x) = \mathrm{e}^{-3x}$, $\quad y'' - 9y = 0$

(2) $y_1(x) = \mathrm{e}^{x}$, $y_2(x) = x\mathrm{e}^{x}$, $\quad y'' - 2y' + y = 0$

(3) $y_1(x) = \cos(2x)$, $y_2(x) = \sin(2x)$, $\quad y'' + 4y = 0$

(4) $y_1(x) = \mathrm{e}^{2x}\cos x$, $y_2(x) = \mathrm{e}^{2x}\sin x$, $\quad y'' - 4y' + 5y = 0$

(5) $y_1(x) = x$, $y_2(x) = x\log x$, $\quad y'' - \dfrac{1}{x}y' + \dfrac{1}{x^2}y = 0$

2.2 定数係数 2 階線形微分方程式

本節では，次の形の微分方程式

$$y'' + py' + qy = 0 \tag{2.2.1}$$

の解を求めることを考えます．ただし，p, q は与えられた実数の定数です．方程式 (2.2.1) を**定数係数 2 階線形微分方程式**[3]とよびます．じつは，この方程式の右辺が 0 でなく x の関数 $f(x)$ であっても定数係数 2 階線形微分方程式とよばれます．これらを区別するため，方程式 (2.2.1) を**同次方程式**，右辺が関数 $f(x)$ となったときを**非同次方程式**とよびます．本節では，同次方程式の解法を紹介します．

●定数係数 2 階同次線形微分方程式の一般解

これから 2 階線形微分方程式 (2.2.1) を解くわけですが，そのまえに，定数係数 1 階同次線形微分方程式

$$y' = ay$$

の解法を思いだしてみましょう．変数分離形の解法より，この方程式の一般解は指数関数を用いて

$$y(x) = C\mathrm{e}^{ax} \quad (C \text{ は任意定数})$$

となることがわかります．これを参考に，2 階線形微分方程式 (2.2.1) の解も

3) この微分方程式の数理モデルの一例として，「振り子のモデル」や，ばね力学系として表される「機関車モデル」が知られています．Web の補足資料を参照してください．

指数関数を用いた

$$y(x) = \mathrm{e}^{\lambda x}$$

の形で求められないか，を考えてみましょう．ためしに，この関数 $y(x) = \mathrm{e}^{\lambda x}$ を方程式 (2.2.1) の左辺に代入してみます．$y(x)$ の導関数と 2 次導関数を求めると，

$$y'(x) = \lambda \mathrm{e}^{\lambda x}, \quad y''(x) = \lambda^2 \mathrm{e}^{\lambda x}$$

なので，

$$y''(x) + py'(x) + qy(x) = \left(\lambda^2 + p\lambda + q\right) \mathrm{e}^{\lambda x}$$

が成り立ちます．どのような実数 x に対しても $\mathrm{e}^{\lambda x} \neq 0$ ですから，結局，2 次方程式

$$\lambda^2 + p\lambda + q = 0 \tag{2.2.2}$$

が成り立てば，関数 $y(x) = \mathrm{e}^{\lambda x}$ は方程式 (2.2.1) をみたし，その解になります．すなわち，λ を方程式 (2.2.2) の解とすれば，関数 $y(x) = \mathrm{e}^{\lambda x}$ は 2 階線形微分方程式 (2.2.1) の解です．2 階線形微分方程式 (2.2.1) に対して，2 次方程式 (2.2.2) を方程式 (2.2.1) の**特性方程式**とよびます．

特性方程式 (2.2.2) の解については，次の 3 つの場合があります：

a) 2 つの相異なる実数解をもつ，

b) 2 重解をもつ，

c) 2 つの相異なる虚数解をもつ．

以下，これら 3 つの場合についてそれぞれ考えていきましょう．

a) 特性方程式が 2 つの相異なる実数解をもつ場合　特性方程式 (2.2.2) の相異なる実数解を λ_1, λ_2 とします．このとき，上でみたように，

$$y_1(x) = \mathrm{e}^{\lambda_1 x}, \quad y_2(x) = \mathrm{e}^{\lambda_2 x}$$

はどちらも 2 階線形微分方程式 (2.2.1) の解となります．これら $y_1(x), y_2(x)$ に対するロンスキアンを求めると，$\lambda_1 \neq \lambda_2$ より，

$$\begin{aligned} W(y_1, y_2)(x) &= \begin{vmatrix} \mathrm{e}^{\lambda_1 x} & \mathrm{e}^{\lambda_2 x} \\ \lambda_1 \mathrm{e}^{\lambda_1 x} & \lambda_2 \mathrm{e}^{\lambda_2 x} \end{vmatrix} = \mathrm{e}^{\lambda_1 x} \lambda_2 \mathrm{e}^{\lambda_2 x} - \mathrm{e}^{\lambda_2 x} \lambda_1 \mathrm{e}^{\lambda_1 x} \\ &= (\lambda_2 - \lambda_1) \mathrm{e}^{(\lambda_1 + \lambda_2) x} \neq 0 \end{aligned}$$

となるので，$y_1(x) = \mathrm{e}^{\lambda_1 x}$ と $y_2(x) = \mathrm{e}^{\lambda_2 x}$ は 1 次独立です．よって，2 階線形

微分方程式 (2.2.1) の一般解

$$y(x) = C_1 \mathrm{e}^{\lambda_1 x} + C_2 \mathrm{e}^{\lambda_2 x} \quad (C_1,\, C_2 \text{ は任意定数})$$

を得ます.

b) 特性方程式が 2 重解をもつ場合　特性方程式 (2.2.2) の 2 重解を λ とします. このとき,

$$y_1(x) = \mathrm{e}^{\lambda x}$$

は微分方程式 (2.2.1) の一つの解になります. 一般解を表すには, $y_1(x) = \mathrm{e}^{\lambda x}$ と 1 次独立な解が必要です. じつは,

$$y_2(x) = x\mathrm{e}^{\lambda x}$$

とすれば, この $y_2(x)$ が $y_1(x)$ と 1 次独立な解になることが知られています. 実際に, $y_2(x)$ を 2 回微分すると,

$$\begin{aligned} y_2'(x) &= \mathrm{e}^{\lambda x} + x\lambda \mathrm{e}^{\lambda x} = (1 + x\lambda)\,\mathrm{e}^{\lambda x}, \\ y_2''(x) &= \lambda \mathrm{e}^{\lambda x} + (1 + x\lambda)\lambda \mathrm{e}^{\lambda x} = \lambda\,(2 + x\lambda)\,\mathrm{e}^{\lambda x} \end{aligned}$$

ですから, これらを微分方程式 (2.2.1) の左辺に代入すると,

$$\begin{aligned} y_2''(x) + py_2'(x) + qy_2(x) &= \lambda\,(2 + x\lambda)\,\mathrm{e}^{\lambda x} + p\,(1 + x\lambda)\,\mathrm{e}^{\lambda x} + qx\mathrm{e}^{\lambda x} \\ &= \left\{\left(\lambda^2 + p\lambda + q\right) x + 2\lambda + p\right\} \mathrm{e}^{\lambda x} \end{aligned}$$

が成り立ちます. ここで, λ は特性方程式 (2.2.2) の解なので, $\lambda^2 + p\lambda + q = 0$ となります. また, 2 次方程式の解と係数の関係により $2\lambda + p = 0$ をみたします. よって, $y_2''(x) + py_2'(x) + qy_2(x) = 0$ となり, $y_2(x) = x\mathrm{e}^{\lambda x}$ も微分方程式 (2.2.1) の解であることがわかりました. これら $y_1(x)$, $y_2(x)$ に対するロンスキアンを求めると,

$$\begin{aligned} W(y_1, y_2)(x) &= \begin{vmatrix} \mathrm{e}^{\lambda x} & x\mathrm{e}^{\lambda x} \\ \lambda \mathrm{e}^{\lambda x} & (1 + \lambda x)\mathrm{e}^{\lambda x} \end{vmatrix} = \mathrm{e}^{\lambda x}(1 + \lambda x)\mathrm{e}^{\lambda x} - x\mathrm{e}^{\lambda x}\lambda \mathrm{e}^{\lambda x} \\ &= \mathrm{e}^{2\lambda x} \neq 0 \end{aligned}$$

となるので, $y_1(x) = \mathrm{e}^{\lambda x}$ と $y_2(x) = x\mathrm{e}^{\lambda x}$ は 1 次独立です. よって, 2 階線形微分方程式 (2.2.1) の一般解

$$y(x) = C_1 \mathrm{e}^{\lambda x} + C_2 x\mathrm{e}^{\lambda x} \quad (C_1,\, C_2 \text{ は任意定数})$$

を得ます.

c) 特性方程式が 2 つの相異なる虚数解をもつ場合 例えば，2 階線形微分方程式

$$y'' + y = 0 \tag{2.2.3}$$

を考えてみましょう．特性方程式は $\lambda^2+1=0$ より，解は $\lambda = \pm i$ と求まります．ここで，i は虚数単位を表します．よって，

$$z_1(x) = \mathrm{e}^{ix}, \quad z_2(x) = \mathrm{e}^{-ix}$$

は微分方程式 (2.2.3) の解です．ここで，e^{ix} には虚数単位 i が含まれていますので，e^{ix} と e^{-ix} はこれまでどおりの実数値の解とはいえそうにありません．実際，**オイラーの公式**として知られる有名な関係式

$$\mathrm{e}^{ib} = \cos b + i \sin b \quad (b \text{ は実数})$$

から，

$$z_1(x) = \mathrm{e}^{ix} = \cos x + i \sin x,$$

$$z_2(x) = \mathrm{e}^{-ix} = \cos(-x) + i \sin(-x) = \cos x - i \sin x$$

が成り立ちますので，これらは複素数値の解といえます．では，実数値の解を探してみましょう．$z_1(x)$ と $z_2(x)$ は微分方程式 (2.2.3) の解なので，前節で学んだ解の線形性 (2.1.7) を用いれば，$z_1(x)$ と $z_2(x)$ の 1 次結合で表される 2 つの関数，例えば，

$$y_1(x) = \frac{1}{2} z_1(x) + \frac{1}{2} z_2(x) = \cos x,$$

$$y_2(x) = -\frac{i}{2} z_1(x) + \frac{i}{2} z_2(x) = \sin x$$

も微分方程式 (2.2.3) の解です．ここで，$\cos x$ や $\sin x$ は実数値をとりますから，実数値の解 $y_1(x)$ と $y_2(x)$ が求まりました．さらに，これらは 1 次独立であって，微分方程式 (2.2.3) の一般解が

$$y(x) = C_1 y_1(x) + C_2 y_2(x) = C_1 \cos x + C_2 \sin x$$

で与えられることはすでに例題 2.1.1 (2) で示しています．

それでは，一般的な 2 階線形微分方程式 (2.2.1) の場合を考えてみましょう．特性方程式 (2.2.2) の 2 つの相異なる虚数解を $\alpha \pm i\beta$ $(\beta \neq 0)$ とします．このとき，

$$z_1(x) = \mathrm{e}^{(\alpha + i\beta)x}, \quad z_2(x) = \mathrm{e}^{(\alpha - i\beta)x}$$

は微分方程式 (2.2.1) をみたしています．ここで，複素数 $z = a + ib$ に対する

指数関数を

$$e^z = e^{a+ib} = e^a(\cos b + i\sin b) \quad (a,\ b \text{ は実数})$$

と定義します．特に $a = 0$ の場合は上記のオイラーの公式です．この定義から，

$$\begin{aligned} e^{(\alpha \pm i\beta)x} &= e^{\alpha x \pm i\beta x} = e^{\alpha x}(\cos(\pm\beta x) + i\sin(\pm\beta x)) \\ &= e^{\alpha x}\cos(\beta x) \pm ie^{\alpha x}\sin(\beta x) \end{aligned}$$

ですので，

$$z_1(x) = e^{\alpha x}\cos(\beta x) + ie^{\alpha x}\sin(\beta x),$$
$$z_2(x) = e^{\alpha x}\cos(\beta x) - ie^{\alpha x}\sin(\beta x)$$

となります．$z_1(x)$ と $z_2(x)$ は微分方程式 (2.2.1) の解なので，解の線形性 (2.1.7) を用いれば，上記と同様に，$z_1(x)$ と $z_2(x)$ の 1 次結合で表される 2 つの関数

$$y_1(x) = \frac{1}{2}z_1(x) + \frac{1}{2}z_2(x) = e^{\alpha x}\cos(\beta x),$$
$$y_2(x) = -\frac{i}{2}z_1(x) + \frac{i}{2}z_2(x) = e^{\alpha x}\sin(\beta x)$$

は微分方程式 (2.2.1) の実数値の解です．また，$y_1(x)$ と $y_2(x)$ を微分すると，

$$y_1'(x) = \alpha e^{\alpha x}\cos(\beta x) + e^{\alpha x}(-\beta\sin(\beta x)) = (\alpha\cos(\beta x) - \beta\sin(\beta x))e^{\alpha x},$$
$$y_2'(x) = \alpha e^{\alpha x}\sin(\beta x) + e^{\alpha x}\beta\cos(\beta x) = (\alpha\sin(\beta x) + \beta\cos(\beta x))e^{\alpha x}$$

を得ます．これらを用いて $y_1(x)$, $y_2(x)$ に対するロンスキアンを求めると，

$$\begin{aligned} W(y_1, y_2)(x) &= \begin{vmatrix} e^{\alpha x}\cos(\beta x) & e^{\alpha x}\sin(\beta x) \\ (\alpha\cos(\beta x) - \beta\sin(\beta x))e^{\alpha x} & (\alpha\sin(\beta x) + \beta\cos(\beta x))e^{\alpha x} \end{vmatrix} \\ &= (\alpha\sin(\beta x)\cos(\beta x) + \beta\cos^2(\beta x))e^{2\alpha x} \\ &\quad - (\alpha\sin(\beta x)\cos(\beta x) - \beta\sin^2(\beta x))e^{2\alpha x} \\ &= \beta e^{2\alpha x} \neq 0 \end{aligned}$$

となるので，$y_1(x)$ と $y_2(x)$ は 1 次独立です．よって，2 階線形微分方程式 (2.2.1) の一般解

$$y(x) = C_1 e^{\alpha x}\cos(\beta x) + C_2 e^{\alpha x}\sin(\beta x) \quad (C_1,\ C_2 \text{ は任意定数})$$

を得ます．

ここまでのことを公式としてまとめておきましょう．

定数係数 2 階同次線形微分方程式の一般解の公式

微分方程式

$$y'' + py' + qy = 0$$

の一般解は，その特性方程式 $\lambda^2 + p\lambda + q = 0$ の解によって，次の 3 つの場合に分けられる：

a) 特性方程式の 2 つの相異なる実数解を λ_1, λ_2 とするとき，一般解は

$$y(x) = C_1 \mathrm{e}^{\lambda_1 x} + C_2 \mathrm{e}^{\lambda_2 x} \quad (C_1,\ C_2 \text{ は任意定数}).$$

b) 特性方程式の 2 重解を λ とするとき，一般解は

$$y(x) = C_1 \mathrm{e}^{\lambda x} + C_2 x \mathrm{e}^{\lambda x} \quad (C_1,\ C_2 \text{ は任意定数}).$$

c) 特性方程式の 2 つの相異なる虚数解を $\alpha \pm i\beta$ $(\beta \neq 0)$ とするとき，一般解は

$$y(x) = C_1 \mathrm{e}^{\alpha x} \cos(\beta x) + C_2 \mathrm{e}^{\alpha x} \sin(\beta x) \quad (C_1,\ C_2 \text{ は任意定数}).$$

これからはこの一般解の公式を使って，定数係数 2 階同次線形微分方程式の一般解を求めることにしましょう．では，例題で確認しておきます．

例題 2.2.1. 次の微分方程式の一般解を求めなさい．

(1) $y'' - 3y' + 2y = 0$　　(2) $y'' - 2y' + y = 0$　　(3) $y'' + y' + y = 0$

解答： (1) 特性方程式は

$$\lambda^2 - 3\lambda + 2 = 0, \quad \text{すなわち,} \quad (\lambda - 1)(\lambda - 2) = 0$$

であるから，特性方程式の解は $\lambda = 1, 2$ である．これらは 2 つの相異なる実数解であるから，一般解は

$$y(x) = C_1 \mathrm{e}^{x} + C_2 \mathrm{e}^{2x} \quad (C_1,\ C_2 \text{ は任意定数})$$

である．

(2) 特性方程式は

$$\lambda^2 - 2\lambda + 1 = 0, \quad \text{すなわち,} \quad (\lambda - 1)^2 = 0$$

であるから，特性方程式の解は $\lambda = 1$ (2 重解) である．よって，一般解は

$$y(x) = C_1 \mathrm{e}^{x} + C_2 x \mathrm{e}^{x} \quad (C_1,\ C_2 \text{ は任意定数})$$

である．

(3) 特性方程式は

$$\lambda^2 + \lambda + 1 = 0$$

であるから，特性方程式の解は 2 次方程式の解の公式を用いて

$$\lambda = \frac{-1 \pm \sqrt{1^2 - 4 \cdot 1 \cdot 1}}{2} = -\frac{1}{2} \pm i\frac{\sqrt{3}}{2}$$

と求まる．これらは 2 つの相異なる虚数解であるから，一般解は

$$y(x) = C_1 e^{-\frac{1}{2}x} \cos\left(\frac{\sqrt{3}}{2}x\right) + C_2 e^{-\frac{1}{2}x} \sin\left(\frac{\sqrt{3}}{2}x\right) \quad (C_1,\ C_2\ \text{は任意定数})$$

である． □

●定数係数 2 階同次線形微分方程式の初期値問題

次に，定数係数 2 階同次線形微分方程式に対する初期値問題を考えてみます．1 階の微分方程式を考えていたときは，1 つの任意定数 C を定めるために $y(x_0) = y_0$ という 1 つの初期条件が与えられていました．しかし，いま考えている 2 階の微分方程式の場合，2 つの任意定数 C_1 と C_2 が登場します．よって，これらを定めるためには $y(x_0) = y_0$ 以外にもう一つの条件が必要となります．いろいろな条件を考えることができますが，ここではもっとも基本的なものとして，$x = x_0$ における $y(x)$ の接線の傾きの条件 $y'(x_0) = y_1$ を考えましょう．つまり，2 つの条件

$$y(x_0) = y_0, \quad y'(x_0) = y_1$$

をもつ 2 階微分方程式の解を解くことを考えます．今後は，この 2 つの条件を 2 階微分方程式に対する**初期条件**とよび，2 階微分方程式と初期条件とが対になった問題を，2 階微分方程式に対する**初期値問題**とよびます．

例 例えば，初期条件

$$y(0) = 4, \quad y'(0) = -2 \tag{2.2.4}$$

をみたす微分方程式

$$y'' + y' - 2y = 0$$

を考えましょう．この微分方程式の特性方程式は

$$\lambda^2 + \lambda - 2 = 0,\quad \text{すなわち，}\quad (\lambda - 1)(\lambda + 2) = 0$$

ですから，解は $\lambda = 1,\ -2$ となり，これらは 2 つの相異なる実数解ですので，一般解

$$y(x) = C_1\mathrm{e}^{x} + C_2\mathrm{e}^{-2x} \quad (C_1, C_2 \text{ は任意定数})$$

を得ます．ここで，

$$y'(x) = C_1\mathrm{e}^{x} - 2C_2\mathrm{e}^{-2x}$$

です．では，これら $y(x)$ と $y'(x)$ に $x = 0$ を代入してみると，

$$y(0) = C_1\mathrm{e}^{0} + C_2\mathrm{e}^{-2\cdot 0}, \quad y'(0) = C_1\mathrm{e}^{0} - 2C_2\mathrm{e}^{-2\cdot 0}$$

ですから，初期条件 (2.2.4) より，

$$\begin{cases} C_1\mathrm{e}^{0} + C_2\mathrm{e}^{-2\cdot 0} = y(0) = 4, \\ C_1\mathrm{e}^{0} - 2C_2\mathrm{e}^{-2\cdot 0} = y'(0) = -2, \end{cases} \quad \text{すなわち，} \quad \begin{cases} C_1 + C_2 = 4, \\ C_1 - 2C_2 = -2 \end{cases}$$

となります．これは，C_1，C_2 に関する連立 1 次方程式になっています．よって，あとはこの連立 1 次方程式を解いて C_1，C_2 を求めることで，**初期値問題の解**を得ることができます．

実際に，この連立 1 次方程式を解いてみます．第 1 式から第 2 式を引けば，$3C_2 = 6$ より $C_2 = 2$ です．これを第 1 式に代入して $C_1 + 2 = 4$ ですから，結局，

$$C_1 = C_2 = 2$$

を得ます．これらを一般解に代入すると，初期値問題の解

$$y(x) = 2\mathrm{e}^{x} + 2\mathrm{e}^{-2x}$$

を得ます． ■

では，これまでの手順をまとめておきましょう．

定数係数 2 階同次線形微分方程式の初期値問題の解法

(ステップ 1) 一般解の公式より，定数係数 2 階同次線形微分方程式

$$y'' + py' + qy = 0$$

の一般解 $y(x)$ を求める．

(ステップ 2) $y'(x)$ を計算し，$y(x)$ と $y'(x)$ に $x = x_0$ を代入する．また，初期条件 $y(x_0) = y_0$, $y'(x_0) = y_1$ を代入して，任意定数 C_1, C_2 に関する連立 1 次方程式をつくる．

(ステップ 3) 連立 1 次方程式を解き，得られた C_1, C_2 を一般解 $y(x)$ に代入することで，初期値問題の解を求める．

例題 2.2.2. 次の初期値問題の解を求めなさい.

$$y'' - 5y' + 4y = 0, \quad y(0) = 1,\ y'(0) = -1.$$

解答：(ステップ 1) 特性方程式は

$$\lambda^2 - 5\lambda + 4 = 0, \quad \text{すなわち,} \quad (\lambda - 1)(\lambda - 4) = 0$$

であるから，特性方程式の解は $\lambda = 1, 4$ である．これらは 2 つの相異なる実数解であるから，一般解は

$$y(x) = C_1 \mathrm{e}^x + C_2 \mathrm{e}^{4x} \quad (C_1,\ C_2 \text{ は任意定数})$$

である.

(ステップ 2) 関数 $y(x)$ を微分すると，

$$y'(x) = C_1 \mathrm{e}^x + 4C_2 \mathrm{e}^{4x}$$

である．また，初期条件を用いれば，連立 1 次方程式

$$\begin{cases} C_1 \mathrm{e}^0 + C_2 \mathrm{e}^{4\cdot 0} = y(0) = 1, \\ C_1 \mathrm{e}^0 + 4C_2 \mathrm{e}^{4\cdot 0} = y'(0) = -1, \end{cases} \quad \text{すなわち,} \quad \begin{cases} C_1 + C_2 = 1, \\ C_1 + 4C_2 = -1 \end{cases}$$

を得る.

(ステップ 3) この連立 1 次方程式を解けば $C_1 = \dfrac{5}{3},\ C_2 = -\dfrac{2}{3}$ となるので，初期値問題の解は

$$y(x) = \frac{5}{3}\mathrm{e}^x - \frac{2}{3}\mathrm{e}^{4x}$$

である.　□

問題 2.2.3. 次の微分方程式の一般解を求めなさい.

(1) $y'' - 6y' + 8y = 0$　(2) $y'' - 6y' + 9y = 0$　(3) $y'' - 4y' + 5y = 0$

(4) $y'' + 2y' - 3y = 0$　(5) $y'' + 2y' + y = 0$　(6) $y'' + 2y' + 5y = 0$

(7) $y'' + 3y = 0$　(8) $2y'' + y' - y = 0$　(9) $9y'' + 6y' + y = 0$

(10) $2y'' + y' + y = 0$

問題 2.2.4. 次の初期値問題の解を求めなさい.

(1) $y'' - 4y' + 3y = 0, \quad y(0) = 0,\ y'(0) = 2$

(2) $y'' + 4y' + 4y = 0, \quad y(0) = 1,\ y'(0) = 1$

(3) $y'' + 4y = 0, \quad y\left(\dfrac{\pi}{3}\right) = 0,\ y'\left(\dfrac{\pi}{3}\right) = -4$

(4) $2y'' + 5y' - 3y = 0, \quad y(1) = 2,\ y'(1) = 2$

(5) $9y'' - 6y' + y = 0, \quad y(3) = 2\mathrm{e},\ y'(3) = \mathrm{e}$

(6) $y'' + 2y' + 3y = 0, \quad y(0) = -1,\ y'(0) = 0$

2.3 定数係数高階線形微分方程式

最高次数として n 次の導関数を含む方程式を **n 階微分方程式**とよび，2 次以上の導関数を含む方程式を**高階微分方程式**とよびます．本節では，3 次以上の導関数を含む高階微分方程式の解法を紹介します．じつは 2 階線形微分方程式の解法の考え方をそのまま発展させることで，3 階以上の線形微分方程式も解くことができます．

まず，定数係数 3 階線形微分方程式

$$y''' + p_1 y'' + p_2 y' + p_3 y = 0$$

について考えてみましょう．ここで，左辺に x の関数が含まれず右辺が 0 ですので，この方程式は**同次方程式**とよばれます．もし，右辺が 0 でなく x の関数 $f(x)$ であれば**非同次方程式**とよばれます．これは一般に n 階微分方程式のときも同様です．本節では，同次方程式の解法を紹介します．

2 階の線形微分方程式のときと同様に，定数係数 3 階線形微分方程式の解を $y(x) = \mathrm{e}^{\lambda x}$ とすれば，

$$y'(x) = \lambda \mathrm{e}^{\lambda x}, \quad y''(x) = \lambda^2 \mathrm{e}^{\lambda x}, \quad y'''(x) = \lambda^3 \mathrm{e}^{\lambda x}$$

なので，これらを微分方程式の左辺に代入すると，

$$y'''(x) + p_1 y''(x) + p_2 y'(x) + p_3 y(x) = \left(\lambda^3 + p_1 \lambda^2 + p_2 \lambda + p_3\right) \mathrm{e}^{\lambda x}$$

が成り立ちます．よって，$y(x) = \mathrm{e}^{\lambda x}$ が 3 階線形微分方程式の解であるためには，λ が 3 次方程式

$$\lambda^3 + p_1 \lambda^2 + p_2 \lambda + p_3 = 0$$

の解でなくてはなりません．すなわち，この 3 次方程式が 3 階線形微分方程式の "特性方程式" です．同様に，定数係数 n 階線形微分方程式

$$y^{(n)} + p_1 y^{(n-1)} + p_2 y^{(n-2)} + \cdots + p_{n-1} y' + p_n y = 0 \qquad (2.3.1)$$

に対しては，n 次方程式

$$\lambda^n + p_1 \lambda^{n-1} + p_2 \lambda^{n-2} + \cdots + p_{n-1} \lambda + p_n = 0 \qquad (2.3.2)$$

が "特性方程式" になります．

このとき，定数係数 n 階線形微分方程式に対応する特性方程式の解の重複度により，以下が成り立つことが知られています．

特性方程式の解の重複度と定数係数線形微分方程式の解

特性方程式 (2.3.2) の解を λ とする．このとき，

(i) λ が実数の k 重解であるならば，微分方程式 (2.3.1) は以下の関数を解にもつ：

$$\mathrm{e}^{\lambda x}, \quad x\mathrm{e}^{\lambda x}, \quad \cdots, \quad x^{k-1}\mathrm{e}^{\lambda x}.$$

(ii) $\lambda = \alpha + i\beta$ $(\beta \neq 0)$ が k 重解ならば，微分方程式 (2.3.1) は以下の関数を解にもつ：

$$\mathrm{e}^{\alpha x}\cos(\beta x), \quad x\mathrm{e}^{\alpha x}\cos(\beta x), \quad \cdots, \quad x^{k-1}\mathrm{e}^{\alpha x}\cos(\beta x);$$
$$\mathrm{e}^{\alpha x}\sin(\beta x), \quad x\mathrm{e}^{\alpha x}\sin(\beta x), \quad \cdots, \quad x^{k-1}\mathrm{e}^{\alpha x}\sin(\beta x).$$

ここで $k = 1$ のとき，つまり，1 重解を**単解**とよびます．上記のことを例をとおして確認してみます[4)]．

例　相異なる実数解をもつ場合　例えば，3 階線形微分方程式

$$y''' - 2y'' - y' + 2y = 0$$

を考えましょう．この微分方程式の特性方程式は

$$\lambda^3 - 2\lambda^2 - \lambda + 2 = 0, \quad すなわち, \quad (\lambda + 1)(\lambda - 1)(\lambda - 2) = 0$$

より，相異なる実数解 $\lambda = -1, 1, 2$ を得ます．これらはどれも重解になっていない実数なので，$\lambda = -1, 1, 2$ それぞれについて，(i) で $k = 1$ より，

$$\mathrm{e}^{-x}, \quad \mathrm{e}^{x}, \quad \mathrm{e}^{2x}$$

が微分方程式の解になることがわかります[5)]．よって，一般解

$$y(x) = C_1\mathrm{e}^{-x} + C_2\mathrm{e}^{x} + C_3\mathrm{e}^{2x} \quad (C_1, C_2, C_3 \text{ は任意定数})$$

を得ます．■

例　実数の 3 重解をもつ場合　例えば，3 階線形微分方程式

$$y''' + 3y'' + 3y' + y = 0$$

4)　3 次方程式や 4 次方程式の特性方程式の解を求めるのは，手間がかかりますので以下の計算では省略しますが，あとで実際に解を代入して確認してみましょう．

5)　じつはこれらが 1 次独立な解であることも示せますが，証明は省略することにします．

を考えましょう．この微分方程式の特性方程式は

$$\lambda^3+3\lambda^2+3\lambda+1=0,\quad \text{すなわち,}\quad (\lambda+1)^3=0$$

より，解 $\lambda=-1$ (3 重解) を得ます．ここで，$\lambda=-1$ (3 重解) について，(i) で $k=3$ より，

$$\mathrm{e}^{-x},\quad x\mathrm{e}^{-x},\quad x^2\mathrm{e}^{-x}$$

が微分方程式の解になることがわかります．よって，一般解

$$y(x)=C_1\mathrm{e}^{-x}+C_2x\mathrm{e}^{-x}+C_3x^2\mathrm{e}^{-x}\quad (C_1,\,C_2,\,C_3\ \text{は任意定数})$$

を得ます． ■

例　実数の単解と 2 重解をもつ場合　例えば，3 階線形微分方程式

$$y'''-y''-y'+y=0$$

を考えましょう．この微分方程式の特性方程式は

$$\lambda^3-\lambda^2-\lambda+1=0,\quad \text{すなわち,}\quad (\lambda+1)(\lambda-1)^2=0$$

より，解 $\lambda=-1,\,1$ (2 重解) を得ます．まず，解 $\lambda=-1$ については (i) で $k=1$ より，解 $\lambda=1$ (2 重解) については (i) で $k=2$ より，

$$\mathrm{e}^{-x},\quad \mathrm{e}^{x},\quad x\mathrm{e}^{x}$$

が微分方程式の解になることがわかります．よって，一般解

$$y(x)=C_1\mathrm{e}^{-x}+C_2\mathrm{e}^{x}+C_3x\mathrm{e}^{x}\quad (C_1,\,C_2,\,C_3\ \text{は任意定数})$$

を得ます． ■

例　実数の単解と虚数の単解をもつ場合　例えば，3 階線形微分方程式

$$y'''+y=0$$

を考えましょう．この微分方程式の特性方程式は

$$\lambda^3+1=0,\quad \text{すなわち,}\quad (\lambda+1)(\lambda^2-\lambda+1)=0$$

より，解 $\lambda=-1,\,\dfrac{1}{2}\pm i\dfrac{\sqrt{3}}{2}$ を得ます．まず，解 $\lambda=-1$ については (i) で $k=1$ より，e^{-x} が解になります．次に，解 $\lambda=\dfrac{1}{2}+i\dfrac{\sqrt{3}}{2}$ については (ii) で $k=1$ より，

$$\mathrm{e}^{\frac{1}{2}x}\cos\left(\frac{\sqrt{3}}{2}x\right),\quad \mathrm{e}^{\frac{1}{2}x}\sin\left(\frac{\sqrt{3}}{2}x\right)$$

が解になります．また，$\lambda=\dfrac{1}{2}-i\dfrac{\sqrt{3}}{2}$ についても (ii) で $k=1$ が対応しますが，

上記の 2 つの関数と同じですので，結局，

$$\mathrm{e}^{-x}, \quad \mathrm{e}^{\frac{1}{2}x}\cos\left(\frac{\sqrt{3}}{2}x\right), \quad \mathrm{e}^{\frac{1}{2}x}\sin\left(\frac{\sqrt{3}}{2}x\right)$$

が微分方程式の解になることがわかります．よって，一般解

$$y(x) = C_1\mathrm{e}^{-x} + C_2\mathrm{e}^{\frac{1}{2}x}\cos\left(\frac{\sqrt{3}}{2}x\right) + C_3\mathrm{e}^{\frac{1}{2}x}\sin\left(\frac{\sqrt{3}}{2}x\right)$$

$$(C_1,\, C_2,\, C_3\ \text{は任意定数})$$

を得ます． ■

以上の例のようにして，特性方程式の解の重複度により，定数係数線形微分方程式の解をみつけることができます．ここで重要なことは，n 階線形微分方程式を考えているときには全部で n 個の関数が現れるということです．実際に，上記の 3 階線形微分方程式の場合はいずれにおいても 3 つの関数が現れ，それらの 1 次結合で一般解が表されました．

では，例題を解いてみましょう．

例題 2.3.1. 次の微分方程式の一般解を求めなさい．

(1) $y''' - 7y'' + 14y' - 8y = 0$ (2) $y^{(4)} - y = 0$

解答：(1) 特性方程式は

$$\lambda^3 - 7\lambda^2 + 14\lambda - 8 = 0, \quad \text{すなわち，} \quad (\lambda-1)(\lambda-2)(\lambda-4) = 0$$

であるから，特性方程式の解は $\lambda = 1, 2, 4$ である．これらは相異なる実数解であるから，一般解は

$$y(x) = C_1\mathrm{e}^{x} + C_2\mathrm{e}^{2x} + C_3\mathrm{e}^{4x} \quad (C_1,\, C_2,\, C_3\ \text{は任意定数})$$

である．

(2) 特性方程式は

$$\lambda^4 - 1 = 0, \quad \text{すなわち，} \quad (\lambda-1)(\lambda+1)(\lambda^2+1) = 0$$

であるから，特性方程式の解は $\lambda = 1, -1, i, -i$ である．1 と -1 は相異なる実数解，i と $-i$ は相異なる虚数解であるから，一般解は

$$y(x) = C_1\mathrm{e}^{x} + C_2\mathrm{e}^{-x} + C_3\cos x + C_4\sin x \quad (C_1,\, C_2,\, C_3,\, C_4\ \text{は任意定数})$$

である． □

☆注意☆ 2 階線形微分方程式のときと同様に，高階線形微分方程式の**初期値問題**を考えることもできます. 2 階線形微分方程式のときは 2 つの条件が必要でしたが，例えば，

3 階線形微分方程式の場合は 3 つの条件

$$y(x_0) = y_0, \quad y'(x_0) = y_1, \quad y''(x_0) = y_2$$

が必要で，これらを**初期条件**とよびます．初期値問題の解法も 2 階線形微分方程式のときと同じ流れになります．具体的には，一般解 $y(x)$ を求め，$y'(x)$ と $y''(x)$ を計算し，$x = x_0$ を代入して，任意定数 C_1, C_2, C_3 に関する連立 1 次方程式をつくります．そのあと連立 1 次方程式を解き，得られた C_1, C_2, C_3 を一般解 $y(x)$ に代入することで，**初期値問題の解**が求まります．

高階同次線形微分方程式の初期値問題の解法をまとめておきます[6)]．

定数係数 n 階同次線形微分方程式の初期値問題の解法

(ステップ 1) 定数係数 n 階同次線形微分方程式

$$y^{(n)} + p_1 y^{(n-1)} + p_2 y^{(n-2)} + \cdots + p_{n-1} y' + p_n y = 0$$

の一般解 $y(x)$ を求める．

(ステップ 2) $y'(x), y''(x), \cdots, y^{(n-1)}(x)$ を計算し，これらに $x = x_0$ を代入する．また，初期条件 $y(x_0) = y_0$, $y'(x_0) = y_1$, $\cdots$, $y^{(n-1)}(x_0) = y_{n-1}$ を代入して，任意定数 C_1, C_2, $\cdots$, C_n に関する連立 1 次方程式をつくる．

(ステップ 3) 連立 1 次方程式を解き，得られた C_1, C_2, $\cdots$, C_n を一般解 $y(x)$ に代入することで，初期値問題の解を求める．

問題 2.3.2. 次の微分方程式の一般解を求めなさい．

(1) $y''' - 3y'' - 13y' + 15y = 0$ (2) $y''' + 6y'' + 12y' + 8y = 0$

(3) $y''' - 5y'' + 8y' - 4y = 0$ (4) $y''' - 3y'' + 6y' - 4y = 0$

(5) $y^{(4)} + 4y''' + 6y'' + 4y' + y = 0$ (6) $y^{(4)} + 2y'' + y = 0$

2.4 非同次線形微分方程式と未定係数法

本節では，定数係数 2 階非同次線形微分方程式

$$y'' + py' + qy = f(x) \tag{2.4.1}$$

を考えます．これまでと異なるところは，方程式の右辺に $f(x)$ があることです．この場合，特性方程式を解くだけで一般解を求めることはできません．しかし，この微分方程式に対応する同次方程式

6) 高階同次線形微分方程式の初期値問題の解法については紹介だけにとどめます．

$$y'' + py' + qy = 0 \tag{2.4.2}$$

の一般解と，非同次方程式 (2.4.1) の一つの特殊解を求めることができれば，非同次方程式 (2.4.1) の一般解を求めることができます．

実際，同次方程式 (2.4.2) の一般解 $z(x)$ と非同次方程式 (2.4.1) の特殊解 $u(x)$ が求まったと仮定します．ここで

$$y(x) = z(x) + u(x)$$

とし，方程式 (2.4.1) の左辺に代入すると，

$$\begin{aligned}
&y''(x) + py'(x) + qy(x) \\
&\quad = z''(x) + u''(x) + p(z'(x) + u'(x)) + q(z(x) + u(x)) \\
&\quad = z''(x) + pz'(x) + qz(x) + (u''(x) + pu'(x) + qu(x)) \\
&\quad = 0 + f(x) = f(x)
\end{aligned}$$

となり，確かに $y(x) = z(x) + u(x)$ は非同次方程式 (2.4.1) の解になっていることがわかります．また，$z(x)$ は同次方程式の一般解でしたので，$z(x)$ のなかに任意定数 C_1 と C_2 が含まれています．このことから，$y(x)$ もまた任意定数 C_1 と C_2 を含む非同次方程式 (2.4.1) の解です．つまり，$y(x)$ は非同次方程式 (2.4.1) の一般解になります．

以上のことをまとめておきます．

非同次線形微分方程式の解法

(ステップ 1) 非同次方程式 (2.4.1) に対応する同次方程式 (2.4.2) の一般解 $z(x)$ を求める．

(ステップ 2) 非同次方程式 (2.4.1) の特殊解 $u(x)$ を求める．

(ステップ 3) $y(x) = z(x) + u(x)$ とすることで，非同次方程式 (2.4.1) の一般解を求める．

ステップ 1 の同次方程式の一般解 $z(x)$ は 2.2 節で学んだ方法で求められますので，ステップ 2 の特殊解 $u(x)$ を求める方法がこれからの主題となります．じつは，非同次方程式 (2.4.1) の右辺の $f(x)$ の形から，特殊解の形を推測して $u(x)$ を求めることができます．以下では，$f(x)$ が指数関数，三角関数，n 次関数のそれぞれの場合について具体例をとおして学んでいきます．

2.4.1　$f(x)$ が指数関数の場合

$f(x)$ が指数関数の場合について考えます．このとき，特性方程式の解が単解であるか，2 重解であるかの場合分けがあり，さらに，非同次方程式の右辺の指数関数に現れる指数部分の係数と特性方程式の解が一致するかどうかの場合分けがあります．

では，特性方程式の解が単解である場合から考えていきます．

(a)　特性方程式の解が単解である場合

a-1)　指数部分の係数が特性方程式の解と一致しない場合　非同次方程式

$$y'' - 4y' - 12y = 3\mathrm{e}^{5x} \tag{2.4.3}$$

を例に考えてみましょう．

(ステップ 1)　まず，同次方程式

$$y'' - 4y' - 12y = 0$$

の一般解を求めます．特性方程式は

$$\lambda^2 - 4\lambda - 12 = 0,\quad \text{すなわち},\quad (\lambda - 6)(\lambda + 2) = 0$$

となるので，解は $\lambda = -2,\ 6$ です．これらは 2 つの相異なる実数解なので，同次方程式の一般解 $z(x)$ は

$$z(x) = C_1\mathrm{e}^{-2x} + C_2\mathrm{e}^{6x} \quad (C_1,\ C_2 \text{ は任意定数})$$

と求まります．

(ステップ 2)　いま，非同次方程式 (2.4.3) の右辺の指数関数に現れる指数部分の “5” は，特性方程式の解 $\lambda = -2, 6$ と一致していないことに注意しましょう．この場合，特殊解 $u(x)$ を

$$u(x) = A\mathrm{e}^{5x}$$

の形で求めることを考えます．$u(x)$ を 2 回微分すると，

$$u'(x) = 5A\mathrm{e}^{5x},\quad u''(x) = 25A\mathrm{e}^{5x}$$

ですから，非同次方程式 (2.4.3) の y に $u(x)$ を代入すると

$$25A\mathrm{e}^{5x} - 4\cdot 5A\mathrm{e}^{5x} - 12A\mathrm{e}^{5x} = 3\mathrm{e}^{5x},\quad \text{すなわち},\quad -7A\mathrm{e}^{5x} = 3\mathrm{e}^{5x}$$

を得ます．これを A について解くと，$A = -\dfrac{3}{7}$ です．よって，特殊解は

$$u(x) = -\frac{3}{7}\mathrm{e}^{3x}$$

となります．

(ステップ 3)　以上より，非同次方程式 (2.4.3) の一般解 $y(x)$ は

$$y(x) = z(x) + u(x) = C_1\mathrm{e}^{-2x} + C_2\mathrm{e}^{6x} - \frac{3}{7}\mathrm{e}^{3x} \quad (C_1,\, C_2 \text{ は任意定数})$$

と求まります．

一般に，非同次方程式の右辺が指数関数 $\mathrm{e}^{\alpha x}$ の形で与えられている場合，もし，α が特性方程式の解 λ_1, λ_2 と一致しないのならば，

$$u(x) = A\mathrm{e}^{\alpha x}$$

とおくことで特殊解 $u(x)$ を求めることができます．このように，非同次方程式の右辺の形から特殊解の形を推測して解を求める方法を**未定係数法**とよびます．

a-2)　指数部分の係数が特性方程式の解と一致する場合　　非同次方程式

$$y'' - 4y' - 12y = 2\mathrm{e}^{-2x} \tag{2.4.4}$$

を例に考えてみます．

(ステップ 1)　同次方程式は a-1) の場合と同じです．特性方程式の解は $\lambda = -2, 6$ となるので，同次方程式の一般解 $z(x)$ は

$$z(x) = C_1\mathrm{e}^{-2x} + C_2\mathrm{e}^{6x} \quad (C_1,\, C_2 \text{ は任意定数})$$

となります．

(ステップ 2)　ここで，a-1) の場合と同様に特殊解を $u(x) = A\mathrm{e}^{-2x}$ の形で求めようとしてもうまくいきません．同次方程式の一般解 $z(x)$ のなかに $C_1\mathrm{e}^{-2x}$ がありますから，この $A\mathrm{e}^{-2x}$ では，同次方程式の解にしかならないからです．

では，単純に指数関数を考えるのではなく，

$$u(x) = Ax\mathrm{e}^{-2x}$$

のような形で特殊解を推測するとうまくいきます．この場合，

$$u'(x) = A\,(1-2x)\,\mathrm{e}^{-2x},$$
$$u''(x) = A\,\{-2 + (1-2x)\cdot(-2)\}\,\mathrm{e}^{-2x} = 4A\,(x-1)\,\mathrm{e}^{-2x}$$

なので，非同次方程式 (2.4.4) の y に $u(x)$ を代入すると，

$$4A(x-1)\mathrm{e}^{-2x} - 4A(1-2x)\mathrm{e}^{-2x} - 12Ax\mathrm{e}^{-2x} = 2\mathrm{e}^{-2x},$$

すなわち，

$$-8A\mathrm{e}^{-2x} = 2\mathrm{e}^{-2x}$$

となります．これを A について解くと $A = -\dfrac{1}{4}$ となるので，特殊解は

$$u(x) = -\frac{1}{4}x\mathrm{e}^{-2x}$$

と求まります．

(ステップ 3) よって，非同次方程式 (2.4.4) の一般解 $y(x)$ は

$$y(x) = z(x) + u(x) = C_1\mathrm{e}^{-2x} + C_2\mathrm{e}^{6x} - \frac{1}{4}x\mathrm{e}^{-2x} \quad (C_1,\ C_2 \text{ は任意定数})$$

となります．

一般に，非同次方程式の右辺が指数関数 $\mathrm{e}^{\alpha x}$ の形で与えられている場合，もし，α が特性方程式の解 λ_1, λ_2 のどちらかと一致するのならば，

$$u(x) = Ax\mathrm{e}^{\alpha x}$$

とおくことで特殊解 $u(x)$ を求めることができます．

(b) 特性方程式の解が 2 重解である場合

b-1) 指数部分の係数が特性方程式の解と一致しない場合　非同次方程式

$$y'' - 4y' + 4y = \mathrm{e}^{3x} \tag{2.4.5}$$

を例に考えてみましょう．

(ステップ 1) まずは，同次方程式

$$y'' - 4y' + 4y = 0$$

の一般解を求めます．特性方程式は

$$\lambda^2 - 4\lambda + 4 = 0, \quad \text{すなわち,} \quad (\lambda - 2)^2 = 0$$

となるので，解は $\lambda = 2$ (2 重解) です．よって，同次方程式の一般解 $z(x)$ は

$$z(x) = C_1\mathrm{e}^{2x} + C_2x\mathrm{e}^{2x} \quad (C_1,\ C_2 \text{ は任意定数})$$

となります．

(ステップ 2) いま，非同次方程式 (2.4.5) の右辺の指数関数に現れる指数部分の “3” は，特性方程式の解 $\lambda = 2$ と一致していないことに注意しましょう．この場合，特殊解 $u(x)$ を

$$u(x) = A\mathrm{e}^{3x}$$

の形で求めることを考えます．$u(x)$ を 2 回微分すると，

$$u'(x) = 3A\mathrm{e}^{3x}, \quad u''(x) = 9A\mathrm{e}^{3x}$$

ですから，非同次方程式 (2.4.5) の y に $u(x)$ を代入すると

$$9A\mathrm{e}^{3x} - 4 \cdot 3A\mathrm{e}^{3x} + 4A\mathrm{e}^{3x} = \mathrm{e}^{3x}, \quad \text{すなわち,} \quad A\mathrm{e}^{3x} = \mathrm{e}^{3x}$$

となります．これを A について解くと $A = 1$ となるので，特殊解

$$u(x) = \mathrm{e}^{3x}$$

を得ます．

(ステップ 3) よって，非同次方程式 (2.4.5) の一般解 $y(x)$ は

$$y(x) = z(x) + u(x) = C_1\mathrm{e}^{2x} + C_2x\mathrm{e}^{2x} + \mathrm{e}^{3x} \quad (C_1,\ C_2 \text{ は任意定数})$$

となります．

したがって，上記の a-1) の場合と同様に，非同次方程式の右辺が指数関数 $\mathrm{e}^{\alpha x}$ の形で与えられている場合，もし，α が特性方程式の 2 重解 λ と一致しないならば，

$$u(x) = A\mathrm{e}^{\alpha x}$$

とおくことで特殊解 $u(x)$ を求めることができます．つまり，これまでと同じ方法で特殊解が求まります．じつは，以下に紹介する "指数部分の係数が特性方程式の解と一致する場合" が特別な場合となります．

b-2) 指数部分の係数が特性方程式の解と一致する場合　非同次方程式

$$y'' - 4y' + 4y = 3\mathrm{e}^{2x} \tag{2.4.6}$$

を考えます．

(ステップ 1) 同次方程式は b-1) の場合と同じです．特性方程式の解は $\lambda = 2$ (2 重解) となるので，同次方程式の一般解 $z(x)$ は

$$z(x) = C_1\mathrm{e}^{2x} + C_2x\mathrm{e}^{2x} \quad (C_1,\ C_2 \text{ は任意定数})$$

となります．

(ステップ 2) ここで，b-1) の場合と同様に特殊解を $u(x) = A\mathrm{e}^{2x}$ の形で求めようとしてもうまくいきません．同次方程式の一般解 $z(x)$ のなかに $C_1\mathrm{e}^{2x}$ がありますから，この $A\mathrm{e}^{2x}$ では，同次方程式の解にしかならないからです．次に，a-2) の場合と同様に特殊解を $u(x) = Ax\mathrm{e}^{2x}$ の形で求めようとしても，これもうまくいきません．一般解 $z(x)$ のなかに $C_2x\mathrm{e}^{2x}$ があるからです．

そこで今回の場合は，特殊解を

$$u(x) = Ax^2 \mathrm{e}^{2x}$$

の形で推測して求めてみましょう．$u(x)$ を 2 回微分すると，

$$u'(x) = 2A(x + x^2)\mathrm{e}^{2x},$$

$$u''(x) = 2A\{1 + 2x + 2(x + x^2)\}\mathrm{e}^{2x} = 2A(2x^2 + 4x + 1)\mathrm{e}^{2x}$$

なので，非同次方程式 (2.4.6) の y に $u(x)$ を代入すると，

$$2A(2x^2 + 4x + 1)\mathrm{e}^{2x} - 8A(x + x^2)\mathrm{e}^{2x} + 4Ax^2\mathrm{e}^{2x} = 3\mathrm{e}^{2x},$$

すなわち，

$$2A\mathrm{e}^{2x} = 3\mathrm{e}^{2x}$$

となります．これを A について解くと $A = \dfrac{3}{2}$ となるので，特殊解は

$$u(x) = \frac{3}{2}x^2\mathrm{e}^{2x}$$

と求まります．

(ステップ 3) よって，非同次方程式 (2.4.6) の一般解 $y(x)$ は

$$\begin{aligned} y(x) &= z(x) + u(x) \\ &= C_1\mathrm{e}^{2x} + C_2 x\mathrm{e}^{2x} + \frac{3}{2}x^2\mathrm{e}^{2x} \quad (C_1,\, C_2 \text{ は任意定数}) \end{aligned}$$

となります．

一般に，右辺が指数関数 $\mathrm{e}^{\alpha x}$ の形で与えられている場合，もし，α が特性方程式の 2 重解 λ と一致するならば，

$$u(x) = Ax^2\mathrm{e}^{\alpha x}$$

とおくことで特殊解 $u(x)$ を求めることができます．

では，例題を解いてみましょう．

例題 2.4.1. 次の微分方程式の一般解を求めなさい．

(1) $y'' - 5y' + 6y = \mathrm{e}^{x}$　　(2) $y'' - 5y' + 6y = \mathrm{e}^{2x}$

(3) $y'' + 6y' + 9y = \mathrm{e}^{x}$　　(4) $y'' + 6y' + 9y = \mathrm{e}^{-3x}$

解答：(1) **(ステップ 1)** まず，同次方程式

$$y'' - 5y' + 6y = 0$$

の一般解を求める．特性方程式は

$$\lambda^2 - 5\lambda + 6 = 0, \quad \text{すなわち}, \quad (\lambda - 2)(\lambda - 3) = 0$$

より，解は $\lambda = 2, 3$ である．これらは 2 つの相異なる実数解であるから，同次方程式の一般解 $z(x)$ は

$$z(x) = C_1 \mathrm{e}^{2x} + C_2 \mathrm{e}^{3x} \quad (C_1,\ C_2 \text{ は任意定数})$$

である．

(ステップ 2) 非同次方程式の右辺は指数関数であり，また，“1” は特性方程式の解と一致しないので，

$$u(x) = A\mathrm{e}^x$$

とおくと，

$$u'(x) = A\mathrm{e}^x, \quad u''(x) = A\mathrm{e}^x$$

である．これらを非同次方程式に代入すると

$$A\mathrm{e}^x - 5A\mathrm{e}^x + 6A\mathrm{e}^x = \mathrm{e}^x, \quad \text{すなわち}, \quad 2A\mathrm{e}^x = \mathrm{e}^x$$

となる．これを A について解くと $A = \dfrac{1}{2}$ となるので，特殊解は

$$u(x) = \frac{1}{2}\mathrm{e}^x$$

と求まる．

(ステップ 3) よって，非同次方程式の一般解 $y(x)$ は

$$y(x) = z(x) + u(x) = C_1 \mathrm{e}^{2x} + C_2 \mathrm{e}^{3x} + \frac{1}{2}\mathrm{e}^x \quad (C_1,\ C_2 \text{ は任意定数})$$

である．

(2) **(ステップ 1)** 同次方程式は (1) と同じである．特性方程式の解は $\lambda = 2, 3$ であるので，同次方程式の一般解 $z(x)$ は

$$z(x) = C_1 \mathrm{e}^{2x} + C_2 \mathrm{e}^{3x} \quad (C_1,\ C_2 \text{ は任意定数})$$

である．

(ステップ 2) 非同次方程式の右辺は指数関数であり，また，“2” は特性方程式の解の一つと一致しているので，

$$u(x) = Ax\mathrm{e}^{2x}$$

とおくと，

$$u'(x) = A(1+2x)\mathrm{e}^{2x},$$
$$u''(x) = A\{2+(1+2x)\cdot 2\}\,\mathrm{e}^{2x} = A\,(4x+4)\,\mathrm{e}^{2x}$$

である．これらを非同次方程式に代入すると

$$A\,(4x+4)\,\mathrm{e}^{2x} - 5A(1+2x)\mathrm{e}^{2x} + 6Ax\mathrm{e}^{2x} = \mathrm{e}^{2x},$$

すなわち，

$$-A\mathrm{e}^{2x} = \mathrm{e}^{2x}$$

となる．これを A について解くと $A=-1$ となるので，特殊解は

$$u(x) = -x\mathrm{e}^{2x}$$

と求まる．

(ステップ 3)　よって，非同次方程式の一般解 $y(x)$ は

$$y(x) = z(x) + u(x) = C_1\mathrm{e}^{2x} + C_2\mathrm{e}^{3x} - x\mathrm{e}^{2x} \quad (C_1,\ C_2 \text{ は任意定数})$$

である．

(3) **(ステップ 1)**　まず，同次方程式

$$y'' + 6y' + 9y = 0$$

の一般解を求める．特性方程式は

$$\lambda^2 + 6\lambda + 9 = 0,\quad \text{すなわち，}\quad (\lambda+3)^2 = 0$$

より，解は $\lambda = -3$ (2 重解) である．よって，同次方程式の一般解 $z(x)$ は

$$z(x) = C_1\mathrm{e}^{-3x} + C_2x\mathrm{e}^{-3x} \quad (C_1,\ C_2 \text{ は任意定数})$$

である．

(ステップ 2)　非同次方程式の右辺は指数関数であり，また，“1” は特性方程式の解と一致しないので，

$$u(x) = A\mathrm{e}^{x}$$

とおくと，

$$u'(x) = A\mathrm{e}^{x},\quad u''(x) = A\mathrm{e}^{x}$$

である．これらを非同次方程式に代入すると

$$A\mathrm{e}^{x} + 6A\mathrm{e}^{x} + 9A\mathrm{e}^{x} = \mathrm{e}^{x},\quad \text{すなわち，}\quad 16A\mathrm{e}^{x} = \mathrm{e}^{x}$$

となる．これを A について解くと $A = \dfrac{1}{16}$ となるので，特殊解は

$$u(x) = \frac{1}{16}\mathrm{e}^{x}$$

と求まる．

(ステップ 3)　よって，非同次方程式の一般解 $y(x)$ は

$$y(x) = C_1\mathrm{e}^{-3x} + C_2x\mathrm{e}^{-3x} + \frac{1}{16}\mathrm{e}^{x} \quad (C_1,\ C_2 \text{ は任意定数})$$

である．

(4) **(ステップ 1)**　同次方程式は (3) と同じである．特性方程式の解は $\lambda = -3$ (2 重解) であるので，同次方程式の一般解 $z(x)$ は

$$z(x) = C_1\mathrm{e}^{-3x} + C_2x\mathrm{e}^{-3x} \quad (C_1,\ C_2 \text{ は任意定数})$$

である．

(ステップ 2)　非同次方程式の右辺は指数関数であり，また，“-3” は特性方程式の 2 重解と一致するので，

$$u(x) = Ax^2\mathrm{e}^{-3x}$$

とおくと，

$$u'(x) = A(2x - 3x^2)\mathrm{e}^{-3x},$$

$$u''(x) = A\{2 - 6x + (2x - 3x^2)\cdot(-3)\}\mathrm{e}^{-3x} = A(9x^2 - 12x + 2)\mathrm{e}^{-3x}$$

である．これらを非同次方程式に代入すると

$$A(9x^2 - 12x + 2)\mathrm{e}^{-3x} + 6A(2x - 3x^2)\mathrm{e}^{-3x} + 9Ax^2\mathrm{e}^{-3x} = \mathrm{e}^{-3x},$$

すなわち，

$$2A\mathrm{e}^{-3x} = \mathrm{e}^{-3x}$$

となる．これを A について解くと $A = \dfrac{1}{2}$ となるので，特殊解は

$$u(x) = \frac{1}{2}x^2\mathrm{e}^{-3x}$$

と求まる．

(ステップ 3)　よって，非同次方程式の一般解 $y(x)$ は

$$y(x) = C_1\mathrm{e}^{-3x} + C_2x\mathrm{e}^{-3x} + \frac{1}{2}x^2\mathrm{e}^{-3x} \quad (C_1,\ C_2 \text{ は任意定数})$$

である．　□

問題 2.4.2.　次の微分方程式の一般解を求めなさい．

(1) $y'' - 4y = \mathrm{e}^{3x}$　(2) $y'' - 4y = \mathrm{e}^{2x}$　(3) $y'' + 4y = \mathrm{e}^{3x}$

(4) $y'' - 6y' + 9y = \mathrm{e}^{-2x}$　(5) $y'' - 6y' + 9y = \mathrm{e}^{3x}$　(6) $y'' - y' - 6y = 10\mathrm{e}^{3x}$

(7) $6y'' - 5y' + y = \mathrm{e}^{\frac{1}{2}x}$　(8) $4y'' + 4y' + y = \mathrm{e}^{-\frac{1}{2}x}$

2.4.2 $f(x)$ が三角関数の場合

ここでは，$f(x)$ が三角関数の場合について考えます．

例 非同次方程式

$$y'' - 4y' - 12y = \sin(2x) \tag{2.4.7}$$

を例に考えてみましょう．

(ステップ 1) 同次方程式 $y''-4y'-12y=0$ の特性方程式 $\lambda^2-4\lambda-12=0$ は

$$(\lambda - 6)(\lambda + 2) = 0$$

となるので，解は $\lambda = -2, 6$ です．よって，同次方程式の一般解 $z(x)$ は

$$z(x) = C_1\mathrm{e}^{-2x} + C_2\mathrm{e}^{6x} \quad (C_1,\ C_2 \text{ は任意定数})$$

となります．

(ステップ 2) 非同次方程式の右辺が三角関数 cos や sin で表される場合は，

$$u(x) = A_1\cos(2x) + A_2\sin(2x)$$

の形で特殊解を求めるとうまくいきます．このとき，

$$u'(x) = -2A_1\sin(2x) + 2A_2\cos(2x),$$

$$u''(x) = -4A_1\cos(2x) - 4A_2\sin(2x)$$

なので，非同次方程式 (2.4.7) の y に $u(x)$ を代入すると

$$\begin{aligned}-4A_1\cos(2x) - 4A_2\sin(2x) - 4\left(-2A_1\sin(2x) + 2A_2\cos(2x)\right)&\\ - 12\left(A_1\cos(2x) + A_2\sin(2x)\right) &= \sin(2x),\end{aligned}$$

すなわち，

$$(-16A_1 - 8A_2)\cos(2x) + (8A_1 - 16A_2)\sin(2x) = \sin(2x)$$

となります．ここで $\cos(2x)$ と $\sin(2x)$ の係数を比較することで，A_1，A_2 に関する連立方程式

$$\begin{cases}-16A_1 - 8A_2 = 0,\\ 8A_1 - 16A_2 = 1\end{cases}$$

を得ます．これを解けば $A_1 = \dfrac{1}{40}$，$A_2 = -\dfrac{1}{20}$ となるので，特殊解として

$$u(x) = \frac{1}{40}\cos(2x) - \frac{1}{20}\sin(2x)$$

が求まります．

(ステップ 3) よって，非同次方程式 (2.4.7) の一般解 $y(x)$ は

$$y(x) = C_1 \mathrm{e}^{-2x} + C_2 \mathrm{e}^{6x} + \frac{1}{40}\cos(2x) - \frac{1}{20}\sin(2x) \quad (C_1,\, C_2 \text{ は任意定数})$$

となります．■

以上の例のように，非同次方程式の右辺の関数が三角関数 $\cos(\beta x)$, $\sin(\beta x)$ の形で与えられているときは，多くの場合において，

$$u(x) = A_1 \cos(\beta x) + A_2 \sin(\beta x)$$

とすることで特殊解 $u(x)$ を求めることができます．

☆**注意**☆　非同次方程式の右辺が三角関数 $\cos(\beta x)$, $\sin(\beta x)$ の形で与えられていて，もし，特性方程式の解が $\lambda = \pm\beta i$ と求まる特別なときは，

$$u(x) = x(A_1 \cos(\beta x) + A_2 \sin(\beta x))$$

とおくことで特殊解 $u(x)$ を求めることができます．この場合については注意するだけにとどめますが，考え方は前項の“a-2) 指数部分の係数が特性方程式の解と一致する場合”と類似しています[7)]．

では，例題を解いてみましょう．

例題 2.4.3. 次の微分方程式の一般解を求めなさい．

(1) $y'' - 5y' + 6y = \sin x$　　(2) $y'' + 6y' + 9y = \cos x$

解答：(1) **(ステップ 1)** 同次方程式は例題 2.4.1 (1), (2) と同じ $y'' - 5y' + 6y = 0$ である．特性方程式 $\lambda^2 - 5\lambda + 6 = 0$ の解は $\lambda = 2, 3$ より，同次方程式の一般解 $z(x)$ は

$$z(x) = C_1 \mathrm{e}^{2x} + C_2 \mathrm{e}^{3x} \quad (C_1,\, C_2 \text{ は任意定数})$$

である．

(ステップ 2) 非同次方程式の右辺は三角関数であるから，

$$u(x) = A_1 \cos x + A_2 \sin x$$

とおくと，

$$u'(x) = -A_1 \sin x + A_2 \cos x, \quad u''(x) = -A_1 \cos x - A_2 \sin x$$

である．これらを非同次方程式に代入すると

7) 例えば，桂 利行 編／岡山友昭・佐藤好久・田上 真・若狭 徹・廣瀬英雄 著「理工系学生のための微分方程式＝ web アシスト演習付」培風館 (2021) などが参考になります．

$$-A_1 \cos x - A_2 \sin x - 5\,(-A_1 \sin x + A_2 \cos x)$$
$$+\,6\,(A_1 \cos x + A_2 \sin x) = \sin x,$$

すなわち，

$$(5A_1 - 5A_2)\cos x + (5A_1 + 5A_2)\sin x = \sin x$$

となり，連立方程式

$$\begin{cases} 5A_1 - 5A_2 = 0, \\ 5A_1 + 5A_2 = 1 \end{cases}$$

を得る．これを解くと $A_1 = \dfrac{1}{10}$, $A_2 = \dfrac{1}{10}$ となるので，特殊解は

$$u(x) = \frac{1}{10}\cos x + \frac{1}{10}\sin x$$

と求まる．

(ステップ 3) よって，非同次方程式の一般解 $y(x)$ は

$$y(x) = C_1 \mathrm{e}^{2x} + C_2 \mathrm{e}^{3x} + \frac{1}{10}(\cos x + \sin x) \quad (C_1,\ C_2 \text{ は任意定数})$$

である．

(2) **(ステップ 1)** 同次方程式は例題 2.4.1 (3), (4) と同じ $y'' + 6y' + 9y = 0$ である．特性方程式 $\lambda^2 + 6\lambda + 9 = 0$ の解は $\lambda = -3$ (2 重解) より，同次方程式の一般解 $z(x)$ は

$$z(x) = C_1 \mathrm{e}^{-3x} + C_2 x \mathrm{e}^{-3x} \quad (C_1,\ C_2 \text{ は任意定数})$$

である．

(ステップ 2) 非同次方程式の右辺は三角関数であるから，

$$u(x) = A_1 \cos x + A_2 \sin x$$

とおくと，

$$u'(x) = -A_1 \sin x + A_2 \cos x, \quad u''(x) = -A_1 \cos x - A_2 \sin x$$

である．これらを非同次方程式に代入すると

$$-A_1 \cos x - A_2 \sin x + 6(-A_1 \sin x + A_2 \cos x)$$
$$+\,9(A_1 \cos x + A_2 \sin x) = \cos x,$$

すなわち，

$$(8A_1 + 6A_2)\cos x + (-6A_1 + 8A_2)\sin x = \cos x$$

となり，連立方程式

$$\begin{cases} 8A_1 + 6A_2 = 1, \\ -6A_1 + 8A_2 = 0 \end{cases}$$

を得る．これを解くと $A_1 = \dfrac{2}{25}$，$A_2 = \dfrac{3}{50}$ となるので，特殊解は

$$u(x) = \frac{2}{25}\cos x + \frac{3}{50}\sin x$$

と求まる．

(ステップ 3) よって，非同次方程式の一般解 $y(x)$ は

$$y(x) = C_1\mathrm{e}^{-3x} + C_2 x\mathrm{e}^{-3x} + \frac{2}{25}\cos x + \frac{3}{50}\sin x \quad (C_1,\ C_2\ \text{は任意定数})$$

である． □

問題 2.4.4. 次の微分方程式の一般解を求めなさい．

(1) $y'' - y = 2\cos x$ (2) $y'' - 2y = \sin x$ (3) $y'' + 2y' + y = 5\sin(2x)$

(4) $y'' - 2y' + 3y = 3\sin(3x)$ (5) $y'' - y = \cos x + 2\sin x$

(6) $y'' + 4y = 5\cos(3x) + 5\sin(3x)$ (7) $y'' + 4y' + 5y = 5\cos(2x)$

2.4.3 $f(x)$ が n 次関数の場合

ここでは，$f(x)$ が n 次関数の場合について考えます．

例 非同次方程式

$$y'' - 4y' - 12y = 2x^3 - x + 3 \tag{2.4.8}$$

を例に考えてみましょう．

(ステップ 1) 同次方程式 $y'' - 4y' - 12y = 0$ の特性方程式 $\lambda^2 - 4\lambda - 12 = 0$ の解は $\lambda = -2, 6$ です．よって，同次方程式の一般解 $z(x)$ は

$$z(x) = C_1\mathrm{e}^{-2x} + C_2\mathrm{e}^{6x} \quad (C_1,\ C_2\ \text{は任意定数})$$

となります．

(ステップ 2) 非同次方程式の右辺の $f(x)$ が 3 次関数により与えられています．この場合は，特殊解も 3 次関数

$$u(x) = A_0x^3 + A_1x^2 + A_2x + A_3$$

の形で求めるとうまくいきます．$u(x)$ を 2 回微分すると，

$$u'(x) = 3A_0x^2 + 2A_1x + A_2, \quad u''(x) = 6A_0x + 2A_1$$

なので，非同次方程式 (2.4.8) の y に $u(x)$ を代入すると，

$$6A_0x + 2A_1 - 4\left(3A_0x^2 + 2A_1x + A_2\right) \\ - 12\left(A_0x^3 + A_1x^2 + A_2x + A_3\right) = 2x^3 - x + 3,$$

すなわち,

$$-12A_0x^3 + (-12A_0 - 12A_1)\,x^2 + (6A_0 - 8A_1 - 12A_2)\,x \\ + 2A_1 - 4A_2 - 12A_3 = 2x^3 - x + 3$$

となります．係数を比較することで，A_0, A_1, A_2, A_3 に関する連立方程式

$$\begin{cases} -12A_0 = 2, \\ -12A_0 - 12A_1 = 0, \\ 6A_0 - 8A_1 - 12A_2 = -1, \\ 2A_1 - 4A_2 - 12A_3 = 3 \end{cases}$$

を導くことができます．上から順に解いていくことで $A_0 = -\frac{1}{6}$, $A_1 = \frac{1}{6}$, $A_2 = -\frac{1}{9}$, $A_3 = -\frac{5}{27}$ となるので，特殊解として

$$u(x) = -\frac{1}{6}x^3 + \frac{1}{6}x^2 - \frac{1}{9}x - \frac{5}{27}$$

を得ます．

(ステップ 3) よって，非同次方程式 (2.4.8) の一般解 $y(x)$ は

$$y(x) = C_1\mathrm{e}^{-2x} + C_2\mathrm{e}^{6x} - \frac{1}{6}x^3 + \frac{1}{6}x^2 - \frac{1}{9}x - \frac{5}{27} \quad (C_1,\ C_2 \text{ は任意定数})$$

となります． ■

以上の例のように，非同次方程式の右辺が n 次関数の形で与えられているときは，多くの場合において，

$$u(x) = A_0x^n + A_1x^{n-1} + \cdots + A_{n-1}x + A_n$$

とすることで特殊解 $u(x)$ を求めることができます．

☆注意☆ 非同次方程式の右辺が n 次関数の形で与えられていて，もし，特性方程式の解が $\lambda = 0$ (単解) と求まる特別なときは，

$$u(x) = x(A_0x^n + A_1x^{n-1} + \cdots + A_{n-1}x + A_n)$$

とおくことで特殊解 $u(x)$ を求めることができます．さらに，もし，特性方程式の解が $\lambda = 0$ (2 重解) と求まる特別なときは，

$$u(x) = x^2(A_0x^n + A_1x^{n-1} + \cdots + A_{n-1}x + A_n)$$

とおくことで特殊解 $u(x)$ を求めることができます．これらの場合については注意するだけにとどめます．

では，例題を解いてみましょう．

例題 2.4.5. 次の微分方程式の一般解を求めなさい．

(1) $y'' - 5y' + 6y = 6x^2 + 2x - 2$

(2) $y'' + 6y' + 9y = x - 2$

解答：(1) **(ステップ 1)** 同次方程式は例題 2.4.1 (1), (2) や例題 2.4.3 (1) と同じ $y'' - 5y' + 6y = 0$ である．特性方程式 $\lambda^2 - 5\lambda + 6 = 0$ の解は $\lambda = 2, 3$ より，同次方程式の一般解 $z(x)$ は

$$z(x) = C_1 e^{2x} + C_2 e^{3x} \quad (C_1,\ C_2 \text{ は任意定数})$$

である．

(ステップ 2) 非同次方程式の右辺は 2 次関数であるから，

$$u(x) = A_0 x^2 + A_1 x + A_2$$

とおくと，

$$u'(x) = 2A_0 x + A_1, \quad u''(x) = 2A_0$$

である．これらを非同次方程式に代入すると

$$2A_0 - 5(2A_0 x + A_1) + 6(A_0 x^2 + A_1 x + A_2) = 6x^2 + 2x - 2,$$

すなわち，

$$6A_0 x^2 + (-10A_0 + 6A_1)x + 2A_0 - 5A_1 + 6A_2 = 6x^2 + 2x - 2$$

となる．係数を比較することで，連立方程式

$$\begin{cases} 6A_0 = 6, \\ -10A_0 + 6A_1 = 2, \\ 2A_0 - 5A_1 + 6A_2 = -2 \end{cases}$$

を得る．これを解けば $A_0 = 1,\ A_1 = 2,\ A_2 = 1$ となるので，特殊解は

$$u(x) = x^2 + 2x + 1$$

と求まる．

(ステップ 3) よって，非同次方程式の一般解 $y(x)$ は

$$y(x) = C_1 e^{2x} + C_2 e^{3x} + x^2 + 2x + 1 \quad (C_1,\ C_2 \text{ は任意定数})$$

である．

(2) **(ステップ 1)** 同次方程式は例題 2.4.1 (3), (4) や例題 2.4.3 (2) と同じ $y'' + 6y' + 9y = 0$ である．特性方程式 $\lambda^2 + 6\lambda + 9 = 0$ の解は $\lambda = -3$ (2 重解) より，同次方程式の一般解 $z(x)$ は

$$z(x) = C_1 \mathrm{e}^{-3x} + C_2 x \mathrm{e}^{-3x} \quad (C_1,\, C_2 \text{ は任意定数})$$

である．

(ステップ 2) 非同次方程式の右辺は 1 次関数であるから，

$$u(x) = A_0 x + A_1$$

とおくと，

$$u'(x) = A_0, \quad u''(x) = 0$$

である．これらを非同次方程式に代入すると

$$6A_0 + 9(A_0 x + A_1) = x - 2, \quad \text{すなわち，} \quad 9A_0 x + 6A_0 + 9A_1 = x - 2$$

となる．係数を比較することで，連立方程式

$$\begin{cases} 9A_0 = 1, \\ 6A_0 + 9A_1 = -2 \end{cases}$$

を得る．これを解けば $A_0 = \dfrac{1}{9}$, $A_1 = -\dfrac{8}{27}$ となるので，特殊解は

$$u(x) = \frac{1}{9}x - \frac{8}{27}$$

と求まる．

(ステップ 3) よって，非同次方程式の一般解 $y(x)$ は

$$y(x) = C_1 \mathrm{e}^{-3x} + C_2 x \mathrm{e}^{-3x} + \frac{1}{9}x - \frac{8}{27} \quad (C_1,\, C_2 \text{ は任意定数})$$

である．　□

問題 2.4.6. 次の微分方程式の一般解を求めなさい．

(1) $y'' + y = x + 1$　(2) $y'' + 2y = x^2 + 2x + 3$　(3) $y'' - 2y' + y = 2x + 3$

(4) $y'' - 3y' + 2y = 2x^2 + 4x + 3$　(5) $y'' + y = x^3 + 3x^2 + 4x + 5$

(6) $4y'' - 4y' + y = x^2$

2.4.4 $f(x)$ が指数関数，三角関数，n 次関数の和や積の場合

これまでの考え方を発展させると，$f(x)$ がより一般の形をした場合にも一般解を求めることができます．まずは，$f(x)$ が指数関数，三角関数，n 次関数の和の場合について考えてみます．

● $f(x)$ が指数関数，三角関数，n 次関数の和の場合

はじめに，非同次方程式

$$y'' + py' + qy = f_1(x) + f_2(x) \tag{2.4.9}$$

の特殊解を求める方法を紹介します．いま，$y_1(x)$ が非同次方程式

$$y'' + py' + qy = f_1(x)$$

の解であり，$y_2(x)$ が非同次方程式

$$y'' + py' + qy = f_2(x)$$

の解であるとします．このとき，$y(x) = y_1(x) + y_2(x)$ とおけば，

$$\begin{aligned} &y''(x) + py'(x) + qy(x) \\ &\quad = y_1''(x) + y_2''(x) + p(y_1'(x) + y_2'(x)) + q(y_1(x) + y_2(x)) \\ &\quad = y_1''(x) + py_1'(x) + qy_1(x) + y_2''(x) + py_2'(x) + qy_2(x) \\ &\quad = f_1(x) + f_2(x) \end{aligned}$$

をみたしますので，$y(x)$ は非同次方程式 (2.4.9) の解であることがわかります．つまり，$f_1(x)$ と $f_2(x)$ のそれぞれを右辺にもつ非同次方程式の解を求めて $y_1(x)$, $y_2(x)$ とし，それらを足した関数 $y(x)$ は非同次方程式 (2.4.9) の解になるということです．

例 では，具体例をとおして理解を深めましょう．非同次方程式

$$y'' - 5y' + 6y = \sin x + 6x^2 + 2x - 2 \tag{2.4.10}$$

の特殊解を求めることを考えます．じつは，例題 2.4.3 (1) で非同次方程式

$$y'' - 5y' + 6y = \sin x$$

の特殊解は

$$u_1(x) = \frac{1}{10}\cos x + \frac{1}{10}\sin x$$

となること，そして，例題 2.4.5 (1) で非同次方程式

$$y'' - 5y' + 6y = 6x^2 + 2x - 2$$

の特殊解は

$$u_2(x) = x^2 + 2x + 1$$

となることを示しています．よって，非同次方程式 (2.4.10) の特殊解 $u(x)$ は

$$u(x) = u_1(x) + u_2(x) = \frac{1}{10}\cos x + \frac{1}{10}\sin x + x^2 + 2x + 1$$

として与えられることがわかります．もちろん，同次方程式の一般解をこの $u(x)$ に加えた

$$y(x) = C_1\mathrm{e}^{2x} + C_2\mathrm{e}^{3x} + \frac{1}{10}\cos x + \frac{1}{10}\sin x + x^2 + 2x + 1$$

$$(C_1,\ C_2 \text{ は任意定数})$$

が非同次方程式 (2.4.10) の一般解です． ■

このように，右辺の関数が $f_1(x) + f_2(x)$ の形であるとき，右辺の関数が $f_1(x)$ の非同次方程式と $f_2(x)$ の非同次方程式それぞれの特殊解を求めて足しあわせれば目的の非同次方程式の特殊解が求まります．なお，上記の例の場合，$f_1(x) = \sin x$ かつ $f_2(x) = 6x^2 + 2x - 2$ なので，これらの形から特殊解を

$$u(x) = A_1\cos x + A_2\sin x + B_0x^2 + B_1x + B_2$$

と推測し，$u(x)$ を求めることもできます．

例 実際に，非同次方程式

$$y'' + y = x + \mathrm{e}^x \tag{2.4.11}$$

を例に考えてみましょう．

(ステップ 1) 同次方程式 $y'' + y = 0$ の特性方程式 $\lambda^2 + 1 = 0$ の解は $\lambda = \pm i$ です．よって，同次方程式の一般解 $z(x)$ は

$$z(x) = C_1\cos x + C_2\sin x \quad (C_1,\ C_2 \text{ は任意定数})$$

となります．

(ステップ 2) 非同次方程式 (2.4.11) の右辺は 1 次関数 x と指数関数 e^x との和の形になっています．この場合は，特殊解を

$$u(x) = A_0x + A_1 + B\mathrm{e}^x$$

の形で求めるとうまくいきます．$u(x)$ を 2 回微分すると，

$$u'(x) = A_0 + B\mathrm{e}^x, \quad u''(x) = B\mathrm{e}^x$$

なので，非同次方程式 (2.4.11) の y に $u(x)$ を代入すると，

$$B\mathrm{e}^x + A_0x + A_1 + B\mathrm{e}^x = x + \mathrm{e}^x,$$

すなわち，

$$2B\mathrm{e}^x + A_0x + A_1 = \mathrm{e}^x + x$$

となります．それぞれの係数を比較することで，A_0，A_1，B についての連立方程式

$$A_0 = 1, \quad A_1 = 0, \quad 2B = 1$$

が成り立ちます．よって，特殊解として

$$u(x) = x + \frac{1}{2}\mathrm{e}^x$$

を得ます．

(ステップ 3)　したがって，一般解 $y(x)$ は

$$y(x) = C_1 \cos x + C_2 \sin x + x + \frac{1}{2}\mathrm{e}^x \quad (C_1,\, C_2 \text{ は任意定数})$$

となります．■

● $f(x)$ が指数関数，三角関数，n 次関数の積の場合

次に，$f(x)$ が指数関数，三角関数，n 次関数の積の場合を考えます．

例　非同次方程式

$$y'' - 4y' - 12y = x\mathrm{e}^{4x} \tag{2.4.12}$$

を例に考えてみましょう．

(ステップ 1)　同次方程式 $y'' - 4y' - 12y = 0$ の特性方程式 $\lambda^2 - 4\lambda - 12 = 0$ の解は $\lambda = -2,\, 6$ です．よって，同次方程式の一般解 $z(x)$ は

$$z(x) = C_1\mathrm{e}^{-2x} + C_2\mathrm{e}^{6x} \quad (C_1,\, C_2 \text{ は任意定数})$$

となります．

(ステップ 2)　非同次方程式 (2.4.12) の右辺は 1 次関数 x と指数関数 e^{4x} との積の形になっています．この場合は，特殊解を

$$u(x) = (A_0 x + A_1)\,\mathrm{e}^{4x}$$

の形で求めるとうまくいきます．$u(x)$ を 2 回微分すると，

$$u'(x) = \{A_0 + (A_0 x + A_1) \cdot 4\}\,\mathrm{e}^{4x} = (4A_0 x + A_0 + 4A_1)\,\mathrm{e}^{4x},$$

$$\begin{aligned} u''(x) &= \{4A_0 + (4A_0 x + A_0 + 4A_1) \cdot 4\}\,\mathrm{e}^{4x} \\ &= (16A_0 x + 8A_0 + 16A_1)\,\mathrm{e}^{4x} \end{aligned}$$

なので，非同次方程式 (2.4.12) の y に $u(x)$ を代入すると，

$$\begin{aligned} &(16A_0 x + 8A_0 + 16A_1)\,\mathrm{e}^{4x} - 4\,(4A_0 x + A_0 + 4A_1)\,\mathrm{e}^{4x} \\ &\qquad\qquad - 12(A_0 x + A_1)\mathrm{e}^{4x} = x\mathrm{e}^{4x}, \end{aligned}$$

すなわち，

$$-12A_0 x\mathrm{e}^{4x} + (4A_0 - 12A_1)\mathrm{e}^{4x} = x\mathrm{e}^{4x}$$

となります．それぞれの係数を比較することで，A_0 と A_1 についての連立方程式

$$\begin{cases} -12A_0 = 1, \\ 4A_0 - 12A_1 = 0 \end{cases}$$

を得ます．これを解けば $A_0 = -\dfrac{1}{12}$, $A_1 = -\dfrac{1}{36}$ となるので，特殊解は

$$u(x) = \left(-\frac{1}{12}x - \frac{1}{36}\right)\mathrm{e}^{4x} = -\frac{1}{36}(3x+1)\mathrm{e}^{4x}$$

と求まります．

(ステップ 3) よって，一般解 $y(x)$ は

$$y(x) = C_1\mathrm{e}^{-2x} + C_2\mathrm{e}^{6x} - \frac{1}{36}(3x+1)\mathrm{e}^{4x} \quad (C_1,\ C_2 \text{ は任意定数})$$

となります． ■

例 次に，非同次方程式

$$y'' - 4y = x\cos x \tag{2.4.13}$$

を例に考えてみましょう．

(ステップ 1) 同次方程式 $y'' - 4y = 0$ の特性方程式 $\lambda^2 - 4 = 0$ の解は $\lambda = \pm 2$ です．よって，同次方程式の一般解 $z(x)$ は

$$z(x) = C_1\mathrm{e}^{-2x} + C_2\mathrm{e}^{2x} \quad (C_1,\ C_2 \text{ は任意定数})$$

となります．

(ステップ 2) 非同次方程式 (2.4.13) の右辺は 1 次関数 x と三角関数 $\cos x$ との積の形になっています．この場合は，特殊解を

$$u(x) = (A_0x + A_1)\cos x + (B_0x + B_1)\sin x$$

の形で求めるとうまくいきます．$u(x)$ を 2 回微分すると，

$$\begin{aligned} u'(x) &= A_0\cos x - (A_0x + A_1)\sin x + B_0\sin x + (B_0x + B_1)\cos x \\ &= (B_0x + B_1 + A_0)\cos x + (-A_0x - A_1 + B_0)\sin x, \\ u''(x) &= B_0\cos x - (B_0x + B_1 + A_0)\sin x \\ &\qquad - A_0\sin x + (-A_0x - A_1 + B_0)\cos x \\ &= (-A_0x - A_1 + 2B_0)\cos x + (-B_0x - B_1 - 2A_0)\sin x \end{aligned}$$

なので，非同次方程式 (2.4.13) の y に $u(x)$ を代入すると，

$$(-A_0x - A_1 + 2B_0)\cos x + (-B_0x - B_1 - 2A_0)\sin x \\ - 4\{(A_0x + A_1)\cos x + (B_0x + B_1)\sin x\} = x\cos x,$$

すなわち，

$$(-5A_0x - 5A_1 + 2B_0)\cos x + (-5B_0x - 5B_1 - 2A_0)\sin x = x\cos x$$

となります．まず，$x\cos x$ と $\cos x$ の係数比較から，

$$-5A_0 = 1, \quad -5A_1 + 2B_0 = 0$$

が得られ，一方，右辺には $x\sin x$ や $\sin x$ がないので，

$$-5B_0 = 0, \quad -5B_1 - 2A_0 = 0$$

が得られます．よって，$A_0 = -\dfrac{1}{5}$, $B_0 = 0$ がわかりますので，さらに，$A_1 = 0$, $B_1 = \dfrac{2}{25}$ となります．したがって，特殊解は

$$u(x) = -\frac{1}{5}x\cos x + \frac{2}{25}\sin x$$

と求まります．

(ステップ 3) よって，一般解 $y(x)$ は

$$y(x) = C_1\mathrm{e}^{-2x} + C_2\mathrm{e}^{2x} - \frac{1}{5}x\cos x + \frac{2}{25}\sin x \quad (C_1,\ C_2 \text{ は任意定数})$$

となります．■

以上のように，非同次方程式の右辺が

$$(n \text{ 次関数}) \times \mathrm{e}^{\alpha x} \times (a\cos(\beta x) + b\sin(\beta x))$$

の形で与えられているときは，多くの場合で，

$$u(x) = (n \text{ 次関数})\,\mathrm{e}^{\alpha x}\cos(\beta x) + (n \text{ 次関数})\,\mathrm{e}^{\alpha x}\sin(\beta x)$$

とすることで特殊解 $u(x)$ を求めることができます．

問題 2.4.7. 次の微分方程式の一般解を求めなさい．

(1) $y'' + y = x^2 + \mathrm{e}^{2x}$　　(2) $y'' + 3y = x + 1 + \sin x$

(3) $y'' - 4y = \mathrm{e}^x + \cos x$　　(4) $y'' + y = x\mathrm{e}^x$

(5) $y'' + 3y = x\sin x$　　(6) $y'' - 4y = \mathrm{e}^x\cos x$

(7) $y'' - 2y = x^2\mathrm{e}^x$

2.5 2階微分方程式と現象の数理

●電気回路モデル

図 2.1 のような直列電気回路は，より複雑な電気回路の基本的素子となるので非常に重要です．ここでは電気回路のモデルについて考えてみましょう．

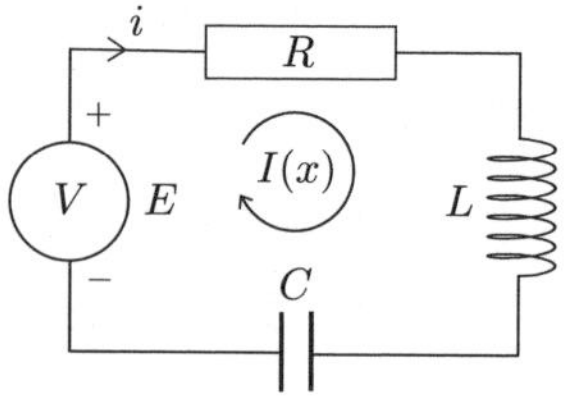

図 2.1 RLC 直列回路

まず，記号の説明をしておきます．

記号の説明

- $R\cdots$ 抵抗：熱を発してエネルギーを消散させ電流が流れるのを妨げます．単位は Ω (オーム).
- $L\cdots$ コイルのインダクタンス：電流の変化が誘導起電力となって現れます．単位は H (ヘンリー).
- $C\cdots$ コンデンサーのキャパシタンス：どのくらい電荷が蓄えられるかを表す量です．単位は F (ファラッド).
- $I\cdots$ 電流：単位は A (アンペア),
  $Q\cdots$ 電荷：単位は q (クローン),
  $E\cdots$ 起電力：単位は V (ボルト).

ここで，R, L, C は定数であり，I, Q, E は時間 x に関する関数であることに注意しておきます．

このとき，抵抗，コイル，コンデンサー (R, L, C) のそれぞれの電圧降下 E_{R}, E_{L}, E_{C} は次で与えられることが知られています：

$$E_{\mathrm{R}} = RI \text{ (オームの法則より)}, \quad E_{\mathrm{L}} = LI', \quad E_{\mathrm{C}} = \frac{Q}{C}.$$

そして，閉じた電気回路中の電圧降下は，キルヒホッフの法則として知られる“閉回路の一回りの全電圧降下値の代数的な和は 0 である”，すなわち，

$$E_{\mathrm{R}} + E_{\mathrm{L}} + E_{\mathrm{C}} = E$$

に従います．よって，上記の E_{R}, E_{L}, E_{C} を代入すると

$$LI' + RI + \frac{Q}{C} = E$$

が得られます．この式を微分すると，

$$LI'' + RI' + \frac{Q'}{C} = E'$$

となります．ここで，電流 I が流れるときの電荷と電流の関係

$$Q' = I$$

が成り立つことから，結局，微分方程式

$$LI'' + RI' + \frac{1}{C}I = E'(x)$$

を得ます．これは，定数係数 2 階非同次線形微分方程式です．

I の式だと見づらい読者もいるかもしれませんので，y を使った微分方程式

$$Ly'' + Ry' + \frac{1}{C}y = E'(x) \tag{2.5.1}$$

に書きかえておきます．

RLC 回路の例　具体的に，例えば，$L = 20\,[\mathrm{H}]$，$R = 80\,[\Omega]$，$C = 10^{-2}\,[\mathrm{F}]$，$E(x) = 50\sin(2x)\,[\mathrm{V}]$ の場合を考えます．このとき，$E'(x) = 100\cos(2x)\,[\mathrm{V}]$ ですので，式 (2.5.1) は，微分方程式

$$y'' + 4y' + 5y = 5\cos(2x) \tag{2.5.2}$$

になります．問題 2.4.4 (7) より，一般解 $y(x)$ は

$$y(x) = C_1\mathrm{e}^{-2x}\cos x + C_2\mathrm{e}^{-2x}\sin x + \frac{1}{13}\cos(2x) + \frac{8}{13}\sin(2x)$$

(C_1, C_2 は任意定数)

となります．式 (2.5.2) は I の式でしたので，$I(x) = y(x)$ となり，電流 $I(x)$ が求まりました．■

得られた一般解 $y(x)$ をみると，指数関数 e^{-2x} が付いた 2 つの項は時間 x が増加するにつれて 0 に近づきますので，電流 $I(x) = y(x)$ はやがて $\frac{1}{13}\cos(2x) + \frac{8}{13}\sin(2x)$ の曲線に近づくことになります．この関数はもともと起電力 E が時間 x に関する関数 $E(x) = 50\sin(2x)$ であったため，特殊解 $u(x)$ として得られた関数です．この例では，“起電力 $E(x)$ の影響により，電流 $I(x)$ は振動する” といえます．

★注目★　Web の補足資料では「振り子のモデル」「機関車モデル」についても解説しています．

http://www.baifukan.co.jp/link/linktop3.html

Web 資料はコチラ

3

連立線形微分方程式

本章では，連立線形微分方程式の解とその表し方について説明したあと，定数係数の連立線形微分方程式の解法について述べます．特に，係数行列が相異なる実数を固有値にもつ場合，虚数を固有値にもつ場合，重解を固有値にもつ場合を考えます．また，行列の指数関数とそれを用いた定数変化法を解説します．さらに，定数係数の連立線形微分方程式の基準となる標準形の方程式と，それを用いた解法について解説します．

3.1 連立線形微分方程式とその解について

本節では，連立線形微分方程式の表し方をいくつか紹介し，与えられた関数の組 (またはベクトル) が連立線形微分方程式の解であることを確認できるようになることを目標にします．例えば，

$$\begin{cases} x'(t) = 4x(t) + y(t), \\ y'(t) = -2x(t) + y(t) \end{cases}$$

のように，2 つ以上の微分方程式を組にしたものを**連立微分方程式**とよびます．また，**微分方程式系**とよんだり単に**方程式系**や**系**とよんだりすることもあります．以降は "系" とよぶことにします．

上記の系は $x(t)$ と $y(t)$ の "2 個" の未知関数を含み，微分の階数は "1 階" が最高なので，"2 元連立 1 階微分方程式" ともよばれます．加えて，系を形成している 2 つの微分方程式はともに "線形 ($x(t)$, $y(t)$, $x'(t)$, $y'(t)$ に関して 1 次式)" で，係数がいずれも "定数係数" なので，

定数係数 2 元連立 1 階線形微分方程式

とよばれます[1)]．本書では，線形を意識して**線形系**とよぶこともあります．

1) 教科書によっては，"定数係数"，"2 元"，"連立"，"1 階"，"線形" の並びの順番が入れ替わることもありますので，注意しましょう．

関数の組による解の表現

さて，上記の系において，“(t)” を省略して，

$$\begin{cases} x' = 4x + y, \\ y' = -2x + y \end{cases} \tag{3.1.1}$$

と書くことが一般的ですので，今後はこの表し方を採用して説明します[2]．

では，次の例をとおして系 (3.1.1) の解について理解しましょう．

例　まずは，関数の組

$$(x(t), y(t)) = \left(\mathrm{e}^{2t}, -2\mathrm{e}^{2t}\right) \tag{3.1.2}$$

が系 (3.1.1) をみたすことを確認します．いま，

$$x(t) = \mathrm{e}^{2t}, \quad y(t) = -2\mathrm{e}^{2t} \tag{3.1.3}$$

なので，系 (3.1.1) の第 1 式の左辺に代入するために $x'(t)$ を求めると，式 (3.1.3) の第 1 式から，

$$x'(t) = \left(\mathrm{e}^{2t}\right)' = 2\mathrm{e}^{2t}$$

を得ます．一方，系 (3.1.1) の第 1 式の右辺に式 (3.1.3) を代入すると，

$$4x(t) + y(t) = 4\mathrm{e}^{2t} - 2\mathrm{e}^{2t} = 2\mathrm{e}^{2t}$$

となるので，系 (3.1.1) の第 1 式の等式

$$x'(t) = 2\mathrm{e}^{2t} = 4x(t) + y(t)$$

が確かに成り立ちます．

次に，系 (3.1.1) の第 2 式の左辺に代入するために $y'(t)$ を求めると，式 (3.1.3) の第 2 式から，

$$y'(t) = \left(-2\mathrm{e}^{2t}\right)' = -4\mathrm{e}^{2t}$$

を得ます．一方，系 (3.1.1) の第 2 式の右辺に式 (3.1.3) を代入すると，

$$-2x(t) + y(t) = -2\mathrm{e}^{2t} - 2\mathrm{e}^{2t} = -4\mathrm{e}^{2t}$$

となるので，系 (3.1.1) の第 2 式の等式

$$y'(t) = -4\mathrm{e}^{2t} = -2x(t) + y(t)$$

が確かに成り立ちます．

---

2)　これまでは独立変数を x とし従属変数を y としていましたが，これからは独立変数を t として表し，従属変数は x と y になるので注意しましょう．また，系 (3.1.1) のように書くと独立変数 t が式の表記には現れませんが，独立変数は常に t となることを心にとどめておいてください．

よって，関数の組 (3.1.2) は系 (3.1.1) の第 1 式と第 2 式をともにみたします．

■

このように，系 (3.1.1) を満足する関数の組 $(x(t), y(t))$ を系 (3.1.1) の**解**とよびます．

さて，解の意味がわかったところで，もう一つ例をみておきます．

例 関数の組

$$(x(t), y(t)) = \left(\mathrm{e}^{3t}, -\mathrm{e}^{3t}\right) \tag{3.1.4}$$

が系 (3.1.1) の解であることを確認しましょう．先の例では，第 1 式と第 2 式を一つずつ確認しましたが，今回は第 1 式と第 2 式の 2 つを同時に確認することにします．まず，系 (3.1.1) の左辺に組 (3.1.4) を代入すると (つまり，$x'(t)$ と $y'(t)$ を求めると)，

$$x'(t) = \left(\mathrm{e}^{3t}\right)' = 3\mathrm{e}^{3t}, \quad y'(t) = \left(-\mathrm{e}^{3t}\right)' = -3\mathrm{e}^{3t}$$

を得ます．一方，系 (3.1.1) の右辺に組 (3.1.4) を代入すると，

$$\begin{aligned} 4x(t) + y(t) &= 4\mathrm{e}^{3t} - \mathrm{e}^{3t} = 3\mathrm{e}^{3t}, \\ -2x(t) + y(t) &= -2\mathrm{e}^{3t} - \mathrm{e}^{3t} = -3\mathrm{e}^{3t} \end{aligned}$$

となります．よって，系 (3.1.1) をみたすので，関数の組 (3.1.4) は系 (3.1.1) の解であることが確認できました． ■

では，以下の例題を解いてみましょう．

例題 3.1.1. 以下の関数の組 (1), (2) が系

$$\begin{cases} x' = 3x + y, \\ y' = -x + y \end{cases} \tag{3.1.5}$$

の解であることを確認しなさい．

(1) $(x(t), y(t)) = \left(\mathrm{e}^{2t}, -\mathrm{e}^{2t}\right)$ (2) $(x(t), y(t)) = \left(t\mathrm{e}^{2t}, (1-t)\mathrm{e}^{2t}\right)$

解答：(1) まず，系 (3.1.5) の左辺に $(x(t), y(t)) = \left(\mathrm{e}^{2t}, -\mathrm{e}^{2t}\right)$ を代入すると，

$$x'(t) = \left(\mathrm{e}^{2t}\right)' = 2\mathrm{e}^{2t}, \quad y'(t) = \left(-\mathrm{e}^{2t}\right)' = -2\mathrm{e}^{2t}$$

である．次に，系 (3.1.5) の右辺に $(x(t), y(t)) = \left(\mathrm{e}^{2t}, -\mathrm{e}^{2t}\right)$ を代入すると，

$$\begin{aligned} 3x(t) + y(t) &= 3\mathrm{e}^{2t} - \mathrm{e}^{2t} = 2\mathrm{e}^{2t}, \\ -x(t) + y(t) &= -\mathrm{e}^{2t} - \mathrm{e}^{2t} = -2\mathrm{e}^{2t} \end{aligned}$$

である．よって，系 (3.1.5) をみたすので，関数の組

$$(x(t), y(t)) = \left(\mathrm{e}^{2t}, -\mathrm{e}^{2t}\right)$$

は系 (3.1.5) の解である．

(2) まず，系 (3.1.5) の左辺に $(x(t), y(t)) = \left(t\mathrm{e}^{2t}, (1-t)\mathrm{e}^{2t}\right)$ を代入すると，

$$x'(t) = \left(t\mathrm{e}^{2t}\right)' = 1 \cdot \mathrm{e}^{2t} + t \cdot 2\mathrm{e}^{2t} = (2t+1)\mathrm{e}^{2t},$$

$$y'(t) = \left\{(1-t)\mathrm{e}^{2t}\right\}' = -1 \cdot \mathrm{e}^{2t} + (1-t) \cdot 2\mathrm{e}^{2t} = (1-2t)\mathrm{e}^{2t}$$

である．次に，系 (3.1.5) の右辺に $(x(t), y(t)) = \left(t\mathrm{e}^{2t}, (1-t)\mathrm{e}^{2t}\right)$ を代入すると，

$$3x(t) + y(t) = 3t\mathrm{e}^{2t} + (1-t)\mathrm{e}^{2t} = (2t+1)\mathrm{e}^{2t},$$

$$-x(t) + y(t) = -t\mathrm{e}^{2t} + (1-t)\mathrm{e}^{2t} = (1-2t)\mathrm{e}^{2t}$$

である．よって，系 (3.1.5) をみたすので，関数の組

$$(x(t), y(t)) = \left(t\mathrm{e}^{2t}, (1-t)\mathrm{e}^{2t}\right)$$

は系 (3.1.5) の解である．□

●ベクトル値関数による解の表現

再度，系 (3.1.1) の線形系

$$\begin{cases} x' = 4x + y, \\ y' = -2x + y \end{cases}$$

を思いだしましょう．この線形系は，ベクトルと行列を用いて，

$$\begin{pmatrix} x' \\ y' \end{pmatrix} = \begin{pmatrix} 4 & 1 \\ -2 & 1 \end{pmatrix} \begin{pmatrix} x \\ y \end{pmatrix} \tag{3.1.6}$$

として書きかえることができます．さらに，

$$\boldsymbol{y} = \begin{pmatrix} x \\ y \end{pmatrix} \quad \text{とおき，} \quad \boldsymbol{y}' = \begin{pmatrix} x' \\ y' \end{pmatrix}$$

と定めれば，系 (3.1.6) は，

$$\boldsymbol{y}' = \begin{pmatrix} 4 & 1 \\ -2 & 1 \end{pmatrix} \boldsymbol{y}, \tag{3.1.7}$$

もしくは

$$\boldsymbol{y}' = A\boldsymbol{y}, \quad A = \begin{pmatrix} 4 & 1 \\ -2 & 1 \end{pmatrix} \tag{3.1.8}$$

として書きかえることができます．つまり，これまでできた系 (3.1.1), (3.1.6),

(3.1.7), (3.1.8) は，いずれも見た目は違いますがすべて同じ系です．本章では，線形代数で学んだ知識を活用してこれらの系の解を求めますので，今後は，式 (3.1.7) の表記を優先して使用することにします[3)].

さて，系 (3.1.1) に対しては関数の組 $(x(t), y(t))$ で解を表しましたが，系 (3.1.7) の解の表記としては，ベクトルを意味する太字で表す $\boldsymbol{y}(t)$ と書いたり，ベクトルの各成分が明示的な場合は，縦ベクトルで

$$\boldsymbol{y}(t) = \begin{pmatrix} x(t) \\ y(t) \end{pmatrix}$$

と書いたりするのが適切です．また，$(x(t), y(t))$ については "関数の組" とよんでいましたが，$\boldsymbol{y}(t)$ についてはベクトル値関数もしくは単に関数とよぶことにします．

例 具体的な例で説明すると，系 (3.1.1) の一つの解は関数の組 (3.1.4) で表されましたが，系 (3.1.7) の解としては，ベクトル値関数

$$\boldsymbol{y}(t) = \begin{pmatrix} \mathrm{e}^{3t} \\ -\mathrm{e}^{3t} \end{pmatrix} \tag{3.1.9}$$

として，縦ベクトルで表示されるのが普通です．

では，関数 (3.1.9) が系 (3.1.7) の解になることを確認してみましょう．まず，系 (3.1.7) の左辺に式 (3.1.9) を代入すると

$$\boldsymbol{y}'(t) = \begin{pmatrix} (\mathrm{e}^{3t})' \\ (-\mathrm{e}^{3t})' \end{pmatrix} = \begin{pmatrix} 3\mathrm{e}^{3t} \\ -3\mathrm{e}^{3t} \end{pmatrix}$$

です．次に，系 (3.1.7) の右辺に式 (3.1.9) を代入すると，

$$\begin{pmatrix} 4 & 1 \\ -2 & 1 \end{pmatrix} \boldsymbol{y}(t) = \begin{pmatrix} 4 & 1 \\ -2 & 1 \end{pmatrix} \begin{pmatrix} \mathrm{e}^{3t} \\ -\mathrm{e}^{3t} \end{pmatrix} = \begin{pmatrix} 4\mathrm{e}^{3t} - \mathrm{e}^{3t} \\ -2\mathrm{e}^{3t} - \mathrm{e}^{3t} \end{pmatrix} = \begin{pmatrix} 3\mathrm{e}^{3t} \\ -3\mathrm{e}^{3t} \end{pmatrix}$$

となります．よって，系 (3.1.7) をみたすので関数 (3.1.9) は系 (3.1.7) の解です．■

☆**注意**☆ ここで，ベクトルの性質から，関数 (3.1.9) は $\boldsymbol{y}(t) = \mathrm{e}^{3t} \begin{pmatrix} 1 \\ -1 \end{pmatrix}$ のように，e^{3t} をくくりだして書けます．よって，上述よりも簡単に，

$$\boldsymbol{y}'(t) = \left\{ \mathrm{e}^{3t} \begin{pmatrix} 1 \\ -1 \end{pmatrix} \right\}' = (\mathrm{e}^{3t})' \begin{pmatrix} 1 \\ -1 \end{pmatrix} = 3\mathrm{e}^{3t} \begin{pmatrix} 1 \\ -1 \end{pmatrix}$$

3) 本節では式 (3.1.7) だけを取りあげて説明しますが，式 (3.1.7) を式 (3.1.8) に読みかえても問題ないことに注意しておきます．

や

$$\begin{pmatrix} 4 & 1 \\ -2 & 1 \end{pmatrix} \boldsymbol{y}(t) = \mathrm{e}^{3t} \begin{pmatrix} 4 & 1 \\ -2 & 1 \end{pmatrix} \begin{pmatrix} 1 \\ -1 \end{pmatrix} = \mathrm{e}^{3t} \begin{pmatrix} 4-1 \\ -2-1 \end{pmatrix} = 3\mathrm{e}^{3t} \begin{pmatrix} 1 \\ -1 \end{pmatrix}$$

のように書けるので，今後はこのような計算にも慣れておきましょう．

では，以下の例題を解いてみましょう．

例題 3.1.2. 以下のベクトル値関数 (1), (2) が系

$$\boldsymbol{y}' = \begin{pmatrix} 3 & 1 \\ -1 & 1 \end{pmatrix} \boldsymbol{y} \tag{3.1.10}$$

の解であることを確認しなさい．

(1) $\boldsymbol{y}(t) = \begin{pmatrix} \mathrm{e}^{2t} \\ -\mathrm{e}^{2t} \end{pmatrix}$　　(2) $\boldsymbol{y}(t) = \mathrm{e}^{2t} \begin{pmatrix} t \\ 1-t \end{pmatrix}$

解答：(1) ベクトルの性質より，$\boldsymbol{y}(t) = \mathrm{e}^{2t} \begin{pmatrix} 1 \\ -1 \end{pmatrix}$ と書ける．まず，系 (3.1.10) の左辺にこの $\boldsymbol{y}(t)$ を代入すると，

$$\boldsymbol{y}'(t) = \left(\mathrm{e}^{2t}\right)' \begin{pmatrix} 1 \\ -1 \end{pmatrix} = 2\mathrm{e}^{2t} \begin{pmatrix} 1 \\ -1 \end{pmatrix}$$

である．次に，系 (3.1.10) の右辺に $\boldsymbol{y}(t)$ を代入すると，

$$\begin{pmatrix} 3 & 1 \\ -1 & 1 \end{pmatrix} \boldsymbol{y}(t) = \mathrm{e}^{2t} \begin{pmatrix} 3 & 1 \\ -1 & 1 \end{pmatrix} \begin{pmatrix} 1 \\ -1 \end{pmatrix} = \mathrm{e}^{2t} \begin{pmatrix} 3-1 \\ -1-1 \end{pmatrix} = 2\mathrm{e}^{2t} \begin{pmatrix} 1 \\ -1 \end{pmatrix}$$

である．よって，系 (3.1.10) をみたすので，関数 $\boldsymbol{y}(t)$ は系 (3.1.10) の解である．

(2) まず，系 (3.1.10) の左辺に与えられた $\boldsymbol{y}(t)$ を代入すると，

$$\boldsymbol{y}'(t) = \left\{ \mathrm{e}^{2t} \begin{pmatrix} t \\ 1-t \end{pmatrix} \right\}' = \begin{pmatrix} \left(t\mathrm{e}^{2t}\right)' \\ \left\{(1-t)\mathrm{e}^{2t}\right\}' \end{pmatrix}$$

$$= \begin{pmatrix} 1 \cdot \mathrm{e}^{2t} + t \cdot 2\mathrm{e}^{2t} \\ -1 \cdot \mathrm{e}^{2t} + (1-t) \cdot 2\mathrm{e}^{2t} \end{pmatrix} = \begin{pmatrix} (2t+1)\mathrm{e}^{2t} \\ (1-2t)\mathrm{e}^{2t} \end{pmatrix} = \mathrm{e}^{2t} \begin{pmatrix} 2t+1 \\ 1-2t \end{pmatrix}$$

である．次に，系 (3.1.10) の右辺に $\boldsymbol{y}(t)$ を代入すると，

$$\begin{pmatrix} 3 & 1 \\ -1 & 1 \end{pmatrix} \boldsymbol{y}(t) = \mathrm{e}^{2t} \begin{pmatrix} 3 & 1 \\ -1 & 1 \end{pmatrix} \begin{pmatrix} t \\ 1-t \end{pmatrix} = \mathrm{e}^{2t} \begin{pmatrix} 3t + (1-t) \\ -t + (1-t) \end{pmatrix}$$

$$= \mathrm{e}^{2t} \begin{pmatrix} 2t+1 \\ 1-2t \end{pmatrix}$$

である．よって，系 (3.1.10) をみたすので関数 $\boldsymbol{y}(t)$ は系 (3.1.10) の解である．

□

☆**注意**☆　上記の (2) の $\boldsymbol{y}'(t)$ を求める際，ベクトルの前にでていた e^{2t} をわざわざベクトルの各成分にかけて，各成分について積の微分公式を使用したことがまどろっこしいと感じた読者もいることでしょう．じつは，関数 $f(t)$ とベクトル値関数 $\boldsymbol{g}(t)$ の積でも “積の微分公式” が使えます．つまり，$(f(t)\boldsymbol{g}(t))' = f'(t)\boldsymbol{g}(t) + f(t)\boldsymbol{g}'(t)$ と計算できるのです．実際にこの公式を使用すると，

$$\begin{aligned}\boldsymbol{y}'(t) &= \left\{\mathrm{e}^{2t}\begin{pmatrix} t \\ 1-t \end{pmatrix}\right\}' = \left(\mathrm{e}^{2t}\right)' \cdot \begin{pmatrix} t \\ 1-t \end{pmatrix} + \mathrm{e}^{2t} \cdot \left\{\begin{pmatrix} t \\ 1-t \end{pmatrix}\right\}' \\ &= 2\mathrm{e}^{2t} \cdot \begin{pmatrix} t \\ 1-t \end{pmatrix} + \mathrm{e}^{2t} \cdot \begin{pmatrix} 1 \\ -1 \end{pmatrix} \\ &= \mathrm{e}^{2t}\begin{pmatrix} 2t+1 \\ 2-2t-1 \end{pmatrix} = \mathrm{e}^{2t}\begin{pmatrix} 2t+1 \\ 1-2t \end{pmatrix}\end{aligned}$$

となります．指数関数 e^{2t} がベクトルの外側にある分，計算は楽になります．

●変数係数 n 元連立 1 階線形微分方程式の表現

さて，ここまでの内容はいずれも定数係数 2 元連立線形微分方程式に対するものでしたが，一般的な変数係数の n 元連立線形微分方程式でも同じように考えることができます．実際，線形系

$$\begin{cases} y_1' = a_{11}(t)y_1 + a_{12}(t)y_2 + \cdots + a_{1n}(t)y_n, \\ y_2' = a_{21}(t)y_1 + a_{22}(t)y_2 + \cdots + a_{2n}(t)y_n, \\ \quad \vdots \\ y_n' = a_{n1}(t)y_1 + a_{n2}(t)y_2 + \cdots + a_{nn}(t)y_n \end{cases}$$

は，ベクトルと行列を用いて，

$$\begin{pmatrix} y_1' \\ y_2' \\ \vdots \\ y_n' \end{pmatrix} = \begin{pmatrix} a_{11}(t) & a_{12}(t) & \cdots & a_{1n}(t) \\ a_{21}(t) & a_{22}(t) & \cdots & a_{2n}(t) \\ \vdots & \vdots & \ddots & \vdots \\ a_{n1}(t) & a_{n2}(t) & \cdots & a_{nn}(t) \end{pmatrix} \begin{pmatrix} y_1 \\ y_2 \\ \vdots \\ y_n \end{pmatrix}$$

として書きかえることができます．さらに，$\boldsymbol{y} = (y_1, y_2, \cdots, y_n)^\top$ とおき，

$$\boldsymbol{y}' = (y_1', y_2', \cdots, y_n')^\top$$

と定めれば，線形系を

$$\boldsymbol{y}' = \begin{pmatrix} a_{11}(t) & a_{12}(t) & \cdots & a_{1n}(t) \\ a_{21}(t) & a_{22}(t) & \cdots & a_{2n}(t) \\ \vdots & \vdots & \ddots & \vdots \\ a_{n1}(t) & a_{n2}(t) & \cdots & a_{nn}(t) \end{pmatrix} \boldsymbol{y},$$

もしくは

$$
\boldsymbol{y}' = A(t)\boldsymbol{y}, \quad A(t) = \begin{pmatrix} a_{11}(t) & a_{12}(t) & \cdots & a_{1n}(t) \\ a_{21}(t) & a_{22}(t) & \cdots & a_{2n}(t) \\ \vdots & \vdots & \ddots & \vdots \\ a_{n1}(t) & a_{n2}(t) & \cdots & a_{nn}(t) \end{pmatrix}
$$

として書きかえることができます．ただし，$^\top$ はベクトルの転置を表す記号です．これらは，正式には**変数係数 n 元連立 1 階線形微分方程式**とよばれます．以降は，単に，**n 次元線形系**とよぶこともあります．

問題 3.1.3. 以下の関数の組 (1)〜(3) が系 $\begin{cases} x' = 3x - 4y, \\ y' = 2x - 3y \end{cases}$ の解であることを確認しなさい．

(1) $(x(t), y(t)) = \left(\mathrm{e}^{-t}, \mathrm{e}^{-t}\right)$　　(2) $(x(t), y(t)) = \left(2\mathrm{e}^{t}, \mathrm{e}^{t}\right)$

(3) $(x(t), y(t)) = \left(2\mathrm{e}^{-t} - 2\mathrm{e}^{t}, 2\mathrm{e}^{-t} - \mathrm{e}^{t}\right)$

問題 3.1.4. 以下のベクトル値関数 (1)〜(3) が系 $\boldsymbol{y}' = \begin{pmatrix} 1 & 0 \\ 1 & 1 \end{pmatrix} \boldsymbol{y}$ の解であることを確認しなさい．

(1) $\boldsymbol{y}(t) = \begin{pmatrix} 0 \\ \mathrm{e}^{t} \end{pmatrix}$　　(2) $\boldsymbol{y}(t) = \begin{pmatrix} \mathrm{e}^{t} \\ t\mathrm{e}^{t} \end{pmatrix}$　　(3) $\boldsymbol{y}(t) = \begin{pmatrix} 3\mathrm{e}^{t} \\ (3t+5)\mathrm{e}^{t} \end{pmatrix}$

問題 3.1.5. 以下のベクトル値関数 (1), (2) が系 $\boldsymbol{y}' = \begin{pmatrix} 1 & -2 \\ 2 & 1 \end{pmatrix} \boldsymbol{y}$ の解であることを確認しなさい．

(1) $\boldsymbol{y}(t) = \begin{pmatrix} \mathrm{e}^{t}\cos(2t) \\ \mathrm{e}^{t}\sin(2t) \end{pmatrix}$　　(2) $\boldsymbol{y}(t) = \begin{pmatrix} -\mathrm{e}^{t}\sin(2t) \\ \mathrm{e}^{t}\cos(2t) \end{pmatrix}$

3.2 連立線形微分方程式の解法

●係数行列の固有値・固有ベクトルと線形系の解

以後しばらくは，定数係数線形系

$$
\boldsymbol{y}' = A\boldsymbol{y} \tag{3.2.1}
$$

を解くことをめざします．ここで，A は**係数行列**とよびます．もし，これが 1 階線形微分方程式 $y' = \lambda y$ ならば話は早いです[4]．変数分離形に対する解法などを使用すれば，関数 $y(t) = C\mathrm{e}^{\lambda t}$ が一般解になることがわかります．もちろん，C は任意定数で，独立変数は t としていることに注意します．この一般解の形をまねて系 (3.2.1) を解こうというのが目標です．そこで

4) ベクトルではないことを意識して，$\boldsymbol{y}$ を y と書き，A を λ と書きました．

$$\boldsymbol{y}(t) = \mathrm{e}^{\lambda t}\boldsymbol{x} \quad (\boldsymbol{x} \neq \boldsymbol{0}) \tag{3.2.2}$$

とおいてみましょう．ここで $\mathrm{e}^{\lambda t}$ は t の関数で，$\boldsymbol{x}$ は定数ベクトルです．また，$\boldsymbol{x} = \boldsymbol{0}$ のときは $\boldsymbol{y}(t) = \boldsymbol{0}$ となり，$\boldsymbol{y}'(t) = \boldsymbol{0}$ から系 (3.2.1) をみたすので解になります．それで $\boldsymbol{x} \neq \boldsymbol{0}$ としています．前節で線形系の解について学びましたが，関数 (3.2.2) が解になるためには，当然，系 (3.2.1) をみたさなくてはなりません．ということで，関数 (3.2.2) を系 (3.2.1) の左辺に代入してみましょう．$\boldsymbol{x}$ は t と無関係な定数ベクトルでしたので，

$$\boldsymbol{y}'(t) = (\mathrm{e}^{\lambda t}\boldsymbol{x})' = \lambda \mathrm{e}^{\lambda t}\boldsymbol{x}$$

です．一方，系 (3.2.1) の右辺に代入してみると，

$$A\boldsymbol{y}(t) = A\mathrm{e}^{\lambda t}\boldsymbol{x}$$

ですから，方程式

$$\lambda\boldsymbol{x} = A\boldsymbol{x} \quad (\boldsymbol{x} \neq \boldsymbol{0}) \tag{3.2.3}$$

が成り立てば，関数 (3.2.2) が系 (3.2.1) の解になります．この式は，線形代数で学ぶ行列に対する**固有値**や**固有ベクトル**の定義です．したがって，行列 A の固有値 λ と固有ベクトル $\boldsymbol{x}$ を求めて関数 (3.2.2) に代入すれば，それは系 (3.2.1) の解になるというわけです．

以下では，系 (3.2.1) の解法を固有値の種類で場合分けをして紹介します．

3.2.1 係数行列が相異なる実数を固有値にもつ場合

例 1 では，3.1 節でも扱った 2 次元線形系

$$\boldsymbol{y}' = A\boldsymbol{y}, \quad A = \begin{pmatrix} 4 & 1 \\ -2 & 1 \end{pmatrix} \tag{3.2.4}$$

の解を求めてみましょう[5]．やるべきことは，まず，係数行列 A の固有値を求めます．次に，固有値に対応する固有値ベクトルを求めます．最後に，求めた固有値と固有値ベクトルを用いて系の解を表します．

(ステップ 1：固有値を求める) まず，行列 A の固有値を求めてみましょう．そのためには，固有方程式

5) 系 (3.1.7), (3.1.8) と同じ系です．あらたに式番号を付けなおします．

$$|\lambda E - A| = 0$$

の解を求めなくてはなりません．ただし，$|X|$ は行列 X の行列式，E は 2×2 の単位行列 $\begin{pmatrix} 1 & 0 \\ 0 & 1 \end{pmatrix}$ を意味します．実際に，左辺の行列式を計算してみると，

$$\begin{aligned} |\lambda E - A| &= \left| \lambda \begin{pmatrix} 1 & 0 \\ 0 & 1 \end{pmatrix} - \begin{pmatrix} 4 & 1 \\ -2 & 1 \end{pmatrix} \right| = \begin{vmatrix} \lambda - 4 & -1 \\ 2 & \lambda - 1 \end{vmatrix} \\ &= (\lambda - 4)(\lambda - 1) - (-1)\cdot 2 \\ &= \lambda^2 - 5\lambda + 4 + 2 = \lambda^2 - 5\lambda + 6 \end{aligned}$$

ですから，固有方程式は

$$\lambda^2 - 5\lambda + 6 = (\lambda - 2)(\lambda - 3) = 0$$

より，2 つの相異なる実数の固有値 $\lambda = 2, 3$ を得ます．

(ステップ 2：固有ベクトルを求める) 次に，固有値 2 に対応する固有ベクトルを求めてみましょう．固有ベクトルを求めるときは，$\boldsymbol{x} = \begin{pmatrix} u \\ v \end{pmatrix}$ などとベクトルの各成分を適当な文字で表示しておくのでした．ただし，$\boldsymbol{x} \neq \boldsymbol{0}$ なので，u と v が同時に 0 になることはありません．では，方程式 (3.2.3) を

$$(\lambda E - A)\boldsymbol{x} = \boldsymbol{0} \tag{3.2.5}$$

と書き直して，$\lambda = 2$ と与えられた A と $\boldsymbol{x}$ をそれぞれ代入して，固有ベクトルを求めます．まず，式 (3.2.5) にそのまま代入したものが

$$\left(2 \begin{pmatrix} 1 & 0 \\ 0 & 1 \end{pmatrix} - \begin{pmatrix} 4 & 1 \\ -2 & 1 \end{pmatrix} \right) \begin{pmatrix} u \\ v \end{pmatrix} = \begin{pmatrix} 0 \\ 0 \end{pmatrix}$$

です．この左辺を計算すると，

$$(\text{左辺}) = \begin{pmatrix} 2-4 & -1 \\ 2 & 2-1 \end{pmatrix} \begin{pmatrix} u \\ v \end{pmatrix} = \begin{pmatrix} -2 & -1 \\ 2 & 1 \end{pmatrix} \begin{pmatrix} u \\ v \end{pmatrix} = \begin{pmatrix} -2u - v \\ 2u + v \end{pmatrix}$$

なので，結局，

$$\begin{pmatrix} -2u - v \\ 2u + v \end{pmatrix} = \begin{pmatrix} 0 \\ 0 \end{pmatrix}$$

となります．つまり，$-2u - v = 0$ と $2u + v = 0$ が成り立ちます．この 2 つの式は同値ですから，どちらからでも $v = -2u$ が得られますので，

$$\boldsymbol{x} = \begin{pmatrix} u \\ v \end{pmatrix} = \begin{pmatrix} u \\ -2u \end{pmatrix} = u \begin{pmatrix} 1 \\ -2 \end{pmatrix} \quad (u \neq 0)$$

が固有値 2 に対応する固有ベクトルになります．ここで，u は 0 以外の何でもよい値 (任意定数) ですので，そのなかから一つ選んだ (例えば，今回は $u = 1$ とした) ベクトル

$$\boldsymbol{x}_1 = \begin{pmatrix} 1 \\ -2 \end{pmatrix}$$

もまた固有値 2 に対応する固有ベクトルとよばれます[6)]．

固有値 3 に対応する固有ベクトルのほうも求めてみます[7)]．まず，$\boldsymbol{x} = \begin{pmatrix} u \\ v \end{pmatrix}$ として，方程式 (3.2.5) に $\lambda = 3$ と与えられた A と $\boldsymbol{x}$ をそれぞれ代入すると，

$$\begin{pmatrix} 0 \\ 0 \end{pmatrix} = \left(3 \begin{pmatrix} 1 & 0 \\ 0 & 1 \end{pmatrix} - \begin{pmatrix} 4 & 1 \\ -2 & 1 \end{pmatrix} \right) \begin{pmatrix} u \\ v \end{pmatrix} = \begin{pmatrix} 3-4 & -1 \\ 2 & 3-1 \end{pmatrix} \begin{pmatrix} u \\ v \end{pmatrix}$$
$$= \begin{pmatrix} -1 & -1 \\ 2 & 2 \end{pmatrix} \begin{pmatrix} u \\ v \end{pmatrix} = \begin{pmatrix} -u-v \\ 2u+2v \end{pmatrix}$$

が成り立ちます[8)]．すなわち，$-u-v=0,\ 2u+2v=0$ を得るので，$v=-u$ となります．よって，

$$\boldsymbol{x} = \begin{pmatrix} u \\ v \end{pmatrix} = \begin{pmatrix} u \\ -u \end{pmatrix} = u \begin{pmatrix} 1 \\ -1 \end{pmatrix}$$

なので，固有値 3 に対応する ($u = 1$ とした) 固有ベクトル

$$\boldsymbol{x}_2 = \begin{pmatrix} 1 \\ -1 \end{pmatrix}$$

を得ます．

(ステップ 3：系の解を求める) さて，これで行列 A に対する固有値と固有ベクトルがすべて求まりました．本題は，これらを使って 2 次元線形系 (3.2.4) の解を求めることでした．本項の冒頭の議論から，関数 (3.2.2) が解の形です．行列 A の固有値 2 と 3 に対応する固有ベクトルはそれぞれ $\boldsymbol{x}_1 = \begin{pmatrix} 1 \\ -2 \end{pmatrix}$，$\boldsymbol{x}_2 = \begin{pmatrix} 1 \\ -1 \end{pmatrix}$ でしたから，関数

$$\boldsymbol{y}_1(t) = \mathrm{e}^{2t} \begin{pmatrix} 1 \\ -2 \end{pmatrix}, \quad \boldsymbol{y}_2(t) = \mathrm{e}^{3t} \begin{pmatrix} 1 \\ -1 \end{pmatrix} \tag{3.2.6}$$

はともに 2 次元線形系 (3.2.4) の解になります．これらが系 (3.2.4) の解であることは前節でも確認済みです．以上で系 (3.2.4) の 2 つの解が求まりました．■

6) 本書では，このように任意定数を省いた固有ベクトルを扱うことにします．

7) 上記の計算である程度慣れたと思いますので，少し簡略化した計算法で求めます．

8) いきなり零ベクトルから計算をはじめていますが，単に式 (3.2.5) の左辺と右辺を交換しただけです．

●基本解，基本行列，一般解

では，系 (3.2.4) の解は式 (3.2.6) で与えられる関数 $\boldsymbol{y}_1(t)$ と $\boldsymbol{y}_2(t)$ の 2 つだけなのでしょうか？ じつは他にも解は無数にあります．例えば，固有ベクトルを求める際に上記では $u=1$ として固有ベクトルを一つ選びましたが，任意定数 u のままで固有ベクトルとすれば，$u\boldsymbol{y}_1(t)$ と $u\boldsymbol{y}_2(t)$ も解であることがわかります．ただし，$\boldsymbol{y}_1(t)$ の定数倍で $\boldsymbol{y}_2(t)$ を表すことはできないことに気づきます．つまり，組 $\boldsymbol{y}_1(t)$, $\boldsymbol{y}_2(t)$ は 1 次独立です．1 次独立であることを確認するには，$\boldsymbol{y}_1(t)$ と $\boldsymbol{y}_2(t)$ を並べた行列 $\begin{pmatrix}\boldsymbol{y}_1(t) & \boldsymbol{y}_2(t)\end{pmatrix}$ の行列式が 0 でないことを示せばよいことが知られています．

実際に，$\boldsymbol{y}_1(t)$ と $\boldsymbol{y}_2(t)$ を並べた行列 $\begin{pmatrix}\boldsymbol{y}_1(t) & \boldsymbol{y}_2(t)\end{pmatrix}$ の行列式を求めれば，

$$\left|\begin{pmatrix}\boldsymbol{y}_1(t) & \boldsymbol{y}_2(t)\end{pmatrix}\right| = \begin{vmatrix}\mathrm{e}^{2t} & \mathrm{e}^{3t}\\ -2\mathrm{e}^{2t} & -\mathrm{e}^{3t}\end{vmatrix} = \mathrm{e}^{2t}\cdot(-\mathrm{e}^{3t}) - \mathrm{e}^{3t}\cdot(-2\mathrm{e}^{2t}) = \mathrm{e}^{5t} \neq 0$$

となるので，1 次独立であることがわかります．行列式 $\left|\begin{pmatrix}\boldsymbol{y}_1(t) & \boldsymbol{y}_2(t)\end{pmatrix}\right|$ は解 $\boldsymbol{y}_1(t), \boldsymbol{y}_2(t)$ に対する**ロンスキアン**とよばれます[9]．

このように，1 次独立な解の組 $\boldsymbol{y}_1(t)$, $\boldsymbol{y}_2(t)$ を**基本解**とよびます．また，基本解を並べた行列 $Y(t) = \begin{pmatrix}\boldsymbol{y}_1(t) & \boldsymbol{y}_2(t)\end{pmatrix}$ を**基本行列**とよびます．加えて，c_1, c_2 を任意定数とし，基本解 $\boldsymbol{y}_1(t)$, $\boldsymbol{y}_2(t)$ を用いて

$$\boldsymbol{y}(t) = c_1\boldsymbol{y}_1(t) + c_2\boldsymbol{y}_2(t)$$

の形で与えられる解を**一般解**とよびます[10]．実際にこの $\boldsymbol{y}(t)$ が $\boldsymbol{y}' = A\boldsymbol{y}$ の解であることも容易に確認できます．なぜなら，解 $\boldsymbol{y}_1(t)$ と $\boldsymbol{y}_2(t)$ は，$\boldsymbol{y}_1'(t) = A\boldsymbol{y}_1(t)$ と $\boldsymbol{y}_2'(t) = A\boldsymbol{y}_2(t)$ をそれぞれみたすので，

$$\begin{aligned}\boldsymbol{y}'(t) &= (c_1\boldsymbol{y}_1(t) + c_2\boldsymbol{y}_2(t))' = c_1\boldsymbol{y}_1'(t) + c_2\boldsymbol{y}_2'(t)\\ &= c_1A\boldsymbol{y}_1(t) + c_2A\boldsymbol{y}_2(t) = A(c_1\boldsymbol{y}_1(t) + c_2\boldsymbol{y}_2(t)) = A\boldsymbol{y}(t)\end{aligned}$$

となり，$\boldsymbol{y}(t)$ は $\boldsymbol{y}' = A\boldsymbol{y}$ の解です．また，一般解 $\boldsymbol{y}(t)$ は基本行列 $Y(t)$ を使って

$$\boldsymbol{y}(t) = \begin{pmatrix}\boldsymbol{y}_1(t) & \boldsymbol{y}_2(t)\end{pmatrix}\begin{pmatrix}c_1\\ c_2\end{pmatrix} = Y(t)\begin{pmatrix}c_1\\ c_2\end{pmatrix}$$

としても表されます．

---

9) 2.1 節のロンスキアン (2.1.2) も参照してください．

10) 2 章では任意定数を C_1, C_2 と大文字で書いていましたが，本章では，小文字の太字をベクトル，大文字を行列を意味する記号として区別するため，今後はベクトルや行列でない定数は c_1, c_2 のように小文字で表します．

☆注意☆ なお，ここで紹介した基本解，基本行列，そして一般解については，係数行列が 2 つの相異なる実数を固有値にもつ場合以外でも同様に定義され，さらに，変数係数の n 次元線形系 $\boldsymbol{y}' = A(t)\boldsymbol{y}$ の n 個の解の組 $\boldsymbol{y}_1(t)$，$\boldsymbol{y}_2(t)$，$\cdots$，$\boldsymbol{y}_n(t)$ についても同様に定義されます．

例 2 さて，係数行列の固有値が実数の場合の解法は先の例 1 のとおりです．最後に，式 (3.2.6) で与えられた関数 $\boldsymbol{y}_1(t)$ と $\boldsymbol{y}_2(t)$ の組は，2 次元線形系 (3.2.4) の基本解でしたので，2 次元線形系 (3.2.4) の一般解

$$\boldsymbol{y}(t) = c_1 \mathrm{e}^{2t}\begin{pmatrix}1\\-2\end{pmatrix} + c_2 \mathrm{e}^{3t}\begin{pmatrix}1\\-1\end{pmatrix} \quad (c_1,\ c_2 \text{ は任意定数})$$

が得られます． ■

以下に，係数行列が 2 つの相異なる実数を固有値にもつ場合の解法の手順についてまとめておきます．

2 つの相異なる実数を固有値にもつ場合の解法 (2 次元線形系)

(ステップ 1) 係数行列 A の固有値を求め，得られた固有値が 2 つの相異なる実数 λ_1, λ_2 であることを確認する．

(ステップ 2) λ_1, λ_2 それぞれに対応する固有ベクトル $\boldsymbol{x}_1$, $\boldsymbol{x}_2$ を求める．

(ステップ 3) 系 $\boldsymbol{y}' = A\boldsymbol{y}$ の一般解は次で与えられる：

$$\boldsymbol{y}(t) = c_1 \mathrm{e}^{\lambda_1 t}\boldsymbol{x}_1 + c_2 \mathrm{e}^{\lambda_2 t}\boldsymbol{x}_2 \quad (c_1,\ c_2 \text{ は任意定数}).$$

上記では一般解を導くまでに解法が例 1 と例 2 の 2 つに分かれてしまいましたので，例題でもう一度解法を確認しましょう．

例題 3.2.1. 次の 2 次元線形系の一般解を求めなさい．

$$\boldsymbol{y}' = A\boldsymbol{y}, \quad A = \begin{pmatrix}2 & 1\\1 & 2\end{pmatrix}. \tag{3.2.7}$$

解答：(ステップ 1) まず，行列 A の固有値を求める．

$$0 = |\lambda E - A| = \left|\lambda\begin{pmatrix}1 & 0\\0 & 1\end{pmatrix} - \begin{pmatrix}2 & 1\\1 & 2\end{pmatrix}\right| = \begin{vmatrix}\lambda-2 & -1\\-1 & \lambda-2\end{vmatrix}$$
$$= (\lambda-2)^2 - 1^2 = (\lambda-1)(\lambda-3)$$

より，固有値 $\lambda = 1,\ 3$ を得る[11)]．

11) 今回は 0 から計算をはじめましたが，固有方程式の左辺と右辺をひっくり返しただけです．

(ステップ 2)　次に，固有値 1 の固有ベクトルを求める．

$$\begin{pmatrix}0\\0\end{pmatrix}=\left(1\begin{pmatrix}1&0\\0&1\end{pmatrix}-\begin{pmatrix}2&1\\1&2\end{pmatrix}\right)\begin{pmatrix}u\\v\end{pmatrix}=\begin{pmatrix}1-2&-1\\-1&1-2\end{pmatrix}\begin{pmatrix}u\\v\end{pmatrix}$$
$$=\begin{pmatrix}-1&-1\\-1&-1\end{pmatrix}\begin{pmatrix}u\\v\end{pmatrix}=\begin{pmatrix}-u-v\\-u-v\end{pmatrix}$$

なので，$v=-u$ となり，固有値 1 の ($u=1$ とした) 固有ベクトル

$$\boldsymbol{x}_1=\begin{pmatrix}1\\-1\end{pmatrix}$$

を得る．また，固有値 3 の固有ベクトルを求める．上記と同様に計算すると，

$$\begin{pmatrix}0\\0\end{pmatrix}=\left(3\begin{pmatrix}1&0\\0&1\end{pmatrix}-\begin{pmatrix}2&1\\1&2\end{pmatrix}\right)\begin{pmatrix}u\\v\end{pmatrix}=\begin{pmatrix}1&-1\\-1&1\end{pmatrix}\begin{pmatrix}u\\v\end{pmatrix}=\begin{pmatrix}u-v\\-u+v\end{pmatrix}$$

なので，$v=u$ となり，固有値 3 の ($u=1$ とした) 固有ベクトル

$$\boldsymbol{x}_2=\begin{pmatrix}1\\1\end{pmatrix}$$

を得る．

(ステップ 3)　以上から，系 (3.2.7) の基本解は

$$\mathrm{e}^{t}\begin{pmatrix}1\\-1\end{pmatrix},\quad \mathrm{e}^{3t}\begin{pmatrix}1\\1\end{pmatrix}$$

である．よって，系 (3.2.7) の一般解

$$\boldsymbol{y}(t)=c_1\mathrm{e}^{t}\begin{pmatrix}1\\-1\end{pmatrix}+c_2\mathrm{e}^{3t}\begin{pmatrix}1\\1\end{pmatrix}\quad (c_1,\ c_2\ \text{は任意定数}) \tag{3.2.8}$$

を得る．　□

●初期値問題

例　次に，条件

$$\boldsymbol{y}(0)=\begin{pmatrix}1\\-1\end{pmatrix} \tag{3.2.9}$$

をみたす系 (3.2.7) の解を求めます．ここで条件 (3.2.9) のことを**初期条件**とよびます．上の例題で求めた一般解 (3.2.8) と初期条件 (3.2.9) を利用して，任意であった定数 c_1, c_2 を定めることが目標です．

一般解 (3.2.8) に $t=0$ を代入すると，

$$\boldsymbol{y}(0)=c_1\mathrm{e}^{0}\begin{pmatrix}1\\-1\end{pmatrix}+c_2\mathrm{e}^{0}\begin{pmatrix}1\\1\end{pmatrix}=c_1\begin{pmatrix}1\\-1\end{pmatrix}+c_2\begin{pmatrix}1\\1\end{pmatrix}=\begin{pmatrix}c_1+c_2\\-c_1+c_2\end{pmatrix}$$

です．これと初期条件 (3.2.9) より，

$$\begin{pmatrix} c_1 + c_2 \\ -c_1 + c_2 \end{pmatrix} = \boldsymbol{y}(0) = \begin{pmatrix} 1 \\ -1 \end{pmatrix}$$

となるので，連立方程式

$$\begin{cases} c_1 + c_2 = 1, \\ -c_1 + c_2 = -1 \end{cases}$$

が成り立ちます．第 1 式から第 2 式を引けば $c_1 = 1$ となり，これを第 1 式に代入すれば $c_2 = 0$ です．これらを一般解 (3.2.8) に代入すると，初期条件 (3.2.9) をみたす系 (3.2.7) の解

$$\boldsymbol{y}(t) = 1 \cdot \mathrm{e}^t \begin{pmatrix} 1 \\ -1 \end{pmatrix} + 0 \cdot \mathrm{e}^{3t} \begin{pmatrix} 1 \\ 1 \end{pmatrix} = \mathrm{e}^t \begin{pmatrix} 1 \\ -1 \end{pmatrix} \tag{3.2.10}$$

が求まります． ■

このように，初期条件をみたす微分方程式系の解を求める問題を**初期値問題**とよび，そのときの解を**初期値問題の解**とよびます．また，任意定数それぞれに値を代入して定めた式 (3.2.10) のような特別な解を**特殊解**とよびます．式 (3.2.6) で与えられる 2 つの解もそれぞれ特殊解とよびます．

以上のように，初期条件が与えられると，それと一般解を使って初期値問題の解を求めることができます．これは，係数行列 A が 2 つの相異なる実数を固有値にもつ場合以外でも同様です．

☆**注意**☆　上記の計算では連立方程式を使って c_1 と c_2 を定めましたが，行列の知識を使って解くこともできます．一般解 (3.2.8) と初期条件 (3.2.9) を使えば，

$$\begin{pmatrix} 1 \\ -1 \end{pmatrix} = \boldsymbol{y}(0) = c_1 \begin{pmatrix} 1 \\ -1 \end{pmatrix} + c_2 \begin{pmatrix} 1 \\ 1 \end{pmatrix} = \begin{pmatrix} 1 & 1 \\ -1 & 1 \end{pmatrix} \begin{pmatrix} c_1 \\ c_2 \end{pmatrix}$$

となります．一番左のイコールは初期条件の右辺と左辺を交換したもの，一番右のイコールは“行列×ベクトル”で表現したものです．ここで，その行列の逆行列を両辺に左側からかけて，さらに右辺と左辺をひっくり返すと，

$$\begin{pmatrix} c_1 \\ c_2 \end{pmatrix} = \begin{pmatrix} 1 & 1 \\ -1 & 1 \end{pmatrix}^{-1} \begin{pmatrix} 1 \\ -1 \end{pmatrix} = \frac{1}{2} \begin{pmatrix} 1 & -1 \\ 1 & 1 \end{pmatrix} \begin{pmatrix} 1 \\ -1 \end{pmatrix} = \begin{pmatrix} 1 \\ 0 \end{pmatrix}$$

となり，先の結果と同じ c_1, c_2 を得ます．あとはこれを一般解 (3.2.8) に代入すれば，初期値問題の解が求まります．

本書では詳しく述べませんが，n 次元線形系

$$\boldsymbol{y}' = A(t)\boldsymbol{y}, \quad A(t) = \begin{pmatrix} a_{11}(t) & a_{12}(t) & \cdots & a_{1n}(t) \\ a_{21}(t) & a_{22}(t) & \cdots & a_{2n}(t) \\ \vdots & \vdots & \ddots & \vdots \\ a_{n1}(t) & a_{n2}(t) & \cdots & a_{nn}(t) \end{pmatrix}$$

の係数 $a_{ij}(t)$ $(i, j = 1, 2, 3, \cdots, n)$ が有界な連続関数であるとき，この系は n 個の 1 次独立な解 $\boldsymbol{y}_1(t)$, $\boldsymbol{y}_2(t)$, $\boldsymbol{y}_3(t)$, $\cdots$, $\boldsymbol{y}_n(t)$ をもち，この系の任意の解は

$$c_1\boldsymbol{y}_1(t) + c_2\boldsymbol{y}_2(t) + c_3\boldsymbol{y}_3(t) + \cdots + c_n\boldsymbol{y}_n(t)$$

の形で与えられることもわかります．他にも初期値に関する**解の存在性**や**解の一意性**など，解についてもっとていねいな議論もできますが，それらは他の書籍にゆずります[12)]．

問題 3.2.2. 次の行列 A を係数行列とする系 $\boldsymbol{y}' = A\boldsymbol{y}$ の一般解を求めなさい．

(1) $A = \begin{pmatrix} 3 & -4 \\ 2 & -3 \end{pmatrix}$　(2) $A = \begin{pmatrix} 1 & 5 \\ -1 & 7 \end{pmatrix}$　(3) $A = \begin{pmatrix} -1 & 6 \\ 1 & -2 \end{pmatrix}$

(4) $A = \begin{pmatrix} 1 & 1 \\ 2 & 2 \end{pmatrix}$　(5) $A = \begin{pmatrix} 1 & 2 \\ 1 & 1 \end{pmatrix}$　(6) $A = \begin{pmatrix} 1 & 2 & -1 \\ 0 & -1 & 1 \\ -1 & -1 & -2 \end{pmatrix}$

問題 3.2.3. 次の初期値問題の解を求めなさい．

(1) $\boldsymbol{y}' = \begin{pmatrix} -3 & 4 \\ -1 & 2 \end{pmatrix}\boldsymbol{y}$, $\boldsymbol{y}(0) = \begin{pmatrix} 1 \\ 1 \end{pmatrix}$　(2) $\boldsymbol{y}' = \begin{pmatrix} -5 & 5 \\ 4 & 3 \end{pmatrix}\boldsymbol{y}$, $\boldsymbol{y}(0) = \begin{pmatrix} 1 \\ 2 \end{pmatrix}$

(3) $\boldsymbol{y}' = \begin{pmatrix} -3 & -2 \\ 4 & 3 \end{pmatrix}\boldsymbol{y}$, $\boldsymbol{y}(0) = \begin{pmatrix} 0 \\ 1 \end{pmatrix}$　(4) $\boldsymbol{y}' = \begin{pmatrix} -1 & 6 \\ 2 & 3 \end{pmatrix}\boldsymbol{y}$, $\boldsymbol{y}(0) = \begin{pmatrix} 1 \\ -1 \end{pmatrix}$

3.2.2 係数行列が虚数を固有値にもつ場合

次に，係数行列の固有値が虚数である場合の解法を説明します．

例　2 次元線形系

$$\boldsymbol{y}' = A\boldsymbol{y}, \quad A = \begin{pmatrix} -2 & -3 \\ 3 & -2 \end{pmatrix} \tag{3.2.11}$$

を例に，解を求めてみましょう．まずやるべきことは，係数行列の固有値 λ と固有ベクトル $\boldsymbol{x}$ を求めることです．

では，行列 A の固有値を求めます．固有方程式 $|\lambda E - A| = 0$ から，

$$\begin{aligned} 0 &= \left| \lambda \begin{pmatrix} 1 & 0 \\ 0 & 1 \end{pmatrix} - \begin{pmatrix} -2 & -3 \\ 3 & -2 \end{pmatrix} \right| = \begin{vmatrix} \lambda + 2 & 3 \\ -3 & \lambda + 2 \end{vmatrix} \\ &= (\lambda + 2)^2 + 3^2 = \lambda^2 + 4\lambda + 13 \end{aligned}$$

ですから，2 次方程式の解の公式を使えば，固有値 $\lambda = -2 \pm 3i$ を得ます[13)]．ただし，i は虚数単位です．

---

12)　例えば，吉沢太郎 著「復刊 基礎数学シリーズ 13　微分方程式入門」朝倉書店 (2004) や原 惟行・松永秀章 著「常微分方程式入門 第 3 版」共立出版 (2018) などを参照してください．

13)　$(\lambda+2)^2+3^2 = 0$ から $\lambda+2 = \pm 3i$ ですので，解の公式を使わなくてもただちに $\lambda = -2\pm 3i$ が得られます．

次に，固有値 $-2+3i$ に対応する固有ベクトルを求めてみましょう．方程式 $(\lambda E - A)\boldsymbol{x} = \boldsymbol{0}$ に $\lambda = -2+3i$ と A と $\boldsymbol{x} = (u, v)^{\top}$ をそれぞれ代入すると，

$$\begin{aligned}\begin{pmatrix}0\\0\end{pmatrix} &= \left\{(-2+3i)\begin{pmatrix}1 & 0\\0 & 1\end{pmatrix} - \begin{pmatrix}-2 & -3\\3 & -2\end{pmatrix}\right\}\begin{pmatrix}u\\v\end{pmatrix}\\ &= \begin{pmatrix}3i & 3\\-3 & 3i\end{pmatrix}\begin{pmatrix}u\\v\end{pmatrix} = \begin{pmatrix}3ui+3v\\-3u+3vi\end{pmatrix}\end{aligned}$$

となります．よって，$3ui + 3v = 0$, $-3u + 3vi = 0$ が成り立ちますので，$v = -ui$ となり，

$$\boldsymbol{x} = \begin{pmatrix}u\\v\end{pmatrix} = \begin{pmatrix}u\\-ui\end{pmatrix} = u\begin{pmatrix}1\\-i\end{pmatrix}$$

ですから，固有値 $-2+3i$ に対応する ($u=1$ とした) 固有ベクトル

$$\boldsymbol{x}_1 = \begin{pmatrix}1\\-i\end{pmatrix}$$

を得ます．同様に，固有値 $-2-3i$ に対応する固有ベクトルを求めることができます．上記の計算中の $-2+3i$ の “+” を “−” にすれば，固有値 $-2-3i$ に対応する固有ベクトル

$$\boldsymbol{x}_2 = \begin{pmatrix}1\\i\end{pmatrix}$$

を得ます[14)]．

さて，これで固有値と固有ベクトルがそろったので，系 (3.2.11) の一般解が

$$\boldsymbol{y}(t) = c_1\mathrm{e}^{(-2+3i)t}\begin{pmatrix}1\\-i\end{pmatrix} + c_2\mathrm{e}^{(-2-3i)t}\begin{pmatrix}1\\i\end{pmatrix} \quad (c_1,\ c_2 \text{ は任意定数})$$

として求まります．■

ここで，前項では一般解は実数値の関数として与えられていましたが，今回は複素数値の関数になっています．複素数値の範囲で系 (3.2.11) の一般解を求めるのが目的でしたら，この形で完了です．しかし，行列 A の各成分が実数値で与えられているのですから，実数値の範囲で一般解を求め直しましょう．

実数値の範囲で解を求めるのに必要なのは，2 つある固有値のうちの片方の固有値 $-2+3i$ とその固有ベクトルだけです[15)]．上記のとおり，

---

14) じつは，固有値 λ に対応する固有ベクトルが $\boldsymbol{z}$ で与えられると，固有値 $\overline{\lambda}$ に対応する固有ベクトルが $\overline{\boldsymbol{z}}$ であることが知られています．ただし，$\overline{\lambda}$ は λ の共役複素数で，$\overline{\boldsymbol{z}}$ は $\boldsymbol{z}$ の各成分が共役複素数となるベクトルです．

15) 今回は $-2+3i$ の場合で考えますが，もちろん，$-2-3i$ のほうでも同様に計算できます．

$$\boldsymbol{y}_1(t) = \mathrm{e}^{\lambda t}\boldsymbol{x}_1 = \mathrm{e}^{(-2+3i)t}\begin{pmatrix}1\\-i\end{pmatrix}$$

は系 (3.2.11) の複素数値の解ですが，これを実部と虚部に分けてみましょう．2.2 節でも登場した複素数に対する指数関数の定義

$$\mathrm{e}^{a+ib} = \mathrm{e}^{a}\left(\cos b + i\sin b\right) \quad (a,\ b\ \text{は実数})$$

を使うとうまくいきます．$i^2 = -1$ に注意すると，

$$\begin{aligned}
\boldsymbol{y}_1(t) &= \mathrm{e}^{(-2+3i)t}\begin{pmatrix}1\\-i\end{pmatrix} = \mathrm{e}^{-2t}(\cos(3t) + i\sin(3t))\begin{pmatrix}1\\-i\end{pmatrix}\\
&= \mathrm{e}^{-2t}\begin{pmatrix}\cos(3t) + i\sin(3t)\\ -i\cos(3t) - i^2\sin(3t)\end{pmatrix} = \mathrm{e}^{-2t}\begin{pmatrix}\cos(3t) + i\sin(3t)\\ \sin(3t) - i\cos(3t)\end{pmatrix}\\
&= \mathrm{e}^{-2t}\left(\begin{pmatrix}\cos(3t)\\ \sin(3t)\end{pmatrix} + i\begin{pmatrix}\sin(3t)\\ -\cos(3t)\end{pmatrix}\right)\\
&= \mathrm{e}^{-2t}\begin{pmatrix}\cos(3t)\\ \sin(3t)\end{pmatrix} + i\mathrm{e}^{-2t}\begin{pmatrix}\sin(3t)\\ -\cos(3t)\end{pmatrix}
\end{aligned}$$

となります．ここで

$$\boldsymbol{u}(t) = \mathrm{e}^{-2t}\begin{pmatrix}\cos(3t)\\ \sin(3t)\end{pmatrix}, \quad \boldsymbol{v}(t) = \mathrm{e}^{-2t}\begin{pmatrix}\sin(3t)\\ -\cos(3t)\end{pmatrix}$$

とおけば，$\boldsymbol{u}(t)$ が実部で $\boldsymbol{v}(t)$ が虚部となり，

$$\boldsymbol{y}_1(t) = \mathrm{e}^{\lambda t}\boldsymbol{x}_1 = \boldsymbol{u}(t) + i\boldsymbol{v}(t)$$

の形になりました．

☆**注意**☆　じつは，この実数値関数 $\boldsymbol{u}(t)$ と $\boldsymbol{v}(t)$ はともに系 (3.2.11) の実数値の解になります．実際に，$\boldsymbol{y}_1(t)$ が系 (3.2.11) の複素数値の解ですので，

$$(\boldsymbol{u}(t) + i\boldsymbol{v}(t))' = \boldsymbol{y}_1'(t) = A\boldsymbol{y}_1(t) = A(\boldsymbol{u}(t) + i\boldsymbol{v}(t)) = A\boldsymbol{u}(t) + iA\boldsymbol{v}(t)$$

の関係が成り立ちます．また，この一番左の式は，

$$(\boldsymbol{u}(t) + i\boldsymbol{v}(t))' = \boldsymbol{u}'(t) + i\boldsymbol{v}'(t)$$

ですから，

$$\boldsymbol{u}'(t) + i\boldsymbol{v}'(t) = A\boldsymbol{u}(t) + iA\boldsymbol{v}(t)$$

を得ます．ここで両辺の実部と虚部を比較すれば，

$$\boldsymbol{u}'(t) = A\boldsymbol{u}(t), \quad \boldsymbol{v}'(t) = A\boldsymbol{v}(t)$$

となるので，$\boldsymbol{u}(t)$ と $\boldsymbol{v}(t)$ は系 (3.2.11) の実数値の解であると結論づけられます．

ここでの議論に sin や cos は登場することなく系 $\boldsymbol{y}' = A\boldsymbol{y}$ の形だけを使用していますので，系 (3.2.11) に限らず一般の場合でも同様です．つまり，固有値と固有ベクトルからなる複素数値の解の実部と虚部がそれぞれ実数値の解になるのです．さらに，$\boldsymbol{u}(t)$, $\boldsymbol{v}(t)$ の組は基本解になることもわかります．実際に，ロンスキアンは次のとおりです．

$$\left|\begin{pmatrix}\boldsymbol{u}(t) & \boldsymbol{v}(t)\end{pmatrix}\right| = \begin{vmatrix} \mathrm{e}^{-2t}\cos(3t) & \mathrm{e}^{-2t}\sin(3t) \\ \mathrm{e}^{-2t}\sin(3t) & -\mathrm{e}^{-2t}\cos(3t) \end{vmatrix} = -\mathrm{e}^{-4t}\cos^2(3t) - \mathrm{e}^{-4t}\sin^2(3t)$$

$$= -\mathrm{e}^{-4t}(\cos^2(3t) + \sin^2(3t)) = -\mathrm{e}^{-4t} \neq 0.$$

よって，$\boldsymbol{u}(t)$, $\boldsymbol{v}(t)$ は 1 次独立となり，これらは系 (3.2.11) の基本解ですので，(実数値の) 一般解

$$\boldsymbol{y}(t) = c_1\mathrm{e}^{-2t}\begin{pmatrix}\cos(3t) \\ \sin(3t)\end{pmatrix} + c_2\mathrm{e}^{-2t}\begin{pmatrix}\sin(3t) \\ -\cos(3t)\end{pmatrix}$$

を得ます．ただし，c_1, c_2 は (実数値の) 任意定数です．

ここまでの解法をまとめると次のようになります．

2 つの相異なる虚数を固有値にもつ場合の解法 (2 次元線形系)

(ステップ 1) 係数行列 A の固有値を求め，得られた固有値が 2 つの相異なる虚数 $\alpha \pm i\beta$ であることを確認する．ただし，α, β は実数である．

(ステップ 2) $\alpha + i\beta$ に対応する固有ベクトル $\boldsymbol{x}_1$ を求める．

(ステップ 3) 複素数値の解を実部と虚部に分ける：

$$\boldsymbol{y}_1(t) = \mathrm{e}^{(\alpha+i\beta)t}\boldsymbol{x}_1 = \boldsymbol{u}(t) + i\boldsymbol{v}(t) \quad (\boldsymbol{u}(t)\text{: 実部},\ \boldsymbol{v}(t)\text{: 虚部}).$$

(ステップ 4) 系 $\boldsymbol{y}' = A\boldsymbol{y}$ の一般解は次で与えられる：

$$\boldsymbol{y}(t) = c_1\boldsymbol{u}(t) + c_2\boldsymbol{v}(t) \quad (c_1,\ c_2\ \text{は任意定数}).$$

では，以下の例題を解いてみましょう．

例題 3.2.4. 次の 2 次元線形系の一般解を求めなさい．

$$\boldsymbol{y}' = A\boldsymbol{y}, \quad A = \begin{pmatrix}-1 & -2 \\ 2 & -1\end{pmatrix}. \tag{3.2.12}$$

また，初期条件

$$\boldsymbol{y}(\pi) = \begin{pmatrix}2 \\ 3\end{pmatrix} \tag{3.2.13}$$

をみたす系 (3.2.12) の解を求めなさい．

解答：(ステップ 1) まず，行列 A の固有値を求める．固有方程式

$$0 = \left|\lambda\begin{pmatrix}1 & 0\\ 0 & 1\end{pmatrix} - \begin{pmatrix}-1 & -2\\ 2 & -1\end{pmatrix}\right| = \begin{vmatrix}\lambda+1 & 2\\ -2 & \lambda+1\end{vmatrix} = (\lambda+1)^2 + 2^2$$

より，固有値 $\lambda = -1 \pm 2i$ を得る．

(ステップ 2) 次に，固有値 $-1+2i$ の固有ベクトルを求める．

$$\begin{pmatrix}0\\0\end{pmatrix} = \left((-1+2i)\begin{pmatrix}1 & 0\\ 0 & 1\end{pmatrix} - \begin{pmatrix}-1 & -2\\ 2 & -1\end{pmatrix}\right)\begin{pmatrix}u\\v\end{pmatrix}$$

$$= \begin{pmatrix}2i & 2\\ -2 & 2i\end{pmatrix}\begin{pmatrix}u\\v\end{pmatrix} = \begin{pmatrix}2ui + 2v\\ -2u + 2vi\end{pmatrix}$$

なので，$v = -ui$ となり，固有値 $-1+2i$ の ($u = 1$ とした) 固有ベクトルは

$$\boldsymbol{x}_1 = \begin{pmatrix}1\\ -i\end{pmatrix}$$

である．

(ステップ 3) 以上より，系 (3.2.12) の複素数値の解の一つ

$$\boldsymbol{y}_1(t) = \mathrm{e}^{\lambda t}\boldsymbol{x}_1 = \mathrm{e}^{(-1+2i)t}\begin{pmatrix}1\\ -i\end{pmatrix}$$

を得る．ここで，複素数に対する指数関数の定義を用いれば，

$$\boldsymbol{y}_1(t) = \mathrm{e}^{(-1+2i)t}\begin{pmatrix}1\\ -i\end{pmatrix} = \mathrm{e}^{-t}(\cos(2t) + i\sin(2t))\begin{pmatrix}1\\ -i\end{pmatrix}$$

$$= \mathrm{e}^{-t}\begin{pmatrix}\cos(2t) + i\sin(2t)\\ -i\cos(2t) - i^2\sin(2t)\end{pmatrix} = \mathrm{e}^{-t}\begin{pmatrix}\cos(2t) + i\sin(2t)\\ \sin(2t) - i\cos(2t)\end{pmatrix}$$

$$= \mathrm{e}^{-t}\left(\begin{pmatrix}\cos(2t)\\ \sin(2t)\end{pmatrix} + i\begin{pmatrix}\sin(2t)\\ -\cos(2t)\end{pmatrix}\right) = \mathrm{e}^{-t}\begin{pmatrix}\cos(2t)\\ \sin(2t)\end{pmatrix} + i\mathrm{e}^{-t}\begin{pmatrix}\sin(2t)\\ -\cos(2t)\end{pmatrix}$$

となる．

(ステップ 4) よって，系 (3.2.12) の基本解は

$$\mathrm{e}^{-t}\begin{pmatrix}\cos(2t)\\ \sin(2t)\end{pmatrix}, \quad \mathrm{e}^{-t}\begin{pmatrix}\sin(2t)\\ -\cos(2t)\end{pmatrix}$$

であり，系 (3.2.12) の一般解

$$\boldsymbol{y}(t) = c_1\mathrm{e}^{-t}\begin{pmatrix}\cos(2t)\\ \sin(2t)\end{pmatrix} + c_2\mathrm{e}^{-t}\begin{pmatrix}\sin(2t)\\ -\cos(2t)\end{pmatrix} \quad (c_1,\ c_2 \text{ は任意定数})$$

を得る．

(ステップ 5：初期値問題の解を求める) 次に，初期条件 (3.2.13) をみたす系 (3.2.12) の解を求める．

$$\begin{pmatrix}2\\3\end{pmatrix}=\boldsymbol{y}(\pi)=c_1\mathrm{e}^{-\pi}\begin{pmatrix}\cos(2\pi)\\\sin(2\pi)\end{pmatrix}+c_2\mathrm{e}^{-\pi}\begin{pmatrix}\sin(2\pi)\\-\cos(2\pi)\end{pmatrix}$$
$$=c_1\mathrm{e}^{-\pi}\begin{pmatrix}1\\0\end{pmatrix}+c_2\mathrm{e}^{-\pi}\begin{pmatrix}0\\-1\end{pmatrix}=\begin{pmatrix}c_1\mathrm{e}^{-\pi}\\-c_2\mathrm{e}^{-\pi}\end{pmatrix}$$

より，$c_1\mathrm{e}^{-\pi}=2$ と $-c_2\mathrm{e}^{-\pi}=3$ なので，$c_1=2\mathrm{e}^{\pi}$ と $c_2=-3\mathrm{e}^{\pi}$ を得る．

よって，求める解は

$$\boldsymbol{y}(t)=2\mathrm{e}^{\pi}\cdot\mathrm{e}^{-t}\begin{pmatrix}\cos(2t)\\\sin(2t)\end{pmatrix}-3\mathrm{e}^{\pi}\cdot\mathrm{e}^{-t}\begin{pmatrix}\sin(2t)\\-\cos(2t)\end{pmatrix}$$
$$=2\mathrm{e}^{\pi-t}\begin{pmatrix}\cos(2t)\\\sin(2t)\end{pmatrix}-3\mathrm{e}^{\pi-t}\begin{pmatrix}\sin(2t)\\-\cos(2t)\end{pmatrix}$$

である． □

問題 3.2.5. 次の行列 A を係数行列とする系 $\boldsymbol{y}'=A\boldsymbol{y}$ の一般解を求めなさい．

(1) $A=\begin{pmatrix}0&-2\\2&0\end{pmatrix}$ (2) $A=\begin{pmatrix}1&9\\-1&1\end{pmatrix}$ (3) $A=\begin{pmatrix}-5&4\\-5&3\end{pmatrix}$

問題 3.2.6. 次の初期値問題の解を求めなさい．

(1) $\boldsymbol{y}'=\begin{pmatrix}1&-2\\2&1\end{pmatrix}\boldsymbol{y},\quad \boldsymbol{y}(0)=\begin{pmatrix}1\\2\end{pmatrix}$ (2) $\boldsymbol{y}'=\begin{pmatrix}-4&6\\-3&2\end{pmatrix}\boldsymbol{y},\quad \boldsymbol{y}(0)=\begin{pmatrix}1\\1\end{pmatrix}$

3.2.3 係数行列が重解を固有値にもつ場合

ここでは，係数行列の固有値が重解である場合の解法を説明します．特に，2 次元線形系の場合は，2 重解に対応する 1 次独立な固有ベクトルがすぐに 2 つみつかる場合とそうでない場合があります．まずは，すぐに 2 つみつかる場合について紹介します．

● 2 重解の 1 次独立な固有ベクトルがすぐに 2 つみつかる場合

例 2 次元線形系

$$\boldsymbol{y}'=A\boldsymbol{y},\quad A=\begin{pmatrix}3&0\\0&3\end{pmatrix}\tag{3.2.14}$$

を例に解を求めてみましょう．やるべきことは係数行列の固有値と固有ベクトルを求めることです．では，行列 A の固有値を求めてみましょう．固有方程式

$$0 = \left| \lambda \begin{pmatrix} 1 & 0 \\ 0 & 1 \end{pmatrix} - \begin{pmatrix} 3 & 0 \\ 0 & 3 \end{pmatrix} \right| = \begin{vmatrix} \lambda - 3 & 0 \\ 0 & \lambda - 3 \end{vmatrix} = (\lambda - 3)^2$$

から，固有値 $\lambda = 3$ (2 重解) を得ます．

次に，固有値 3 に対応する固有ベクトルを求めます．方程式 $(\lambda E - A)\boldsymbol{x} = \boldsymbol{0}$ に $\lambda = 3$ と与えられた A と $\boldsymbol{x} = (u, v)^\top$ をそれぞれ代入すると，

$$\begin{pmatrix} 0 \\ 0 \end{pmatrix} = \left\{ 3 \begin{pmatrix} 1 & 0 \\ 0 & 1 \end{pmatrix} - \begin{pmatrix} 3 & 0 \\ 0 & 3 \end{pmatrix} \right\} \begin{pmatrix} u \\ v \end{pmatrix} = \begin{pmatrix} 0 & 0 \\ 0 & 0 \end{pmatrix} \begin{pmatrix} u \\ v \end{pmatrix}$$

となります．よって，$0 \cdot u + 0 \cdot v = 0$ を得ますが，これは，u と v にどんな値を代入してもよいということです．ただし，$u = v = 0$ 以外とする必要があります．これらから

$$\begin{pmatrix} u \\ v \end{pmatrix} = u \begin{pmatrix} 1 \\ 0 \end{pmatrix} + v \begin{pmatrix} 0 \\ 1 \end{pmatrix}$$

となりますので，固有値 3 に対応する ($u = 1, v = 0$ のときと $u = 0, v = 1$ のときの) 1 次独立な固有ベクトル

$$\boldsymbol{x}_1 = \begin{pmatrix} 1 \\ 0 \end{pmatrix}, \quad \boldsymbol{x}_2 = \begin{pmatrix} 0 \\ 1 \end{pmatrix}$$

が求まります．よって，基本解

$$\boldsymbol{y}_1(t) = \mathrm{e}^{3t} \begin{pmatrix} 1 \\ 0 \end{pmatrix}, \quad \boldsymbol{y}_2(t) = \mathrm{e}^{3t} \begin{pmatrix} 0 \\ 1 \end{pmatrix}$$

が求まるので，系 (3.2.14) の一般解

$$\boldsymbol{y}(t) = c_1 \mathrm{e}^{3t} \begin{pmatrix} 1 \\ 0 \end{pmatrix} + c_2 \mathrm{e}^{3t} \begin{pmatrix} 0 \\ 1 \end{pmatrix} \quad (c_1,\ c_2 \text{ は任意定数})$$

を得ます． ■

では，今回の手順についてまとめておきます．

係数行列の固有値が 2 重解である場合の解法 (I) (2 次元線形系)

(ステップ 1) 係数行列 A の固有値を求め，得られた固有値が 2 重解 λ であることを確認する．

(ステップ 2) λ に対応する 1 次独立な固有ベクトル $\boldsymbol{x}_1, \boldsymbol{x}_2$ を求める．

(ステップ 3) 系 $\boldsymbol{y}' = A\boldsymbol{y}$ の一般解は次で与えられる：

$$\boldsymbol{y}(t) = c_1 \mathrm{e}^{\lambda t} \boldsymbol{x}_1 + c_2 \mathrm{e}^{\lambda t} \boldsymbol{x}_2 \quad (c_1,\ c_2 \text{ は任意定数}).$$

今回は2重解の固有値に対応する1次独立な固有ベクトルをすぐに2つみつけることができたので，これまでと同様の解法で問題ありませんでした．しかし，2重解の固有値に対して，1次独立な固有ベクトルがすぐに2つみつからないときもあります．次に，そのような場合について解説します．

● 2重解の1次独立な固有ベクトルがすぐに2つみつからない場合

例 2次元線形系

$$\boldsymbol{y}' = A\boldsymbol{y}, \quad A = \begin{pmatrix} 2 & -1 \\ 0 & 2 \end{pmatrix} \tag{3.2.15}$$

を例に解を求めてみましょう．まず，係数行列の固有値 λ を求めます．

$$0 = |\lambda E - A| = \left| \lambda \begin{pmatrix} 1 & 0 \\ 0 & 1 \end{pmatrix} - \begin{pmatrix} 2 & -1 \\ 0 & 2 \end{pmatrix} \right| = \begin{vmatrix} \lambda - 2 & 1 \\ 0 & \lambda - 2 \end{vmatrix} = (\lambda - 2)^2$$

ですから，固有値 $\lambda = 2$ (2重解) を得ます．

次に，固有値2に対応する固有ベクトルを求めます．方程式 $(\lambda E - A)\boldsymbol{x} = \boldsymbol{0}$ に $\lambda = 2$ と与えられた A と $\boldsymbol{x} = (u, v)^\top$ をそれぞれ代入すると，

$$\begin{pmatrix} 0 \\ 0 \end{pmatrix} = \left\{ 2 \begin{pmatrix} 1 & 0 \\ 0 & 1 \end{pmatrix} - \begin{pmatrix} 2 & -1 \\ 0 & 2 \end{pmatrix} \right\} \begin{pmatrix} u \\ v \end{pmatrix} = \begin{pmatrix} 2-2 & 1 \\ 0 & 2-2 \end{pmatrix} \begin{pmatrix} u \\ v \end{pmatrix}$$
$$= \begin{pmatrix} 0 & 1 \\ 0 & 0 \end{pmatrix} \begin{pmatrix} u \\ v \end{pmatrix} = \begin{pmatrix} v \\ 0 \end{pmatrix}$$

となります．よって，$v = 0$ が成り立ちますので，

$$\boldsymbol{x} = \begin{pmatrix} u \\ v \end{pmatrix} = \begin{pmatrix} u \\ 0 \end{pmatrix} = u \begin{pmatrix} 1 \\ 0 \end{pmatrix} \quad (u \neq 0)$$

ですから，固有値2に対応する ($u = 1$ とした) 固有ベクトル

$$\boldsymbol{x}_1 = \begin{pmatrix} 1 \\ 0 \end{pmatrix}$$

を得ます．今回は $\boldsymbol{x}_1$ と1次独立な固有ベクトルがすぐにはみつかりません．なぜなら，u にどんな値を代入しても $\boldsymbol{x}_1$ の定数倍にしかならないからです．つまり，

$$\boldsymbol{y}_1(t) = \mathrm{e}^{2t} \begin{pmatrix} 1 \\ 0 \end{pmatrix}$$

は系 (3.2.15) の一つの解ですが，$\boldsymbol{y}_1(t)$ と1次独立な解をすぐにみつけることができません．

そこで，$\boldsymbol{y}_1(t)$ と1次独立な系 (3.2.15) の解を

$$\boldsymbol{y}_2(t) = \mathrm{e}^{2t}(t\boldsymbol{z}_1 + \boldsymbol{z}_2) \quad (\boldsymbol{z}_1 \neq \boldsymbol{0}) \tag{3.2.16}$$

とおき，定数ベクトル $\boldsymbol{z}_1$ と $\boldsymbol{z}_2$ を定めることを試みます．ここで，e^{2t} にかけているのは，"t に関する 1 次式" と覚えておきましょう[16]．では，関数 (3.2.16) を系 (3.2.15) の左辺に代入すると，

$$\begin{aligned}\boldsymbol{y}_2'(t) &= \left(\mathrm{e}^{2t}\right)'(t\boldsymbol{z}_1 + \boldsymbol{z}_2) + \mathrm{e}^{2t}(t\boldsymbol{z}_1 + \boldsymbol{z}_2)' = 2\mathrm{e}^{2t}(t\boldsymbol{z}_1 + \boldsymbol{z}_2) + \mathrm{e}^{2t}\boldsymbol{z}_1 \\ &= \mathrm{e}^{2t}\left(2t\boldsymbol{z}_1 + \boldsymbol{z}_1 + 2\boldsymbol{z}_2\right)\end{aligned}$$

となり，一方，関数 (3.2.16) を系 (3.2.15) の右辺に代入すると，

$$A\boldsymbol{y}_2(t) = A\mathrm{e}^{2t}(t\boldsymbol{z}_1 + \boldsymbol{z}_2) = \mathrm{e}^{2t}\left(tA\boldsymbol{z}_1 + A\boldsymbol{z}_2\right)$$

です．よって，

$$2\,\underset{\sim}{t}\,\boldsymbol{z}_1 + \boldsymbol{z}_1 + 2\boldsymbol{z}_2 = \underset{\sim}{t}\,A\boldsymbol{z}_1 + A\boldsymbol{z}_2$$

が成り立ちます．ここで "t" が付いている項とそうでない項を比較すると，連立方程式

$$\begin{cases} 2\boldsymbol{z}_1 = A\boldsymbol{z}_1, \\ \boldsymbol{z}_1 + 2\boldsymbol{z}_2 = A\boldsymbol{z}_2 \end{cases}$$

を得ます．ただし t が消えてしまっていることに注意してください．それぞれの等式を整理すれば，結局，連立方程式

$$\begin{cases} (2E - A)\boldsymbol{z}_1 = \boldsymbol{0}, \\ (2E - A)\boldsymbol{z}_2 = -\boldsymbol{z}_1 \end{cases}$$

を得ます．$\boldsymbol{z}_1 \neq \boldsymbol{0}$ でしたので，この第 1 式は $\boldsymbol{z}_1$ が A の固有値 2 の固有ベクトルであることを意味しています．よって，上で求めた $\boldsymbol{x}_1$ から，

$$\boldsymbol{z}_1 = \boldsymbol{x}_1 = \begin{pmatrix} 1 \\ 0 \end{pmatrix}$$

です．次に，$\boldsymbol{z}_2 = \begin{pmatrix} w \\ z \end{pmatrix}$ とおけば，第 2 式の左辺は，

$$\begin{aligned}(\text{左辺}) = (2E - A)\boldsymbol{z}_2 &= \left(2\begin{pmatrix} 1 & 0 \\ 0 & 1 \end{pmatrix} - \begin{pmatrix} 2 & -1 \\ 0 & 2 \end{pmatrix}\right)\begin{pmatrix} w \\ z \end{pmatrix} \\ &= \begin{pmatrix} 0 & 1 \\ 0 & 0 \end{pmatrix}\begin{pmatrix} w \\ z \end{pmatrix} = \begin{pmatrix} z \\ 0 \end{pmatrix}\end{aligned}$$

となり，右辺は

---

16)　定数係数 2 階線形微分方程式の特性方程式の解が 2 重解であるときも，指数関数に "x に関する 1 次式" をかけた形で一般解が書けたのでした (p.55 参照).

$$(\text{右辺}) = -\boldsymbol{z}_1 = \begin{pmatrix} -1 \\ 0 \end{pmatrix}$$

ですから，関係式

$$\begin{pmatrix} z \\ 0 \end{pmatrix} = \begin{pmatrix} -1 \\ 0 \end{pmatrix}$$

を得ます．よって，$z = -1$ ですので，

$$\boldsymbol{z}_2 = \begin{pmatrix} w \\ -1 \end{pmatrix}$$

が得られます．ここで，w は任意定数なので，$w = 0$ としても先の連立方程式をみたしますから，

$$\boldsymbol{z}_2 = \begin{pmatrix} 0 \\ -1 \end{pmatrix}$$

としても問題ありません．これで $\boldsymbol{z}_1$ と $\boldsymbol{z}_2$ が求まったので，関数 (3.2.16) に代入すると，

$$\boldsymbol{y}_2(t) = \mathrm{e}^{2t}\left(t\begin{pmatrix} 1 \\ 0 \end{pmatrix} + \begin{pmatrix} 0 \\ -1 \end{pmatrix}\right) = \mathrm{e}^{2t}\begin{pmatrix} t \\ -1 \end{pmatrix}$$

を得ます．当然これは系 (3.2.15) の一つの解です．さらに，はじめに求めた $\boldsymbol{y}_1(t)$ と 1 次独立でもあります．実際に，ロンスキアンを計算すると

$$\left|\begin{pmatrix} \boldsymbol{y}_1(t) & \boldsymbol{y}_2(t) \end{pmatrix}\right| = \begin{vmatrix} \mathrm{e}^{2t} & t\mathrm{e}^{2t} \\ 0 & -\mathrm{e}^{2t} \end{vmatrix} = -\mathrm{e}^{4t} \neq 0$$

より明らかです．

したがって，

$$\boldsymbol{y}_1(t) = \mathrm{e}^{2t}\begin{pmatrix} 1 \\ 0 \end{pmatrix}, \quad \boldsymbol{y}_2(t) = \mathrm{e}^{2t}\begin{pmatrix} t \\ -1 \end{pmatrix}$$

は系 (3.2.15) の基本解ですので，一般解

$$\boldsymbol{y}(t) = c_1\mathrm{e}^{2t}\begin{pmatrix} 1 \\ 0 \end{pmatrix} + c_2\mathrm{e}^{2t}\begin{pmatrix} t \\ -1 \end{pmatrix} \quad (c_1,\, c_2 \text{ は任意定数})$$

を得ます．■

では，今回の場合の解法の手順についてまとめておきます．

係数行列の固有値が 2 重解である場合の解法 (II) (2 次元線形系)

(ステップ 1) 係数行列 A の固有値を求め，得られた固有値が 2 重解 λ であることを確認する．

(ステップ 2) λ に対応する 1 次独立な固有ベクトルがすぐに 2 つみつからない場合，みつかった固有ベクトルを $\boldsymbol{x}_1$ とおく．

(ステップ 3) $\boldsymbol{y}_1(t) = \mathrm{e}^{\lambda t}\boldsymbol{x}_1$ を一つの解として，$\boldsymbol{y}_1(t)$ と 1 次独立な解を $\boxed{\boldsymbol{y}_2(t) = \mathrm{e}^{\lambda t}(t\boldsymbol{z}_1 + \boldsymbol{z}_2) \quad (\boldsymbol{z}_1 \neq \boldsymbol{0})}$ とおき，$\boldsymbol{z}_1, \boldsymbol{z}_2$ の連立方程式をつくる．

(ステップ 4) 連立方程式

$$\begin{cases} (\lambda E - A)\boldsymbol{z}_1 = \boldsymbol{0}, \\ (\lambda E - A)\boldsymbol{z}_2 = -\boldsymbol{z}_1 \end{cases}$$

から，$\boldsymbol{z}_1$, $\boldsymbol{z}_2$ を求める (じつは，$\boldsymbol{z}_1 = \boldsymbol{x}_1$).

(ステップ 5) 系 $\boldsymbol{y}' = A\boldsymbol{y}$ の一般解は次で与えられる：

$$\boldsymbol{y}(t) = c_1\boldsymbol{y}_1(t) + c_2\boldsymbol{y}_2(t) \quad (c_1,\ c_2 \text{ は任意定数}).$$

では，以下の例題を解いてみましょう．

例題 3.2.7. 次の 2 次元線形系の一般解を求めなさい．

$$\boldsymbol{y}' = A\boldsymbol{y}, \quad A = \begin{pmatrix} -1 & -1 \\ 1 & -3 \end{pmatrix}. \tag{3.2.17}$$

解答：(ステップ 1) まず，行列 A の固有値を求める．

$$0 = |\lambda E - A| = \left| \lambda \begin{pmatrix} 1 & 0 \\ 0 & 1 \end{pmatrix} - \begin{pmatrix} -1 & -1 \\ 1 & -3 \end{pmatrix} \right| = \begin{vmatrix} \lambda + 1 & 1 \\ -1 & \lambda + 3 \end{vmatrix}$$

$$= (\lambda + 1)(\lambda + 3) + 1 = \lambda^2 + 4\lambda + 4 = (\lambda + 2)^2$$

より，固有値 $\lambda = -2$ (2 重解) を得る．

(ステップ 2) では，固有値 -2 (2 重解) の固有ベクトルを求める．

$$\begin{pmatrix} 0 \\ 0 \end{pmatrix} = \left\{ (-2) \begin{pmatrix} 1 & 0 \\ 0 & 1 \end{pmatrix} - \begin{pmatrix} -1 & -1 \\ 1 & -3 \end{pmatrix} \right\} \begin{pmatrix} u \\ v \end{pmatrix} = \begin{pmatrix} -2 + 1 & 1 \\ -1 & -2 + 3 \end{pmatrix} \begin{pmatrix} u \\ v \end{pmatrix}$$

$$= \begin{pmatrix} -1 & 1 \\ -1 & 1 \end{pmatrix} \begin{pmatrix} u \\ v \end{pmatrix} = \begin{pmatrix} -u + v \\ -u + v \end{pmatrix}$$

なので，$v = u$ となり，固有値 -2 の一つの固有ベクトルは ($u = 1$ として)

$$\boldsymbol{x}_1 = \begin{pmatrix} 1 \\ 1 \end{pmatrix}$$

である．よって，系 (3.2.17) の一つの解

$$\boldsymbol{y}_1(t) = \mathrm{e}^{-2t} \begin{pmatrix} 1 \\ 1 \end{pmatrix}$$

を得る．

(ステップ 3) いま，$\boldsymbol{y}_1(t)$ と 1 次独立な系 (3.2.17) の解を

$$\boldsymbol{y}_2(t) = \mathrm{e}^{-2t}(t\boldsymbol{z}_1 + \boldsymbol{z}_2) \quad (\boldsymbol{z}_1 \neq \boldsymbol{0}) \tag{3.2.18}$$

とおく．ただし，$\boldsymbol{z}_1$ と $\boldsymbol{z}_2$ は定数ベクトルである．関数 (3.2.18) を系 (3.2.17) の左辺に代入すると，

$$\boldsymbol{y}_2'(t) = -2\mathrm{e}^{-2t}(t\boldsymbol{z}_1 + \boldsymbol{z}_2) + \mathrm{e}^{-2t}\boldsymbol{z}_1 = \mathrm{e}^{-2t}\big(-2t\boldsymbol{z}_1 + \boldsymbol{z}_1 - 2\boldsymbol{z}_2\big)$$

である．一方，右辺に代入すると，

$$A\boldsymbol{y}_2(t) = A\mathrm{e}^{-2t}(t\boldsymbol{z}_1 + \boldsymbol{z}_2) = \mathrm{e}^{-2t}\big(tA\boldsymbol{z}_1 + A\boldsymbol{z}_2\big)$$

であるから，これらを e^{-2t} で割って，t が付いている項とそうでない項を比較すると，

$$\begin{cases} \quad -2\boldsymbol{z}_1 = A\boldsymbol{z}_1, \\ \boldsymbol{z}_1 - 2\boldsymbol{z}_2 = A\boldsymbol{z}_2 \end{cases}$$

が成り立つ．これを整理すれば，連立方程式

$$\begin{cases} \{(-2)E - A\}\boldsymbol{z}_1 = \boldsymbol{0}, \\ \{(-2)E - A\}\boldsymbol{z}_2 = -\boldsymbol{z}_1 \end{cases}$$

を得る．

(ステップ 4) まず，$\boldsymbol{z}_1 \neq \boldsymbol{0}$ と第 1 式より $\boldsymbol{z}_1 = \boldsymbol{x}_1$ である．次に，$\boldsymbol{z}_2 = (w, z)^\top$ とおけば，第 2 式の左辺は，

$$\begin{aligned} (\text{左辺}) &= \left\{(-2)\begin{pmatrix} 1 & 0 \\ 0 & 1 \end{pmatrix} - \begin{pmatrix} -1 & -1 \\ 1 & -3 \end{pmatrix}\right\}\begin{pmatrix} w \\ z \end{pmatrix} \\ &= \begin{pmatrix} -1 & 1 \\ -1 & 1 \end{pmatrix}\begin{pmatrix} w \\ z \end{pmatrix} = \begin{pmatrix} -w+z \\ -w+z \end{pmatrix} \end{aligned}$$

であり，右辺は

$$(\text{右辺}) = -\boldsymbol{z}_1 = \begin{pmatrix} -1 \\ -1 \end{pmatrix}$$

であるので，$-w + z = -1$ を得る．よって，$z = w - 1$ より，

$$z_2 = \begin{pmatrix} w \\ w-1 \end{pmatrix}$$

となるので，$w = 1$ の場合として，

$$z_2 = \begin{pmatrix} 1 \\ 0 \end{pmatrix}$$

を得る．以上より，$\boldsymbol{y}_1(t)$ と 1 次独立になる系 (3.2.17) の解

$$\boldsymbol{y}_2(t) = \mathrm{e}^{-2t}\left(t\begin{pmatrix} 1 \\ 1 \end{pmatrix} + \begin{pmatrix} 1 \\ 0 \end{pmatrix}\right) = \mathrm{e}^{-2t}\begin{pmatrix} t+1 \\ t \end{pmatrix}$$

を得る．

(ステップ 5)　よって，

$$\boldsymbol{y}_1(t) = \mathrm{e}^{-2t}\begin{pmatrix} 1 \\ 1 \end{pmatrix}, \quad \boldsymbol{y}_2(t) = \mathrm{e}^{-2t}\begin{pmatrix} t+1 \\ t \end{pmatrix}$$

は系 (3.2.17) の基本解だから，一般解

$$\boldsymbol{y}(t) = c_1\mathrm{e}^{-2t}\begin{pmatrix} 1 \\ 1 \end{pmatrix} + c_2\mathrm{e}^{-2t}\begin{pmatrix} t+1 \\ t \end{pmatrix} \quad (c_1,\ c_2 \text{ は任意定数})$$

を得る．　□

問題 3.2.8. 次の行列 A を係数行列とする系 $\boldsymbol{y}' = A\boldsymbol{y}$ の一般解を求めなさい．

(1) $A = \begin{pmatrix} -2 & 0 \\ 0 & -2 \end{pmatrix}$　(2) $A = \begin{pmatrix} -2 & 0 \\ 2 & -2 \end{pmatrix}$　(3) $A = \begin{pmatrix} 2 & 1 \\ -1 & 0 \end{pmatrix}$

(4) $A = \begin{pmatrix} 7 & -4 \\ 4 & -1 \end{pmatrix}$

問題 3.2.9. 次の初期値問題の解を求めなさい．

(1) $\boldsymbol{y}' = \begin{pmatrix} 1 & 0 \\ 1 & 1 \end{pmatrix}\boldsymbol{y}, \quad \boldsymbol{y}(0) = \begin{pmatrix} 1 \\ 0 \end{pmatrix}$　(2) $\boldsymbol{y}' = \begin{pmatrix} -5 & 2 \\ -8 & 3 \end{pmatrix}\boldsymbol{y}, \quad \boldsymbol{y}(0) = \begin{pmatrix} 1 \\ 1 \end{pmatrix}$

3.3　行列の指数関数

通常の指数関数 e^x や複素数の指数関数 e^{x+iy} に対応するものとして，本節では“行列”の指数関数を紹介します．まずは，関数 e^x のマクローリン展開

$$\mathrm{e}^x = 1 + \frac{x}{1!} + \frac{x^2}{2!} + \frac{x^3}{3!} + \frac{x^4}{4!} + \frac{x^5}{5!} + \cdots$$

を思いだしましょう．ただし，例えば階乗 5! は，$5! = 5 \cdot 4 \cdot 3 \cdot 2 \cdot 1$ でした．このマクローリン展開を参考に行列の指数関数を定義します．

指数関数 e^x のマクローリン展開の x に行列 X を代入した形の

$$\mathrm{e}^X = E + \frac{1}{1!}X + \frac{1}{2!}X^2 + \frac{1}{3!}X^3 + \cdots \tag{3.3.1}$$

を考えます[17)]．ただし，E は単位行列です．この e^X を**行列の指数関数**または**指数行列**とよびます．例えば，

$$X = \begin{pmatrix} 0 & 1 \\ 2 & 3 \end{pmatrix} \quad のとき，\quad \mathrm{e}^{\begin{pmatrix} 0 & 1 \\ 2 & 3 \end{pmatrix}}$$

と表せば，これまでの指数関数とは異なることがはっきりとします．

●行列の指数関数の性質

では，行列の指数関数の性質をいくつか紹介します．行列 X と行列 Y が $XY = YX$ をみたすならば，**指数法則**

$$\mathrm{e}^{X+Y} = \mathrm{e}^X \mathrm{e}^Y$$

が成り立つことが知られています．これまでの指数関数でも成立していた性質です．ここで，$Y = -X$ とすれば，

$$\mathrm{e}^{X-X} = \mathrm{e}^X \mathrm{e}^{-X}$$

です．また，零行列を O と書けば，式 (3.3.1) から，

$$\mathrm{e}^X \mathrm{e}^{-X} = \mathrm{e}^{X-X} = \mathrm{e}^O = E + \frac{1}{1!}O + \frac{1}{2!}O^2 + \frac{1}{3!}O^3 + \cdots = E$$

ですので，e^{-X} は e^X の逆行列であることがわかります．上記の計算から $\mathrm{e}^O = E$ もわかります．以上をまとめると，

$$\mathrm{e}^X \mathrm{e}^{-X} = \mathrm{e}^{-X} \mathrm{e}^X = \mathrm{e}^O = E$$

が成り立ちます．

次に，**行列 X の微分**を

$$X' = \begin{pmatrix} x'_{11} & x'_{12} \\ x'_{21} & x'_{22} \end{pmatrix}$$

と定義します．例えば，行列

17) ここでは証明しませんが，式 (3.3.1) の右辺の級数は収束して，すべての成分が何かしらの値となる行列になります．それを e^X と書くということです．例えば，宇佐美広介・齋藤保久・原下秀士・眞中裕子・和田出秀光 著「理工系微分方程式＝解き方から基礎理論への入門」培風館 (2017) を参照してください．

$$X(t) = \begin{pmatrix} e^{2t} & e^{3t} \\ -2e^{2t} & -e^{3t} \end{pmatrix}$$

の微分は

$$X'(t) = \begin{pmatrix} (e^{2t})' & (e^{3t})' \\ (-2e^{2t})' & (-e^{3t})' \end{pmatrix} = \begin{pmatrix} 2e^{2t} & 3e^{3t} \\ -4e^{2t} & -3e^{3t} \end{pmatrix}$$

と計算できます．ベクトルの微分と同様に各成分を微分するということです．

さて，A を行列，t を独立変数として，$X = tA$ を式 (3.3.1) に代入した行列の指数関数 e^{tA} についてその性質を調べていきましょう．式 (3.3.1) から，

$$e^{tA} = E + \frac{t}{1!}A + \frac{t^2}{2!}A^2 + \frac{t^3}{3!}A^3 + \cdots$$

と書けます．右辺の各項は t で微分できますので，

$$\begin{aligned} (e^{tA})' &= \left(E + \frac{t}{1!}A + \frac{t^2}{2!}A^2 + \frac{t^3}{3!}A^3 + \cdots\right)' \\ &= \frac{1}{1!}A + \frac{2t}{2!}A^2 + \frac{3t^2}{3!}A^3 + \cdots \\ &= A + \frac{t}{1!}A^2 + \frac{t^2}{2!}A^3 + \cdots \\ &= A\left(E + \frac{t}{1!}A + \frac{t^2}{2!}A^2 + \cdots\right) = Ae^{tA} \end{aligned}$$

の関係を得ます．最下行の計算結果は A を左側にくくりだしたものですが，A を右側にくくりだすこともできますので，結局，

$$(e^{tA})' = Ae^{tA} = e^{tA}A \qquad (3.3.2)$$

の関係が成立します．これも通常の指数関数で成立していた性質です．これで行列の指数関数の微分の性質がわかりました．

以上のことから，行列の指数関数は通常の指数関数の多くの性質を受け継いでいることがわかりましたので，微分方程式 $y' = \lambda y$ の一般解が $y(t) = Ce^{\lambda t}$ と書けていたように，行列の指数関数を使って同様のことができないかと期待できます．じつは，それを確認するのが本節の目的の一つなのです．

では，系

$$\boldsymbol{y}' = A\boldsymbol{y} \qquad (3.3.3)$$

を考えましょう．定数ベクトル $\boldsymbol{c}$ を使って

$$\boldsymbol{y}(t) = \mathrm{e}^{tA}\boldsymbol{c} \tag{3.3.4}$$

とすれば，“行列×ベクトル＝ベクトル” の関係から，$\boldsymbol{y}(t)$ はベクトルです[18)]．関数 $\boldsymbol{y}(t)$ を微分すると，式 (3.3.2) より，

$$\boldsymbol{y}'(t) = (\mathrm{e}^{tA}\boldsymbol{c})' = (\mathrm{e}^{tA})'\boldsymbol{c} = (A\mathrm{e}^{tA})\boldsymbol{c} = A(\mathrm{e}^{tA}\boldsymbol{c}) = A\boldsymbol{y}(t)$$

を得ますので，式 (3.3.4) で表される関数 $\boldsymbol{y}(t)$ は系 (3.3.3) の解であることがわかります．じつは，関数 $\boldsymbol{y}(t)$ は系 (3.3.3) の一般解であることも知られています[19)]．以上より，行列の指数関数 e^{tA} で系 (3.3.3) の一般解を表現できることがわかったということです！

●行列の指数関数の表現

次の目的は，行列の指数関数の各成分を通常の指数関数や三角関数で表すことです．まず，通常の指数関数のマクローリン展開

$$\mathrm{e}^x = 1 + \frac{x}{1!} + \frac{x^2}{2!} + \frac{x^3}{3!} + \cdots = \sum_{k=0}^{\infty} \frac{x^k}{k!}$$

を思いだしましょう．今回は記号 $\sum$ を使用して表しました．ここで，$0! = 1$，$x^0 = 1$ です．これに $x = \lambda t$ を代入すると，

$$\mathrm{e}^{\lambda t} = 1 + \frac{\lambda t}{1!} + \frac{(\lambda t)^2}{2!} + \frac{(\lambda t)^3}{3!} + \cdots = \sum_{k=0}^{\infty} \frac{(\lambda t)^k}{k!} = \sum_{k=0}^{\infty} \frac{t^k}{k!}\lambda^k \tag{3.3.5}$$

と書けます．行列の指数関数の定義も記号 $\sum$ を用いて，

$$\mathrm{e}^X = E + \frac{1}{1!}X + \frac{1}{2!}X^2 + \frac{1}{3!}X^3 + \cdots = \sum_{k=0}^{\infty} \frac{1}{k!}X^k$$

と表されます．ただし，$X^0 = E$ とします．今回求めたいのは e^{tA} ですから，

$$\mathrm{e}^{tA} = E + \frac{t}{1!}A + \frac{t^2}{2!}A^2 + \frac{t^3}{3!}A^3 + \cdots = \sum_{k=0}^{\infty} \frac{t^k}{k!}A^k \tag{3.3.6}$$

と書けます．

---

18) ただし，ここで e^{tA} と $\boldsymbol{c}$ の並びには注意しましょう．e^{tA} は行列で $\boldsymbol{c}$ は縦ベクトルですから，$\boldsymbol{c}$ は e^{tA} の右側でなくてはなりません．

19) このことは次の節で説明します．

以下では，行列の指数関数が，a) 通常の指数関数，b) 1 次関数と通常の指数関数，そして c) 三角関数で表現できる場合について考えます．

a)　行列の指数関数が通常の指数関数で表現できる場合

例　行列の指数関数の各成分を通常の指数関数で表現できる場合の例として，行列 $A=\begin{pmatrix}2 & 0\\ 0 & 3\end{pmatrix}$ について e^{tA} を求めてみましょう．式 (3.3.6) から，まず，A^k を知る必要がありますので，A^2 を求めると，

$$A^2=\begin{pmatrix}2 & 0\\ 0 & 3\end{pmatrix}\begin{pmatrix}2 & 0\\ 0 & 3\end{pmatrix}=\begin{pmatrix}2^2 & 0\\ 0 & 3^2\end{pmatrix}$$

となります[20]．次に，A^3 を求めると，

$$A^3=A^2A=\begin{pmatrix}2^2 & 0\\ 0 & 3^2\end{pmatrix}\begin{pmatrix}2 & 0\\ 0 & 3\end{pmatrix}=\begin{pmatrix}2^3 & 0\\ 0 & 3^3\end{pmatrix}$$

となります．このくらい計算を進めると法則がみえてきました．よって，

$$A^k=\begin{pmatrix}2^k & 0\\ 0 & 3^k\end{pmatrix}$$

がわかります[21]．では，これを式 (3.3.6) に代入すると，

$$\mathrm{e}^{tA}=\sum_{k=0}^{\infty}\frac{t^k}{k!}A^k=\sum_{k=0}^{\infty}\frac{t^k}{k!}\begin{pmatrix}2^k & 0\\ 0 & 3^k\end{pmatrix}=\sum_{k=0}^{\infty}\begin{pmatrix}\dfrac{t^k}{k!}2^k & 0\\ 0 & \dfrac{t^k}{k!}3^k\end{pmatrix}$$

を得ます．ここで

$$\begin{aligned}
\sum_{k=0}^{\infty}\begin{pmatrix}\dfrac{t^k}{k!}2^k & 0\\ 0 & \dfrac{t^k}{k!}3^k\end{pmatrix}&=\begin{pmatrix}\dfrac{t^0}{0!}2^0 & 0\\ 0 & \dfrac{t^0}{0!}3^0\end{pmatrix}+\begin{pmatrix}\dfrac{t^1}{1!}2^1 & 0\\ 0 & \dfrac{t^1}{1!}3^1\end{pmatrix}+\begin{pmatrix}\dfrac{t^2}{2!}2^2 & 0\\ 0 & \dfrac{t^2}{2!}3^2\end{pmatrix}+\cdots\\
&=\begin{pmatrix}\dfrac{t^0}{0!}2^0+\dfrac{t^1}{1!}2^1+\dfrac{t^2}{2!}2^2+\cdots & 0\\ 0 & \dfrac{t^0}{0!}3^0+\dfrac{t^1}{1!}3^1+\dfrac{t^2}{2!}3^2+\cdots\end{pmatrix}\\
&=\begin{pmatrix}\displaystyle\sum_{k=0}^{\infty}\frac{t^k}{k!}2^k & 0\\ 0 & \displaystyle\sum_{k=0}^{\infty}\frac{t^k}{k!}3^k\end{pmatrix}
\end{aligned}$$

---

20)　ここで，$2^2=4,\ 3^2=9$ のように計算結果を書いてしまわないようにしましょう．

21)　本来はこの結果が正しいことを**数学的帰納法**で確認するべきですが，ここでは省略します．以下，行列のべき乗を推測することについて同様です．

ですので，結局，

$$e^{tA} = \begin{pmatrix} \sum_{k=0}^{\infty} \frac{t^k}{k!} 2^k & 0 \\ 0 & \sum_{k=0}^{\infty} \frac{t^k}{k!} 3^k \end{pmatrix}$$

を得ます．よって，式 (3.3.5) より，

$$e^{tA} = \begin{pmatrix} e^{2t} & 0 \\ 0 & e^{3t} \end{pmatrix}$$

ですから，行列の指数関数を通常の指数関数で書くことができました． ■

では，以下の例題を解いてみましょう．

例題 3.3.1. 次の行列 A を指数にもつ行列の指数関数 e^{tA} を求めなさい．

$$A = \begin{pmatrix} 3 & 0 \\ 0 & -3 \end{pmatrix}.$$

解答：まず，行列 A^k を求める．A^2, A^3 を順次計算すると，

$$A^2 = \begin{pmatrix} 3 & 0 \\ 0 & -3 \end{pmatrix} \begin{pmatrix} 3 & 0 \\ 0 & -3 \end{pmatrix} = \begin{pmatrix} 3^2 & 0 \\ 0 & (-3)^2 \end{pmatrix},$$

$$A^3 = A^2 A = \begin{pmatrix} 3^2 & 0 \\ 0 & (-3)^2 \end{pmatrix} \begin{pmatrix} 3 & 0 \\ 0 & -3 \end{pmatrix} = \begin{pmatrix} 3^3 & 0 \\ 0 & (-3)^3 \end{pmatrix}$$

であるから，

$$A^k = \begin{pmatrix} 3^k & 0 \\ 0 & (-3)^k \end{pmatrix}$$

を得る．よって，行列の指数関数の定義より，

$$e^{tA} = \sum_{k=0}^{\infty} \frac{t^k}{k!} A^k = \sum_{k=0}^{\infty} \frac{t^k}{k!} \begin{pmatrix} 3^k & 0 \\ 0 & (-3)^k \end{pmatrix} = \sum_{k=0}^{\infty} \begin{pmatrix} \frac{t^k}{k!} 3^k & 0 \\ 0 & \frac{t^k}{k!} (-3)^k \end{pmatrix}$$

$$= \begin{pmatrix} \sum_{k=0}^{\infty} \frac{t^k}{k!} 3^k & 0 \\ 0 & \sum_{k=0}^{\infty} \frac{t^k}{k!} (-3)^k \end{pmatrix} = \begin{pmatrix} e^{3t} & 0 \\ 0 & e^{-3t} \end{pmatrix}$$

である． □

以上のことを一般的な場合で考えると次のようになります．

$$A = \begin{pmatrix} \lambda_1 & 0 \\ 0 & \lambda_2 \end{pmatrix} \quad \text{のとき，} \quad e^{tA} = \begin{pmatrix} e^{\lambda_1 t} & 0 \\ 0 & e^{\lambda_2 t} \end{pmatrix}.$$

b) 行列の指数関数が 1 次関数と通常の指数関数で表現できる場合

例 行列の指数関数の各成分を 1 次関数と通常の指数関数で表現できる場合の例として，行列 $A = \begin{pmatrix} 3 & 1 \\ 0 & 3 \end{pmatrix}$ について e^{tA} を求めてみましょう．まず，行列 A^k を求めるために，A^2, A^3, A^4 を順次計算すれば，

$$A^2 = \begin{pmatrix} 3 & 1 \\ 0 & 3 \end{pmatrix}\begin{pmatrix} 3 & 1 \\ 0 & 3 \end{pmatrix} = \begin{pmatrix} 3^2 & 3+3 \\ 0 & 3^2 \end{pmatrix} = \begin{pmatrix} 3^2 & 2\cdot 3 \\ 0 & 3^2 \end{pmatrix},$$

$$A^3 = A^2A = \begin{pmatrix} 3^2 & 2\cdot 3 \\ 0 & 3^2 \end{pmatrix}\begin{pmatrix} 3 & 1 \\ 0 & 3 \end{pmatrix} = \begin{pmatrix} 3^3 & 3^2 + 2\cdot 3^2 \\ 0 & 3^3 \end{pmatrix} = \begin{pmatrix} 3^3 & 3\cdot 3^2 \\ 0 & 3^3 \end{pmatrix},$$

$$A^4 = A^3A = \begin{pmatrix} 3^3 & 3\cdot 3^2 \\ 0 & 3^3 \end{pmatrix}\begin{pmatrix} 3 & 1 \\ 0 & 3 \end{pmatrix} = \begin{pmatrix} 3^4 & 3^3 + 3\cdot 3^3 \\ 0 & 3^4 \end{pmatrix} = \begin{pmatrix} 3^4 & 4\cdot 3^3 \\ 0 & 3^4 \end{pmatrix}$$

となるので，

$$A^k = \begin{pmatrix} 3^k & k3^{k-1} \\ 0 & 3^k \end{pmatrix}$$

を得ます．よって，行列の指数関数の定義 (3.3.6) より，

$$\mathrm{e}^{tA} = \sum_{k=0}^{\infty} \frac{t^k}{k!}A^k = \sum_{k=0}^{\infty} \frac{t^k}{k!}\begin{pmatrix} 3^k & k3^{k-1} \\ 0 & 3^k \end{pmatrix} = \sum_{k=0}^{\infty} \begin{pmatrix} \dfrac{t^k}{k!}3^k & \dfrac{kt^k}{k!}3^{k-1} \\ 0 & \dfrac{t^k}{k!}3^k \end{pmatrix}$$

$$= \begin{pmatrix} \displaystyle\sum_{k=0}^{\infty} \frac{t^k}{k!}3^k & \displaystyle t\sum_{k=0}^{\infty} \frac{kt^k}{k!}3^{k-1} \\ 0 & \displaystyle\sum_{k=0}^{\infty} \frac{t^k}{k!}3^k \end{pmatrix}$$

となります．ここで，

$$\sum_{k=0}^{\infty} \frac{kt^{k-1}}{k!}3^{k-1} = 0 + 1 + \frac{t}{1!}3 + \frac{t^2}{2!}3^2 + \frac{t^3}{3!}3^3 + \cdots = \sum_{k=0}^{\infty} \frac{t^k}{k!}3^k = \mathrm{e}^{3t}$$

が成り立ちますから，

$$\mathrm{e}^{tA} = \begin{pmatrix} \displaystyle\sum_{k=0}^{\infty} \frac{t^k}{k!}3^k & \displaystyle t\sum_{k=0}^{\infty} \frac{kt^k}{k!}3^{k-1} \\ 0 & \displaystyle\sum_{k=0}^{\infty} \frac{t^k}{k!}3^k \end{pmatrix} = \begin{pmatrix} \mathrm{e}^{3t} & t\mathrm{e}^{3t} \\ 0 & \mathrm{e}^{3t} \end{pmatrix}$$

を得ます． ■

以上のことを一般的な場合で考えると次のようになります.

$$A = \begin{pmatrix} \lambda & 1 \\ 0 & \lambda \end{pmatrix} \quad のとき, \quad \mathrm{e}^{tA} = \begin{pmatrix} \mathrm{e}^{\lambda t} & t\mathrm{e}^{\lambda t} \\ 0 & \mathrm{e}^{\lambda t} \end{pmatrix}.$$

c) 行列の指数関数が三角関数で表現できる場合 最後に, 行列の指数関数の各成分を三角関数で表現できる場合について考えますが, そのまえに $\sin x$ と $\cos x$ のマクローリン展開に $x = \beta t$ を代入した式をそれぞれ書いておきます. ここで β は定数です.

$$\sin(\beta t) = \frac{(\beta t)^1}{1!} - \frac{(\beta t)^3}{3!} + \frac{(\beta t)^5}{5!} - \frac{(\beta t)^7}{7!} + \cdots = \sum_{l=0}^{\infty} \frac{(-1)^l (\beta t)^{2l+1}}{(2l+1)!},$$

$$\cos(\beta t) = 1 - \frac{(\beta t)^2}{2!} + \frac{(\beta t)^4}{4!} - \frac{(\beta t)^6}{6!} + \cdots = \sum_{l=0}^{\infty} \frac{(-1)^l (\beta t)^{2l}}{(2l)!}.$$

例 では, 行列 $A = \begin{pmatrix} 0 & 3 \\ -3 & 0 \end{pmatrix}$ の場合について e^{tA} を求めてみましょう.

まず, 行列 A^k を求めるために A^2, A^3, A^4, A^5 を順次計算すれば,

$$A^2 = \begin{pmatrix} 0 & 3 \\ -3 & 0 \end{pmatrix} \begin{pmatrix} 0 & 3 \\ -3 & 0 \end{pmatrix} = \begin{pmatrix} -3^2 & 0 \\ 0 & -3^2 \end{pmatrix},$$

$$A^3 = A^2 A = \begin{pmatrix} -3^2 & 0 \\ 0 & -3^2 \end{pmatrix} \begin{pmatrix} 0 & 3 \\ -3 & 0 \end{pmatrix} = \begin{pmatrix} 0 & -3^3 \\ (-1)^2 3^3 & 0 \end{pmatrix},$$

$$A^4 = A^3 A = \begin{pmatrix} 0 & -3^3 \\ (-1)^2 3^3 & 0 \end{pmatrix} \begin{pmatrix} 0 & 3 \\ -3 & 0 \end{pmatrix} = \begin{pmatrix} (-1)^2 3^4 & 0 \\ 0 & (-1)^2 3^4 \end{pmatrix},$$

$$A^5 = A^4 A = \begin{pmatrix} (-1)^2 3^4 & 0 \\ 0 & (-1)^2 3^4 \end{pmatrix} \begin{pmatrix} 0 & 3 \\ -3 & 0 \end{pmatrix} = \begin{pmatrix} 0 & (-1)^2 3^5 \\ (-1)^3 3^5 & 0 \end{pmatrix}$$

となります. 今回は A^k の k が偶数番目と奇数番目の形が違うことに気づきます. つまり, $l = 0, 1, 2, \cdots$ に対して,

$$A^{2l} = \begin{pmatrix} (-1)^l 3^{2l} & 0 \\ 0 & (-1)^l 3^{2l} \end{pmatrix},$$

$$A^{2l+1} = \begin{pmatrix} 0 & (-1)^l 3^{2l+1} \\ -(-1)^l 3^{2l+1} & 0 \end{pmatrix}$$

を得ます. よって, 行列の指数関数の定義 (3.3.6) より,

$$
\begin{aligned}
\mathrm{e}^{tA} &= \sum_{k=0}^{\infty} \frac{t^k}{k!} A^k = \sum_{l=0}^{\infty} \frac{t^{2l}}{(2l)!} A^{2l} + \sum_{l=0}^{\infty} \frac{t^{2l+1}}{(2l+1)!} A^{2l+1} \\
&= \sum_{l=0}^{\infty} \frac{t^{2l}}{(2l)!} \begin{pmatrix} (-1)^l 3^{2l} & 0 \\ 0 & (-1)^l 3^{2l} \end{pmatrix} \\
&\quad + \sum_{l=0}^{\infty} \frac{t^{2l+1}}{(2l+1)!} \begin{pmatrix} 0 & (-1)^l 3^{2l+1} \\ -(-1)^l 3^{2l+1} & 0 \end{pmatrix} \\
&= \begin{pmatrix} \displaystyle\sum_{l=0}^{\infty} \frac{t^{2l}}{(2l)!} (-1)^l 3^{2l} & 0 \\ 0 & \displaystyle\sum_{l=0}^{\infty} \frac{t^{2l}}{(2l)!} (-1)^l 3^{2l} \end{pmatrix} \\
&\quad + \begin{pmatrix} 0 & \displaystyle\sum_{l=0}^{\infty} \frac{t^{2l+1}}{(2l+1)!} (-1)^l 3^{2l+1} \\ \displaystyle -\sum_{l=0}^{\infty} \frac{t^{2l+1}}{(2l+1)!} (-1)^l 3^{2l+1} & 0 \end{pmatrix} \\
&= \begin{pmatrix} \displaystyle\sum_{l=0}^{\infty} \frac{(-1)^l (3t)^{2l}}{(2l)!} & \displaystyle\sum_{l=0}^{\infty} \frac{(-1)^l (3t)^{2l+1}}{(2l+1)!} \\ \displaystyle -\sum_{l=0}^{\infty} \frac{(-1)^l (3t)^{2l+1}}{(2l+1)!} & \displaystyle\sum_{l=0}^{\infty} \frac{(-1)^l (3t)^{2l}}{(2l)!} \end{pmatrix}
\end{aligned}
$$

となります．ここで，$\sin x$ と $\cos x$ のマクローリン展開から，

$$
\mathrm{e}^{tA} = \begin{pmatrix} \displaystyle\sum_{l=0}^{\infty} \frac{(-1)^l (3t)^{2l}}{(2l)!} & \displaystyle\sum_{l=0}^{\infty} \frac{(-1)^l (3t)^{2l+1}}{(2l+1)!} \\ \displaystyle -\sum_{l=0}^{\infty} \frac{(-1)^l (3t)^{2l+1}}{(2l+1)!} & \displaystyle\sum_{l=0}^{\infty} \frac{(-1)^l (3t)^{2l}}{(2l)!} \end{pmatrix} = \begin{pmatrix} \cos(3t) & \sin(3t) \\ -\sin(3t) & \cos(3t) \end{pmatrix}
$$

を得ます．■

以上のことを一般的な場合で考えると次のようになります．

$$
A = \begin{pmatrix} 0 & \beta \\ -\beta & 0 \end{pmatrix} \quad \text{のとき，} \quad \mathrm{e}^{tA} = \begin{pmatrix} \cos(\beta t) & \sin(\beta t) \\ -\sin(\beta t) & \cos(\beta t) \end{pmatrix}.
$$

今後は，上記の 3 つの場合 a), b), c) で得た "一般的な場合の行列の指数関数の公式" を使用してもよいのですが，以下の問題に限り，定義に従って行列の指数関数を求めてみてください．

問題 3.3.2. 次の行列 A を指数にもつ行列の指数関数 e^{tA} を，定義に従って求めなさい[22)].

(1) $A=\begin{pmatrix}5 & 0\\0 & 5\end{pmatrix}$ (2) $A=\begin{pmatrix}-2 & 0\\0 & -3\end{pmatrix}$ (3) $A=\begin{pmatrix}7 & 1\\0 & 7\end{pmatrix}$ (4) $A=\begin{pmatrix}0 & -5\\5 & 0\end{pmatrix}$

3.4 非同次連立線形微分方程式と定数変化法

3.4.1 行列の指数関数を用いた一般解の表現

前節では，行列の指数関数 e^{tA} の性質について説明し，系

$$\boldsymbol{y}'=A\boldsymbol{y} \tag{3.4.1}$$

の解が式 (3.3.4)，すなわち

$$\boldsymbol{y}(t)=e^{tA}\boldsymbol{c}$$

として書けることを示しました．ただし，$\boldsymbol{c}$ は任意の定数ベクトルです．ここでの目標は，e^{tA} が基本行列で表せること，そして式 (3.3.4) が系 (3.4.1) の一般解になることを示すことです．ここでは $n=2$ の場合のみ示します[23)].

まず，e^{tA} が基本行列で表せることを示しましょう．$\boldsymbol{y}_1(t), \boldsymbol{y}_2(t)$ を系 (3.4.1) の基本解とし，

$$Y(t)=\begin{pmatrix}\boldsymbol{y}_1(t) & \boldsymbol{y}_2(t)\end{pmatrix}$$

とおけば，$Y(t)$ は系 (3.4.1) の基本行列です．これを微分すると，$\boldsymbol{y}_1(t)$ と $\boldsymbol{y}_2(t)$ が系 (3.4.1) の解であることより，

$$Y'(t)=\begin{pmatrix}\boldsymbol{y}_1'(t) & \boldsymbol{y}_2'(t)\end{pmatrix}=\begin{pmatrix}A\boldsymbol{y}_1(t) & A\boldsymbol{y}_2(t)\end{pmatrix}$$

となります．ここで “行列 × ベクトル = ベクトル” でしたから，$A\boldsymbol{y}_1(t)$ と $A\boldsymbol{y}_2(t)$ はベクトルです．いま，

$$A=\begin{pmatrix}a_{11} & a_{12}\\a_{21} & a_{22}\end{pmatrix},\quad \boldsymbol{y}_1(t)=\begin{pmatrix}y_{11}(t)\\y_{21}(t)\end{pmatrix},\quad \boldsymbol{y}_2(t)=\begin{pmatrix}y_{12}(t)\\y_{22}(t)\end{pmatrix}$$

と書くと，行列のかけ算の定義より，

$$\begin{pmatrix}A\boldsymbol{y}_1(t) & A\boldsymbol{y}_2(t)\end{pmatrix}=\left(\begin{pmatrix}a_{11} & a_{12}\\a_{21} & a_{22}\end{pmatrix}\begin{pmatrix}y_{11}(t)\\y_{21}(t)\end{pmatrix}\ \begin{pmatrix}a_{11} & a_{12}\\a_{21} & a_{22}\end{pmatrix}\begin{pmatrix}y_{12}(t)\\y_{22}(t)\end{pmatrix}\right)$$

---

22) e^x, $\cos x$, $\sin x$ のマクローリン展開を用いること．

23) 行列に関するいくつかの知識を必要としますので，場合によっては得られる関係式 (3.4.3) だけを認めて，例題へ進んでください．

$$= \begin{pmatrix} a_{11}y_{11}(t) + a_{12}y_{21}(t) & a_{11}y_{12}(t) + a_{12}y_{22}(t) \\ a_{21}y_{11}(t) + a_{22}y_{21}(t) & a_{21}y_{12}(t) + a_{22}y_{22}(t) \end{pmatrix}$$

$$= \begin{pmatrix} a_{11} & a_{12} \\ a_{21} & a_{22} \end{pmatrix} \begin{pmatrix} y_{11}(t) & y_{12}(t) \\ y_{21}(t) & y_{22}(t) \end{pmatrix}$$

$$= A\Big(\boldsymbol{y}_1(t)\ \ \boldsymbol{y}_2(t)\Big) = AY(t)$$

の関係が成り立ちますから，結局，

$$Y'(t) = AY(t) \tag{3.4.2}$$

を得ます．ここで A も $Y(t)$ も行列ですので，両辺は行列です．よって，系 (3.4.1) の基本行列 $Y(t)$ は行列の微分方程式 $Y' = AY$ の解です．

以上より，系 (3.4.1) の基本行列 $Y(t)$ の性質がわかりましたので，前節で学んだ行列の指数関数 e^{tA} の性質 (3.3.2)，すなわち，

$$\left(\mathrm{e}^{tA}\right)' = A\mathrm{e}^{tA} = \mathrm{e}^{tA}A$$

も使って，e^{tA} が基本行列で表せることを示しましょう．

まず，$X(t) = \mathrm{e}^{-tA}Y(t)$ とおき，この $X(t)$ が定数行列であることを示します．もし，$X'(t) = O$ を示せれば $X(t)$ は定数行列です．ここで，行列 $F(t)$ と行列 $G(t)$ の積の微分公式 “$(F(t)G(t))' = F'(t)G(t) + F(t)G'(t)$” が成り立ちますので，式 (3.3.2) と式 (3.4.2) を使えば，

$$\begin{aligned} X'(t) &= \left(\mathrm{e}^{-tA}Y(t)\right)' = \left(\mathrm{e}^{-tA}\right)'Y(t) + \mathrm{e}^{-tA}Y'(t) \\ &= \mathrm{e}^{-tA}(-A)Y(t) + \mathrm{e}^{-tA}AY(t) \\ &= -\mathrm{e}^{-tA}AY(t) + \mathrm{e}^{-tA}AY(t) = O \end{aligned}$$

を得ます．微分して 0 になるのは定数のみでしたから，$X(t)$ の各成分はすべて定数です．すなわち，$X(t) = \mathrm{e}^{-tA}Y(t)$ は定数行列でなくてはなりません．そこで，独立変数 t に関する $X(t)$ として書くのではなく，定数行列 C として

$$C = \mathrm{e}^{-tA}Y(t)$$

と書き直しましょう．

次に，上の式に $t = 0$ を代入すれば，

$$C = \mathrm{e}^{O}Y(0) = EY(0) = Y(0)$$

ですから，これを直前の式の C に代入すると，

$$Y(0) = \mathrm{e}^{-tA}Y(t)$$

となります．これに左側から e^{tA} をかけると，

$$\mathrm{e}^{tA}Y(0) = \mathrm{e}^{tA}\mathrm{e}^{-tA}Y(t) = EY(t) = Y(t)$$

です．さらに，右側から逆行列 $Y(0)^{-1}$ をかければ

$$\mathrm{e}^{tA}Y(0)Y(0)^{-1} = Y(t)Y(0)^{-1}$$

ですので，結局，

$$\mathrm{e}^{tA} = Y(t)Y(0)^{-1} \tag{3.4.3}$$

を得ます．

これで，e^{tA} が基本行列 $Y(t)$ を用いて表せることがわかりました．この関係式は，基本行列 $Y(t)$ を用いれば e^{tA} が求まることを意味しています．

では，この事実を例題で確認してみましょう．

例題 3.4.1. 次の行列 A を指数にもつ行列の指数関数 e^{tA} を求めなさい．

$$A = \begin{pmatrix} 4 & 1 \\ -2 & 1 \end{pmatrix}.$$

解答：系

$$\boldsymbol{y}' = A\boldsymbol{y}, \quad A = \begin{pmatrix} 4 & 1 \\ -2 & 1 \end{pmatrix}$$

を考える．この系は 3.2.1 項で扱った系 (3.2.4) と同じだから，同様の計算から，基本解

$$\boldsymbol{y}_1(t) = \mathrm{e}^{2t}\begin{pmatrix} 1 \\ -2 \end{pmatrix}, \quad \boldsymbol{y}_2(t) = \mathrm{e}^{3t}\begin{pmatrix} 1 \\ -1 \end{pmatrix}$$

を得る．よって，基本行列は

$$Y(t) = \begin{pmatrix} \boldsymbol{y}_1(t) & \boldsymbol{y}_2(t) \end{pmatrix} = \begin{pmatrix} \mathrm{e}^{2t} & \mathrm{e}^{3t} \\ -2\mathrm{e}^{2t} & -\mathrm{e}^{3t} \end{pmatrix}$$

である．また，

$$Y(0)^{-1} = \begin{pmatrix} 1 & 1 \\ -2 & -1 \end{pmatrix}^{-1} = \frac{1}{-1-(-2)}\begin{pmatrix} -1 & -1 \\ 2 & 1 \end{pmatrix} = \begin{pmatrix} -1 & -1 \\ 2 & 1 \end{pmatrix}$$

となるから，関係式 (3.4.3) より，

$$\begin{aligned}\mathrm{e}^{tA} = Y(t)Y(0)^{-1} &= \begin{pmatrix} \mathrm{e}^{2t} & \mathrm{e}^{3t} \\ -2\mathrm{e}^{2t} & -\mathrm{e}^{3t} \end{pmatrix}\begin{pmatrix} -1 & -1 \\ 2 & 1 \end{pmatrix} \\ &= \begin{pmatrix} -\mathrm{e}^{2t}+2\mathrm{e}^{3t} & -\mathrm{e}^{2t}+\mathrm{e}^{3t} \\ 2\mathrm{e}^{2t}-2\mathrm{e}^{3t} & 2\mathrm{e}^{2t}-\mathrm{e}^{3t} \end{pmatrix}\end{aligned}$$

を得る． □

さて，解 (3.3.4) と関係式 (3.4.3) より，系 (3.4.1) の解は

$$\boldsymbol{y}(t) = \mathrm{e}^{tA}\boldsymbol{c} = Y(t)Y(0)^{-1}\boldsymbol{c}$$

と書くことができます．ただし, $\boldsymbol{c}$ は任意の定数ベクトルです．次は, この $\boldsymbol{y}(t)$ が系 (3.4.1) の一般解であることを示します．ここで，$Y(0)^{-1}\boldsymbol{c}$ は定数ベクトルですから，$Y(0)^{-1}\boldsymbol{c} = (c_1, c_2)^\top$ とすれば,

$$\boldsymbol{y}(t) = \mathrm{e}^{tA}\boldsymbol{c} = Y(t)\begin{pmatrix} c_1 \\ c_2 \end{pmatrix} = \begin{pmatrix} \boldsymbol{y}_1(t) & \boldsymbol{y}_2(t) \end{pmatrix}\begin{pmatrix} c_1 \\ c_2 \end{pmatrix}$$

となります．いま，$\boldsymbol{y}_1(t) = \begin{pmatrix} y_{11}(t) \\ y_{21}(t) \end{pmatrix}$，$\boldsymbol{y}_2(t) = \begin{pmatrix} y_{12}(t) \\ y_{22}(t) \end{pmatrix}$ と書くと,

$$\begin{aligned}\begin{pmatrix} \boldsymbol{y}_1(t) & \boldsymbol{y}_2(t) \end{pmatrix}\begin{pmatrix} c_1 \\ c_2 \end{pmatrix} &= \begin{pmatrix} y_{11}(t) & y_{12}(t) \\ y_{21}(t) & y_{22}(t) \end{pmatrix}\begin{pmatrix} c_1 \\ c_2 \end{pmatrix} = \begin{pmatrix} c_1 y_{11}(t) + c_2 y_{12}(t) \\ c_1 y_{21}(t) + c_2 y_{22}(t) \end{pmatrix} \\ &= c_1\boldsymbol{y}_1(t) + c_2\boldsymbol{y}_2(t)\end{aligned}$$

が成り立ちますので，その結果,

$$\boldsymbol{y}(t) = \mathrm{e}^{tA}\boldsymbol{c} = Y(t)Y(0)^{-1}\boldsymbol{c} = c_1\boldsymbol{y}_1(t) + c_2\boldsymbol{y}_2(t)$$

を得ます．ここで，c_1，c_2 は $\boldsymbol{c}$ の任意性を引き継ぎ，任意定数となります．また，$\boldsymbol{y}_1(t)$, $\boldsymbol{y}_2(t)$ は系 (3.4.1) の基本解ですので，式 (3.3.4) が系 (3.4.1) の一般解であることが示されました.

このように，一般解の表現は一意的ではなく，いろいろな表現があることがわかりました.

3.4.2 行列の指数関数の基本行列による表現

●定数変化法の公式

ここでは，系

$$\boldsymbol{y}' = A\boldsymbol{y} + \boldsymbol{f}(t) \tag{3.4.4}$$

に対する**定数変化法**とその公式について説明します．もし $\boldsymbol{f}(t) = \boldsymbol{0}$ の場合，すなわち，系 (3.4.1) の形を**同次方程式**とよび，系 (3.4.4) の形を**非同次方程式**とよびます．よって，系 (3.4.4) は正式には**非同次連立 1 階線形微分方程式**とよばれます．また $\boldsymbol{f}(t)$ を**摂動項**とよび，系 (3.4.4) を系 (3.4.1) の**摂動方程式**または**摂動系**とよぶこともあります．これとは反対に, 系 (3.4.1) は系 (3.4.4) の**非摂動方程式**または**非摂動系**とよばれます.

系 (3.4.1) に摂動項 $\boldsymbol{f}(t)$ が付いても解の形は似ているだろうという発想が定数変化法の公式に結びつきます．1.3 節の場合と同じように，系 (3.4.1) の

一般解 $\boldsymbol{y}(t) = \mathrm{e}^{tA}\boldsymbol{c}$ の定数ベクトル $\boldsymbol{c}$ を関数ベクトル $\boldsymbol{u}(t)$ にした

$$\boldsymbol{y}(t) = \mathrm{e}^{tA}\boldsymbol{u}(t) \tag{3.4.5}$$

を系 (3.4.4) の解と推測し, 具体的な $\boldsymbol{u}(t)$ を求めましょう. 行列 $F(t)$ とベクトル $\boldsymbol{g}(t)$ の積の微分公式 "$(F(t)\boldsymbol{g}(t))' = F'(t)\boldsymbol{g}(t) + F(t)\boldsymbol{g}'(t)$" が成り立ちますので, 式 (3.4.5) の $\boldsymbol{y}(t)$ を系 (3.4.4) の左辺に代入すると ($\boldsymbol{y}(t)$ を微分すると),

$$\begin{aligned}(\text{左辺}) &= \boldsymbol{y}'(t) = \left(\mathrm{e}^{tA}\right)'\boldsymbol{u}(t) + \mathrm{e}^{tA}\boldsymbol{u}'(t) = \left(A\mathrm{e}^{tA}\right)\boldsymbol{u}(t) + \mathrm{e}^{tA}\boldsymbol{u}'(t)\\ &= A\boldsymbol{y}(t) + \mathrm{e}^{tA}\boldsymbol{u}'(t)\end{aligned}$$

となります. 一方, $\boldsymbol{y}(t)$ を系 (3.4.4) の右辺の $\boldsymbol{y}$ に代入すると,

$$(\text{右辺}) = A\boldsymbol{y}(t) + \boldsymbol{f}(t)$$

ですから, 結局,

$$\mathrm{e}^{tA}\boldsymbol{u}'(t) = \boldsymbol{f}(t)$$

を得ます.

次に, この方程式を $\boldsymbol{u}(t)$ について解きましょう. 両辺に左側から e^{-tA} をかけると,

$$(\text{左辺}) = \mathrm{e}^{-tA}\mathrm{e}^{tA}\boldsymbol{u}'(t) = E\boldsymbol{u}'(t) = \boldsymbol{u}'(t), \quad (\text{右辺}) = \mathrm{e}^{-tA}\boldsymbol{f}(t)$$

となるので,

$$\boldsymbol{u}'(t) = \mathrm{e}^{-tA}\boldsymbol{f}(t) \tag{3.4.6}$$

を得ます. ここで, ベクトルの積分を各成分の積分として, 両辺を t で積分すれば

$$\int (\text{左辺})\,\mathrm{d}t = \int \boldsymbol{u}'(t)\,\mathrm{d}t = \boldsymbol{u}(t) + \boldsymbol{c}_1 \quad (\boldsymbol{c}_1 \text{ は積分定数}),$$

$$\int (\text{右辺})\,\mathrm{d}t = \int \mathrm{e}^{-tA}\boldsymbol{f}(t)\,\mathrm{d}t$$

となるので,

$$\boldsymbol{u}(t) = \int \mathrm{e}^{-tA}\boldsymbol{f}(t)\,\mathrm{d}t - \boldsymbol{c}_1$$

が求まります. ここで $\boldsymbol{c} = -\boldsymbol{c}_1$ として, $\boldsymbol{u}(t)$ を式 (3.4.5) に代入すれば, 系 (3.4.4) の一般解

$$\boldsymbol{y}(t) = \mathrm{e}^{tA}\left(\int \mathrm{e}^{-tA}\boldsymbol{f}(t)\,\mathrm{d}t + \boldsymbol{c}\right)$$

を得ます．ただし，$\boldsymbol{c}$ は任意の定数ベクトルです．ここで得た $\boldsymbol{y}(t)$ の表記を系 (3.4.4) の**定数変化法の公式**とよびます．

●定数変化法の公式と初期値問題

初期条件 $\boldsymbol{y}(0) = \boldsymbol{y}_0$ をみたす系 (3.4.4) の解を求めてみましょう．式 (3.4.6) まではまったく同じ計算ですので省略します．式 (3.4.6) の両辺を 0 から t まで積分すると，

$$\int_0^t (\text{左辺})\,\mathrm{d}s = \int_0^t \boldsymbol{u}'(s)\,\mathrm{d}s = \boldsymbol{u}(t) - \boldsymbol{u}(0),$$

$$\int_0^t (\text{右辺})\,\mathrm{d}s = \int_0^t \mathrm{e}^{-sA}\boldsymbol{f}(s)\,\mathrm{d}s$$

となるので，結局，

$$\boldsymbol{u}(t) = \int_0^t \mathrm{e}^{-sA}\boldsymbol{f}(s)\,\mathrm{d}s + \boldsymbol{u}(0) \tag{3.4.7}$$

を得ます．ここで，式 (3.4.5) と初期条件から，

$$\mathrm{e}^{O}\boldsymbol{u}(0) = \boldsymbol{y}(0) = \boldsymbol{y}_0$$

となるので, $\boldsymbol{u}(0) = \boldsymbol{y}(0) = \boldsymbol{y}_0$ がわかります．これと式 (3.4.5) および式 (3.4.7) より，初期条件 $\boldsymbol{y}(0) = \boldsymbol{y}_0$ をみたす系 (3.4.4) の定数変化法の公式

$$\boldsymbol{y}(t) = \mathrm{e}^{tA}\left(\int_0^t \mathrm{e}^{-sA}\boldsymbol{f}(s)\,\mathrm{d}s + \boldsymbol{y}_0\right)$$

を得ます．

次の例題で定数変化法の公式の使い方を確認してみましょう．

例題 3.4.2. 次の系の一般解を求めなさい．

$$\boldsymbol{y}' = A\boldsymbol{y} + \boldsymbol{f}(t), \quad A = \begin{pmatrix} 2 & 0 \\ 0 & 3 \end{pmatrix}, \ \boldsymbol{f}(t) = \begin{pmatrix} -2 \\ -3 \end{pmatrix}. \tag{3.4.8}$$

解答： 系 (3.4.8) の非摂動系

$$\boldsymbol{y}' = A\boldsymbol{y}, \quad A = \begin{pmatrix} 2 & 0 \\ 0 & 3 \end{pmatrix}$$

を考える．行列の指数関数の公式から，

$$\mathrm{e}^{tA} = \begin{pmatrix} \mathrm{e}^{2t} & 0 \\ 0 & \mathrm{e}^{3t} \end{pmatrix}$$

を得る．よって，

$$\mathrm{e}^{-tA}\boldsymbol{f}(t)=\begin{pmatrix}\mathrm{e}^{-2t} & 0\\ 0 & \mathrm{e}^{-3t}\end{pmatrix}\begin{pmatrix}-2\\ -3\end{pmatrix}=\begin{pmatrix}-2\mathrm{e}^{-2t}\\ -3\mathrm{e}^{-3t}\end{pmatrix}$$

だから,

$$\int \mathrm{e}^{-tA}\boldsymbol{f}(t)\,\mathrm{d}t=\int\begin{pmatrix}-2\mathrm{e}^{-2t}\\ -3\mathrm{e}^{-3t}\end{pmatrix}\mathrm{d}t=\begin{pmatrix}\int(-2\mathrm{e}^{-2t})\,\mathrm{d}t\\ \int(-3\mathrm{e}^{-3t})\,\mathrm{d}t\end{pmatrix}=\begin{pmatrix}\mathrm{e}^{-2t}+a_1\\ \mathrm{e}^{-3t}+a_2\end{pmatrix}$$

を得る．いま，$\boldsymbol{c}=(\widetilde{c}_1,\widetilde{c}_2)^\top$ とし，$c_1=a_1+\widetilde{c}_1$, $c_2=a_2+\widetilde{c}_2$ と書けば,

$$\int \mathrm{e}^{-tA}\boldsymbol{f}(t)\,\mathrm{d}t+\boldsymbol{c}=\begin{pmatrix}\mathrm{e}^{-2t}+a_1\\ \mathrm{e}^{-3t}+a_2\end{pmatrix}+\begin{pmatrix}\widetilde{c}_1\\ \widetilde{c}_2\end{pmatrix}=\begin{pmatrix}\mathrm{e}^{-2t}+c_1\\ \mathrm{e}^{-3t}+c_2\end{pmatrix}$$

となる．ただし，c_1 と c_2 は任意定数である．よって，定数変化法の公式より，系 (3.4.8) の一般解

$$\boldsymbol{y}(t)=\mathrm{e}^{tA}\left(\int \mathrm{e}^{-tA}\boldsymbol{f}(t)\,\mathrm{d}t+\boldsymbol{c}\right)=\begin{pmatrix}\mathrm{e}^{2t} & 0\\ 0 & \mathrm{e}^{3t}\end{pmatrix}\begin{pmatrix}\mathrm{e}^{-2t}+c_1\\ \mathrm{e}^{-3t}+c_2\end{pmatrix}=\begin{pmatrix}1+c_1\mathrm{e}^{2t}\\ 1+c_2\mathrm{e}^{3t}\end{pmatrix}$$

を得る．ただし，c_1 と c_2 は任意定数である． □

上記の例題では，前節で紹介した行列の指数関数の公式を用いましたが，例題 3.4.1 のように，非摂動系の基本行列 $Y(t)$ と関係式 (3.4.3) から，行列の指数関数 e^{tA} を導く手法でも同じことができます．

問題 3.4.3. 次の行列 A を係数行列，ベクトル $\boldsymbol{f}(t)$ を摂動項とする系 $\boldsymbol{y}'=A\boldsymbol{y}+\boldsymbol{f}(t)$ の一般解を求めなさい．

(1) $A=\begin{pmatrix}3 & 0\\ 0 & 5\end{pmatrix}$, $\boldsymbol{f}(t)=\begin{pmatrix}1\\ 1\end{pmatrix}$　　(2) $A=\begin{pmatrix}-3 & 1\\ 0 & -3\end{pmatrix}$, $\boldsymbol{f}(t)=\begin{pmatrix}1\\ 3\end{pmatrix}$

(3) $A=\begin{pmatrix}0 & 2\\ -2 & 0\end{pmatrix}$, $\boldsymbol{f}(t)=\begin{pmatrix}1\\ 0\end{pmatrix}$　　(4) $A=\begin{pmatrix}-1 & 0\\ 0 & -1\end{pmatrix}$, $\boldsymbol{f}(t)=\begin{pmatrix}2\\ t\end{pmatrix}$

3.5 係数行列が標準形の連立線形微分方程式

行列 A が n 次正方行列のとき，正則行列 (行列式が 0 でない行列) P を使って，行列 $P^{-1}AP$ に変形することができます．$n=2$ のときは，$P^{-1}AP$ が

(a) $\begin{pmatrix}\lambda_1 & 0\\ 0 & \lambda_2\end{pmatrix}$,　(b) $\begin{pmatrix}\lambda & 1\\ 0 & \lambda\end{pmatrix}$,　(c) $\begin{pmatrix}\alpha & \beta\\ -\beta & \alpha\end{pmatrix}$

のいずれかの形になることが知られています．これら (a), (b), (c) の行列を行列 A の**標準形**とよびます．特に，(b) の行列は**ジョルダン標準形**とよばれ，(c) の行列は**実ジョルダン標準形**とよばれます．本節では，$n=2$ の場合の標準形に関する話題を取りあげます．

●標準形への変形方法

まずは，$P^{-1}AP$ が上記 (a), (b), (c) の 3 つになることを具体的な例をとおして確認してみましょう．

(a) の行列の標準形　最初に考えるのは，行列 $A = \begin{pmatrix} 4 & 1 \\ -2 & 1 \end{pmatrix}$ です．この行列はこれまで 3.1 節，3.2.1 項，3.4.1 項で登場していますので見覚えがあるでしょう．特に，この行列 A の固有値は 2 つの相異なる実数の固有値 2 と 3 になり，これらに対応する固有ベクトルはそれぞれ $\boldsymbol{x}_1 = \begin{pmatrix} 1 \\ -2 \end{pmatrix}$，$\boldsymbol{x}_2 = \begin{pmatrix} 1 \\ -1 \end{pmatrix}$ となることを 3.2.1 項で求めたのでした．ここで，

$$P = \begin{pmatrix} 1 & 1 \\ -2 & -1 \end{pmatrix}$$

とすれば，その逆行列は

$$P^{-1} = \frac{1}{-1-(-2)} \begin{pmatrix} -1 & -1 \\ 2 & 1 \end{pmatrix} = \begin{pmatrix} -1 & -1 \\ 2 & 1 \end{pmatrix}$$

です．これらから，

$$P^{-1}AP = \begin{pmatrix} -1 & -1 \\ 2 & 1 \end{pmatrix} \begin{pmatrix} 4 & 1 \\ -2 & 1 \end{pmatrix} \begin{pmatrix} 1 & 1 \\ -2 & -1 \end{pmatrix} = \begin{pmatrix} 2 & 0 \\ 0 & 3 \end{pmatrix}$$

となりますので，(a) の標準形を得ます．じつは，2 つの相異なる実数の固有値が λ_1 と λ_2 のときは行列 $P^{-1}AP$ が対角化され，(a) の標準形となります．ただし，固有値が 2 重解 λ であって，1 次独立な 2 つの固有ベクトルがただちに求まる場合もまたこの (a) の標準形になり，

$$P^{-1}AP = \begin{pmatrix} \lambda & 0 \\ 0 & \lambda \end{pmatrix}$$

と書けることに注意しておきます．

(b) の行列の標準形　次に考えるのは，行列 $A = \begin{pmatrix} 2 & -1 \\ 0 & 2 \end{pmatrix}$ です．この行列は 3.2.3 項で系 (3.2.15) の係数行列として登場し，その固有値は 2 (2 重解) になりました．また，これに対応する固有ベクトルは $\boldsymbol{x}_1 = \begin{pmatrix} 1 \\ 0 \end{pmatrix}$ でした．ここで，$\boldsymbol{x}_1$ と 1 次独立なもう一つの固有ベクトル $\boldsymbol{x}_2$ を求めましょう．もう一度 3.2.3 項を参照すればわかるのですが，

$$(2E - A)\boldsymbol{x}_2 = -\boldsymbol{x}_1 = \begin{pmatrix} -1 \\ 0 \end{pmatrix}$$

をみたす $\boldsymbol{x}_2$ を求めれば，それがもう一つの固有ベクトルです．よって，3.2.3 項

と同じ計算から $\boldsymbol{x}_2 = \begin{pmatrix} 0 \\ -1 \end{pmatrix}$ を得ます．いま，$\boldsymbol{x}_1$ と $\boldsymbol{x}_2$ を並べて $P = \begin{pmatrix} 1 & 0 \\ 0 & -1 \end{pmatrix}$ とすれば，その逆行列は

$$P^{-1} = \frac{1}{-1-0}\begin{pmatrix} -1 & 0 \\ 0 & 1 \end{pmatrix} = \begin{pmatrix} 1 & 0 \\ 0 & -1 \end{pmatrix}$$

です．これらから，

$$P^{-1}AP = \begin{pmatrix} 1 & 0 \\ 0 & -1 \end{pmatrix}\begin{pmatrix} 2 & -1 \\ 0 & 2 \end{pmatrix}\begin{pmatrix} 1 & 0 \\ 0 & -1 \end{pmatrix} = \begin{pmatrix} 2 & 1 \\ 0 & 2 \end{pmatrix}$$

となりますので，(b) の標準形を得ます．じつは，2 重解の固有値が λ であり，ただちに 1 次独立な 2 つの固有値が求まらないときは，一般に行列 $P^{-1}AP$ が (b) の標準形となります．

(c) の行列の標準形　最後に考えるのは，行列 $A = \begin{pmatrix} 1 & -2 \\ 5 & 3 \end{pmatrix}$ です．固有方程式は

$$0 = \begin{vmatrix} \lambda - 1 & 2 \\ -5 & \lambda - 3 \end{vmatrix} = (\lambda - 1)(\lambda - 3) + 10 = \lambda^2 - 4\lambda + 13$$

ですから，虚数の固有値 $\lambda = 2 \pm 3i$ を得ます．次に，固有値 $2 + 3i$ に対応する固有ベクトルを求めてみましょう．方程式 $(\lambda E - A)\boldsymbol{x} = \mathbf{0}$ に $\lambda = 2 + 3i$ と与えられた A と $\boldsymbol{x} = (u, v)^{\top}$ をそれぞれ代入すると，

$$\begin{pmatrix} 0 \\ 0 \end{pmatrix} = \begin{pmatrix} 2 + 3i - 1 & 2 \\ -5 & 2 + 3i - 3 \end{pmatrix}\begin{pmatrix} u \\ v \end{pmatrix} = \begin{pmatrix} (1 + 3i)u + 2v \\ -5u + (-1 + 3i)v \end{pmatrix}$$

となります．よって，$(1 + 3i)u + 2v = 0$, $-5u + (-1 + 3i)v = 0$ が成り立ちます．最初の式の両辺に $(-1 + 3i)$ をかけた式と，次の式の両辺に 2 をかけた式は同じ式になりますので，この 2 つの式は同値です．よって，$v = -\dfrac{1 + 3i}{2}u$ となり，

$$\boldsymbol{x}_1 = \begin{pmatrix} u \\ v \end{pmatrix} = \begin{pmatrix} u \\ -\dfrac{1 + 3i}{2}u \end{pmatrix} = u\begin{pmatrix} 1 \\ -\dfrac{1 + 3i}{2} \end{pmatrix}$$

ですから，$u = 2$ として，固有値 $2 + 3i$ に対応する固有ベクトル

$$\boldsymbol{x} = \begin{pmatrix} 2 \\ -(1 + 3i) \end{pmatrix} = \begin{pmatrix} 2 \\ -1 \end{pmatrix} + i\begin{pmatrix} 0 \\ -3 \end{pmatrix}$$

を得ます．ここで，実部と虚部を分けて表しましたが，実部のベクトルと虚部のベクトルは 1 次独立です．いま，実部と虚部のベクトルを並べて

$$P = \begin{pmatrix} 2 & 0 \\ -1 & -3 \end{pmatrix}$$

とすれば,

$$P^{-1} = \frac{1}{2\cdot(-3)-0}\begin{pmatrix}-3 & 0\\ 1 & 2\end{pmatrix} = \frac{1}{6}\begin{pmatrix}3 & 0\\ -1 & -2\end{pmatrix}$$

となり,

$$P^{-1}AP = \frac{1}{6}\begin{pmatrix}3 & 0\\ -1 & -2\end{pmatrix}\begin{pmatrix}1 & -2\\ 5 & 3\end{pmatrix}\begin{pmatrix}2 & 0\\ -1 & -3\end{pmatrix} = \begin{pmatrix}2 & 3\\ -3 & 2\end{pmatrix}$$

が成り立ちますので, (c) の標準形を得ます. じつは, 固有値が $\alpha+i\beta$ のときは, 一般に行列 $P^{-1}AP$ が (c) の標準形になります.

以上で, $P^{-1}AP$ が (a), (b), (c) の 3 つの標準形になることを具体的な例をとおして確認できました.

●標準形を係数行列にもつ微分方程式への帰着

ここまでの議論は線形代数学の復習ですが, このことが微分方程式とどのような関係があるのでしょうか？それについて説明しましょう. 系

$$\boldsymbol{y}' = A\boldsymbol{y} \tag{3.5.1}$$

を考えます. 行列 P を正則行列とするとき, 変数変換 $\boldsymbol{x} = P^{-1}\boldsymbol{y}$ を使って, 系 (3.5.1) を $\boldsymbol{x}$ に関係する系に変換することをめざします. 変数変換の形から, $\boldsymbol{y} = P\boldsymbol{x}$ です. ここで, $\boldsymbol{x}$ と $\boldsymbol{y}$ は t の関数で P は定数行列ですから, 式 (3.5.1) の関係より,

$$\boldsymbol{x}' = P^{-1}\boldsymbol{y}' = P^{-1}A\boldsymbol{y} = P^{-1}AP\boldsymbol{x}$$

を得ます. つまり, 変数変換 $\boldsymbol{x} = P^{-1}\boldsymbol{y}$ によって, 系 (3.5.1) を系

$$\boldsymbol{x}' = P^{-1}AP\boldsymbol{x} \tag{3.5.2}$$

にできました. この事実に本節の前半の内容を加えると, $n = 2$ のときは, 系 (3.5.1) は (a), (b), (c) のいずれかの標準形を係数行列にもつ系 (3.5.2) に変数変換できることがわかります. つまり,

“$n = 2$ のとき, 系 (3.5.1) を 3 つの標準形に帰着させて考えればよい”　(∗)

ということです. 例えば, 3.3 節を見返してください. 行列の指数関数 e^{tA} を求める際, A^k を求める必要がありました. じつは, 3.3 節で扱った例はどれも (a), (b), (c) のいずれかの標準形であり, A^k を推測しやすい形となっています. もし, 標準形でなければ A^k を求めることが困難であることは容易に想像できます. 3.3 節で求めたように, 標準形 (a), (b), (c) それぞれに対応する行列の指数関数 e^{tA} は

$$\text{(a)}\ \begin{pmatrix} e^{\lambda_1 t} & 0 \\ 0 & e^{\lambda_2 t} \end{pmatrix},\quad \text{(b)}\ e^{\lambda t}\begin{pmatrix} 1 & t \\ 0 & 1 \end{pmatrix},\quad \text{(c)}\ e^{\alpha t}\begin{pmatrix} \cos(\beta t) & \sin(\beta t) \\ -\sin(\beta t) & \cos(\beta t) \end{pmatrix}$$

となります．

☆**注意**☆　3.3 節では，$\alpha = 0$ の場合に (c) の行列の指数関数を計算していますので，興味ある読者は応用問題として $\alpha \neq 0$ の場合を考えてみてください．(c) の標準形を A として A^k を直接求めるのは困難ですが，$A = X + Y$ となるように $X = \begin{pmatrix} \alpha & 0 \\ 0 & \alpha \end{pmatrix}$，$Y = \begin{pmatrix} 0 & \beta \\ -\beta & 0 \end{pmatrix}$ とおいて，$XY = YX$ を確認後に，指数法則 $e^{t(X+Y)} = e^{tX}e^{tY}$ を用いることで示せます．

上記の (∗) を実際に確認してみましょう．

例　本節の最初に扱った標準形 (a) の例として行列 A を係数にもつ系

$$\boldsymbol{y}' = A\boldsymbol{y}, \quad A = \begin{pmatrix} 4 & 1 \\ -2 & 1 \end{pmatrix} \tag{3.5.3}$$

を考えます[24]．この行列 A の固有値と固有ベクトルから得られる正則行列 P とその逆行列 P^{-1}，そして標準形 $P^{-1}AP$ はそれぞれ

$$P = \begin{pmatrix} 1 & 1 \\ -2 & -1 \end{pmatrix}, \quad P^{-1} = \begin{pmatrix} -1 & -1 \\ 2 & 1 \end{pmatrix}, \quad P^{-1}AP = \begin{pmatrix} 2 & 0 \\ 0 & 3 \end{pmatrix}$$

でした．変数変換 $\boldsymbol{x} = P^{-1}\boldsymbol{y}$ によって，系 (3.5.3) は系

$$\boldsymbol{x}' = P^{-1}AP\boldsymbol{x}, \quad P^{-1}AP = \begin{pmatrix} 2 & 0 \\ 0 & 3 \end{pmatrix} \tag{3.5.4}$$

になります．$P^{-1}AP$ は標準形 (a) ですので，この $P^{-1}AP$ に対応する行列の指数関数は $e^{tP^{-1}AP} = \begin{pmatrix} e^{2t} & 0 \\ 0 & e^{3t} \end{pmatrix}$ です．よって，系 (3.5.4) の一般解は，

$$\boldsymbol{x}(t) = \begin{pmatrix} e^{2t} & 0 \\ 0 & e^{3t} \end{pmatrix} \boldsymbol{c}$$

となるから，系 (3.5.3) の一般解

$$\boldsymbol{y}(t) = P\boldsymbol{x}(t) = \begin{pmatrix} 1 & 1 \\ -2 & -1 \end{pmatrix} \begin{pmatrix} e^{2t} & 0 \\ 0 & e^{3t} \end{pmatrix} \boldsymbol{c} = \begin{pmatrix} e^{2t} & e^{3t} \\ -2e^{2t} & -e^{3t} \end{pmatrix} \boldsymbol{c}$$

を得ます．ただし，$\boldsymbol{c}$ は任意の定数ベクトルです． ■

---

24)　もちろん 3.2.1 項の方法でも解けますが，ここでは標準形の行列の指数関数を使うことが目的です．

もう一つ例題で確認してみましょう．

例題 3.5.1. 次の系の一般解を，標準形に帰着する方法で求めなさい．

$$\boldsymbol{y}' = A\boldsymbol{y}, \quad A = \begin{pmatrix} 1 & -2 \\ 5 & 3 \end{pmatrix}. \tag{3.5.5}$$

ただし，$P = \begin{pmatrix} 2 & 0 \\ -1 & -3 \end{pmatrix}$，$P^{-1}AP = \begin{pmatrix} 2 & 3 \\ -3 & 2 \end{pmatrix}$ を使用してもよい[25)]．

解答：変数変換 $\boldsymbol{x} = P^{-1}\boldsymbol{y}$ によって，系 (3.5.5) は系

$$\boldsymbol{x}' = P^{-1}AP\boldsymbol{x}, \quad P^{-1}AP = \begin{pmatrix} 2 & 3 \\ -3 & 2 \end{pmatrix} \tag{3.5.6}$$

になる．$P^{-1}AP$ は標準形 (c) だから，この $P^{-1}AP$ に対応する行列の指数関数は

$$\mathrm{e}^{tP^{-1}AP} = \mathrm{e}^{2t}\begin{pmatrix} \cos(3t) & \sin(3t) \\ -\sin(3t) & \cos(3t) \end{pmatrix}$$

である．よって，系 (3.5.5) の一般解は

$$\boldsymbol{x}(t) = \mathrm{e}^{2t}\begin{pmatrix} \cos(3t) & \sin(3t) \\ -\sin(3t) & \cos(3t) \end{pmatrix}\boldsymbol{c}$$

となるから，系 (3.5.6) の一般解

$$\begin{aligned} \boldsymbol{y}(t) = P\boldsymbol{x}(t) &= \mathrm{e}^{2t}\begin{pmatrix} 2 & 0 \\ -1 & -3 \end{pmatrix}\begin{pmatrix} \cos(3t) & \sin(3t) \\ -\sin(3t) & \cos(3t) \end{pmatrix}\boldsymbol{c} \\ &= \mathrm{e}^{2t}\begin{pmatrix} 2\cos(3t) & 2\sin(3t) \\ -\cos(3t) + 3\sin(3t) & -\sin(3t) - 3\cos(3t) \end{pmatrix}\boldsymbol{c} \end{aligned}$$

を得る．ただし，$\boldsymbol{c}$ は任意の定数ベクトルである．　□

問題 3.5.2. 次の行列 A を係数行列とする系 $\boldsymbol{y}' = A\boldsymbol{y}$ の一般解を，標準形に帰着する方法で求めなさい．

(1) $A = \begin{pmatrix} 1 & 5 \\ -1 & 7 \end{pmatrix}$　(2) $A = \begin{pmatrix} 1 & 9 \\ -1 & 1 \end{pmatrix}$　(3) $A = \begin{pmatrix} -2 & 0 \\ 2 & -2 \end{pmatrix}$

(4) $A = \begin{pmatrix} -1 & 6 \\ 1 & -2 \end{pmatrix}$　(5) $A = \begin{pmatrix} -5 & 4 \\ -5 & 3 \end{pmatrix}$　(6) $A = \begin{pmatrix} 2 & 1 \\ -1 & 0 \end{pmatrix}$

---

25)　この例題では，正則行列 P と標準形 $P^{-1}AP$ は求まっているという前提で議論を進めます．標準形 (c) の例として扱った行列 A です．

3.6 連立線形微分方程式と現象の数理

ここでは，線形系を使ってラブ・アフェアー (恋愛問題) を考えてみます．この問題を最初に取りあげたのは米国コーネル大学の S. ストロガッツ教授で，ロミオとジュリエットの恋愛の数理モデルを構築したのがはじまりです (1988 年)[26)]．本書では登場人物を “オカくん” と “リカさん” とし，いくつかの恋愛のタイプに分けてその数理モデルを紹介します．

●不幸な？恋愛モデル

最初に紹介する不幸な？恋愛モデルの設定は，次のとおりです．まず，

- $x(t) \cdots$ 時刻 t でオカくんがリカさんを好きな / 嫌いな度合い
- $y(t) \cdots$ 時刻 t でリカさんがオカくんを好きな / 嫌いな度合い

とします．x, y の正の値は “相手を好き” で，負の値は “相手を嫌い” という意味です．

- リカさんはけっこう移り気で恋愛のかけひき上手なタイプです．オカくんがリカさんを好きであればあるほど，リカさんのほうは気持ちが冷めてオカくんを好きでなくなります ($x > 0$ のとき $y' < 0$).
- 逆に，オカくんがリカさんに振られたと思いリカさんに冷たくすると，リカさんはオカくんが気になり，好きになります ($x < 0$ のとき $y' > 0$).
- 一方，オカくんはリカさんの好き嫌いの態度に振りまわされ，いいなり状態です ($y > 0$ のとき $x' > 0$，$y < 0$ のとき $x' < 0$).

このとき，この 2 人の不幸な恋愛を連立微分方程式で表すと，系

$$\begin{cases} x' = by, \\ y' = -bx \end{cases} \tag{3.6.1}$$

となります．ここで，パラメータ b はお互いの好き嫌いを表す正の比例定数です．この連立微分方程式をベクトルと行列の表現で書き直すと，2 次元線形系

$$\boldsymbol{y}' = A\boldsymbol{y}, \quad A = \begin{pmatrix} 0 & b \\ -b & 0 \end{pmatrix}$$

となります．ただし，$\boldsymbol{y} = (x, y)^\top$ です．この係数行列 A は標準形 (c) の形をしていますので，行列の指数関数 e^{tA} は

26) 詳しくは，S.H. Strogatz 著／田中久陽・中尾裕也・千葉逸人 訳「ストロガッツ 非線形ダイナミクスとカオス＝数学的基礎から物理・生物・化学・工学への応用まで」丸善出版 (2015) を参照してください．

$$\mathrm{e}^{tA} = \begin{pmatrix} \cos(bt) & \sin(bt) \\ -\sin(bt) & \cos(bt) \end{pmatrix}$$

です．よって，系 (3.6.1) の一般解

$$\begin{pmatrix} x(t) \\ y(t) \end{pmatrix} = \begin{pmatrix} \cos(bt) & \sin(bt) \\ -\sin(bt) & \cos(bt) \end{pmatrix} \boldsymbol{c} = c_1 \begin{pmatrix} \cos(bt) \\ -\sin(bt) \end{pmatrix} + c_2 \begin{pmatrix} \sin(bt) \\ \cos(bt) \end{pmatrix}$$

を得ます．ただし，c_1, c_2 は $\boldsymbol{c} = (c_1, c_2)^\top$ とした任意定数です．このことは 3.2.2 項の解法でも求まります．

では，系 (3.6.1) で表したオカくんとリカさんの恋愛の結末について，$b = 1$, $c_1 = 1$, $c_2 = 0$ の場合で考えてみます．このとき，系 (3.6.1) の解は

$$\begin{pmatrix} x(t) \\ y(t) \end{pmatrix} = \boldsymbol{y}(t) = \begin{pmatrix} \cos t \\ -\sin t \end{pmatrix}$$

と書けます．この解からわかることは，恋愛事情のなりゆきとして，好き・嫌いの果てしない繰り返しのサイクルとなります．$x(t)$ と $y(t)$ がともに正となるのは，$\cos t$ と $-\sin t$ がともに正となる期間 (t の幅) ですので，この 2 人は残念なことに，サイクルの 4 分の 1 の期間においてのみだけ，お互いに相思相愛であることになります．

●相思相愛の恋愛モデル

次の恋愛モデルの設定は，以下のとおりです．

- オカくんがリカさんを好きであればあるほど，リカさんもオカくんを好きになります ($x > 0$ のとき $y' > 0$).
- また，オカくんがリカさんを嫌いであれば，リカさんもオカくんを嫌いになります ($x < 0$ のとき $y' < 0$).
- オカくんについてもリカさん同様に，リカさんがオカくんを好きであれば好きに，嫌いであれば嫌いになるとします ($y > 0$ のとき $x' > 0$，$y < 0$ のとき $x' < 0$).

このとき，2 人の恋愛を連立微分方程式で表すと，系

$$\begin{cases} x' = by, \\ y' = bx \end{cases} \tag{3.6.2}$$

となります．ただし，b は正の定数です．これをベクトルと行列の表現に書き直すと，2 次元線形系

$$\boldsymbol{y}' = A\boldsymbol{y}, \quad A = \begin{pmatrix} 0 & b \\ b & 0 \end{pmatrix}$$

となります．ただし，$\boldsymbol{y}=(x,y)^\top$ です．これまでの解法を用いれば，系 (3.6.2) の一般解

$$\begin{pmatrix} x(t) \\ y(t) \end{pmatrix} = \boldsymbol{y}(t) = c_1 \mathrm{e}^{bt} \begin{pmatrix} 1 \\ 1 \end{pmatrix} + c_2 \mathrm{e}^{-bt} \begin{pmatrix} 1 \\ -1 \end{pmatrix}$$

を得ます．ただし，c_1, c_2 は任意定数です．

では，系 (3.6.2) で表したオカくんとリカさんの恋愛の結末について，初期条件

$$\begin{pmatrix} x(0) \\ y(0) \end{pmatrix} = \begin{pmatrix} x_0 \\ y_0 \end{pmatrix} \tag{3.6.3}$$

を与えて考えてみましょう．初期条件より，

$$\begin{pmatrix} x_0 \\ y_0 \end{pmatrix} = \boldsymbol{y}(0) = c_1 \begin{pmatrix} 1 \\ 1 \end{pmatrix} + c_2 \begin{pmatrix} 1 \\ -1 \end{pmatrix} = \begin{pmatrix} 1 & 1 \\ 1 & -1 \end{pmatrix} \begin{pmatrix} c_1 \\ c_2 \end{pmatrix}$$

ですから，

$$\begin{pmatrix} c_1 \\ c_2 \end{pmatrix} = \begin{pmatrix} 1 & 1 \\ 1 & -1 \end{pmatrix}^{-1} \begin{pmatrix} x_0 \\ y_0 \end{pmatrix} = \frac{1}{-2} \begin{pmatrix} -1 & -1 \\ -1 & 1 \end{pmatrix} \begin{pmatrix} x_0 \\ y_0 \end{pmatrix} = \frac{1}{2} \begin{pmatrix} x_0 + y_0 \\ x_0 - y_0 \end{pmatrix}$$

を得ます．結局，初期条件 (3.6.3) をみたす系 (3.6.2) の解は

$$\begin{pmatrix} x(t) \\ y(t) \end{pmatrix} = \boldsymbol{y}(t) = \frac{1}{2}(x_0 + y_0) \mathrm{e}^{bt} \begin{pmatrix} 1 \\ 1 \end{pmatrix} + \frac{1}{2}(x_0 - y_0) \mathrm{e}^{-bt} \begin{pmatrix} 1 \\ -1 \end{pmatrix}$$

です．この解の特徴として，t が増えれば，e^{bt} の影響が強くでることがわかります．例えば，$x_0 + y_0 > 0$ ならば，$\lim_{t\to\infty} x(t) = \lim_{t\to\infty} y(t) = \infty$ です．これは，オカくんとリカさんが出会った瞬間に，両方ともある程度 ($x_0 + y_0 > 0$ をみたすほど) 好意的に感じている場合に 2 人の恋愛は成就すること (相思相愛) を意味します．一方，$x_0 + y_0 < 0$ ならば，$\lim_{t\to\infty} x(t) = \lim_{t\to\infty} y(t) = -\infty$ ですので，互いに最初の印象が悪ければ，両方ともますます嫌いになるといった結論になります．

問題 3.6.1. 系 $\begin{cases} x' = ax + by, \\ y' = -bx - ay \end{cases}$ を考える．ただし，$a > 0$, $b > 0$ とする．このとき，オカくんとリカさんはまったく逆の恋愛タイプといえる．では，正反対の 2 人の恋愛は成就するかどうかを答えなさい．

4

2元連立微分方程式

本章では2元連立微分方程式の解の軌道を描き，視覚的 (幾何学的) に解の特徴をとらえる方法について説明します．特に，係数行列が標準形となる場合の2次元線形系の安定・不安定結節点，鞍点，安定・不安定渦状点，渦心点の分類について考えます．また非線形系の安定性について，線形系に帰着して考える線形近似の方法やリヤプノフ関数による安定性の判定法を説明します．

4.1　2次元自励系の解軌道と相平面図

●解軌道と相平面図

系

$$\boldsymbol{y}' = \begin{pmatrix} 0 & -1 \\ 1 & 0 \end{pmatrix} \boldsymbol{y}$$

と同値な系

$$\begin{cases} x' = -y, \\ y' = x \end{cases} \tag{4.1.1}$$

を例に，いくつかの用語について説明します．まずは解を x-y 平面に描くことを考えてみましょう．系 (4.1.1) は

$$(x(t), y(t)) = (k\cos t, k\sin t)$$

の形の解をもつことがわかります[1)]. ただし, k は任意定数です．もし, $k=1$ ならば，これは単位円の媒介変数表示です．つまり，系 (4.1.1) の解の一つは x-y 平面上で原点が中心の単位円を表すことを意味しています．このように，x-y 平面上に解 $(x(t), y(t))$ が表す曲線を描いたものを**解軌道**，もしくは**解軌跡**とよび，x-y 平面のことを**相平面**とよびます．さらに，$t=0$ のときは，

---

1)　系 (4.1.1) は3.5節冒頭の標準形 (c) での $\alpha=0, \beta=-1$ の場合ですから，行列の指数関数 e^{tA} を用いて一般解を求めることもできます．

$$(x(0), y(0)) = (\cos 0, \sin 0) = (1, 0)$$

となり，$t = \dfrac{\pi}{6}$, $t = \dfrac{\pi}{4}$, $t = \dfrac{\pi}{3}$ のときは，それぞれ

$$\left(x\left(\frac{\pi}{6}\right), y\left(\frac{\pi}{6}\right)\right) = \left(\frac{\sqrt{3}}{2}, \frac{1}{2}\right),$$

$$\left(x\left(\frac{\pi}{4}\right), y\left(\frac{\pi}{4}\right)\right) = \left(\frac{\sqrt{2}}{2}, \frac{\sqrt{2}}{2}\right),$$

$$\left(x\left(\frac{\pi}{3}\right), y\left(\frac{\pi}{3}\right)\right) = \left(\frac{1}{2}, \frac{\sqrt{3}}{2}\right)$$

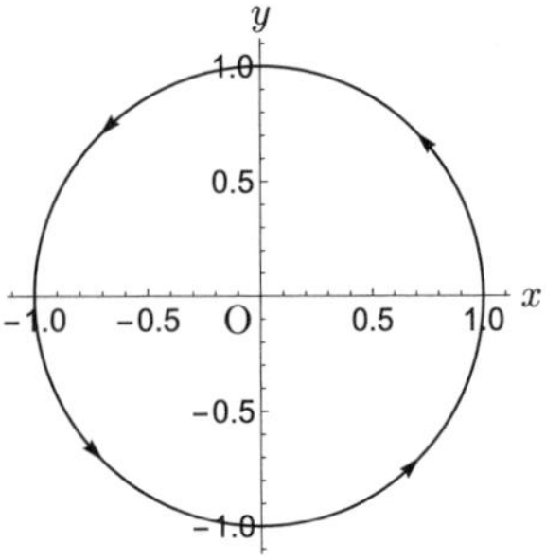

図 4.1 $(\cos t, \sin t)$ の軌道

となるので，図 4.1 のように，解は t が増加するにつれて単位円周上を反時計回りに回転します．これは，$(x(t), y(t))$ の表す曲線を x-y 平面上に描くと，t の変化は “向き” として現れることを意味しています．よって，解軌道上に向きを意味する矢印 “→” を描くと，解がどのように動くかが明確になります．円のように，閉じた解軌道のことを**閉軌道**とよびます．

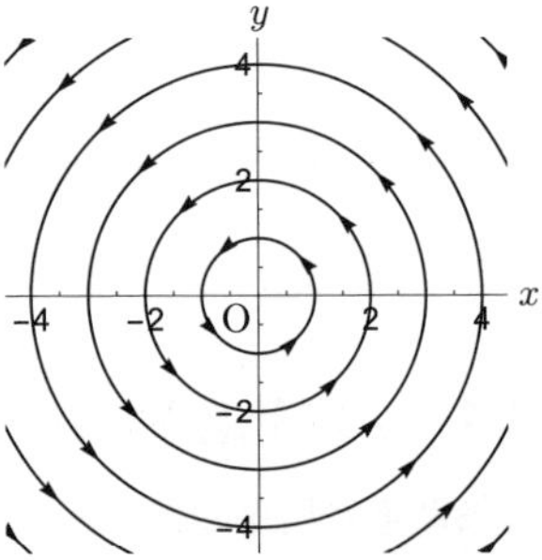

図 4.2 系 (4.1.1) の相平面図

さて，k が一般に正の値の場合を考えてみると，媒介変数表示 $(x(t), y(t)) = (k\cos t, k\sin t)$ は原点を中心とする半径 k の円を意味し，$k = 1, 2, 3, \cdots$ とすれば，同じ原点を中心とする半径 $k = 1, 2, 3, \cdots$ の円に対応します．これらを**同心円**とよびます．$k = 1$ の場合と同様に，これら同心円上の解はすべて反時計回りに回りますので，図 4.2 のように，相平面上にいくつもの解軌道と矢印を描けます．このように相平面上に解軌道を何本も描いた図のことを**相平面図**もしくは**相図**とよびます．相平面図から，系の解の様子がみえてきます．

ここまでの用語について以下にまとめておきましょう．

基本的な用語のまとめ

- 解軌道 $\cdots$ 解 $(x(t), y(t))$ が表す曲線．
- 相平面 $\cdots$ x-y 平面．
- 相平面図 $\cdots$ 相平面上に解軌道を何本も描いた図 (矢印付き)．
- 閉軌道 $\cdots$ 閉じた解軌道．

2次元自励系の解軌道の性質

次に，線形系に限らず，もっと一般的な2次元非線形系

$$\begin{cases} x' = f(x, y), \\ y' = g(x, y) \end{cases} \tag{4.1.2}$$

を例に用語の説明をします．

系 (4.1.2) のように，右辺に独立変数 t を含まない系を**自励系**とよびます．例えば，系 (4.1.1) は $f(x, y) = -y$，$g(x, y) = x$ の場合なので自励系です．一般に"定数係数"の線形系はいずれも自励系とよべます．一方，線形系であっても"変数係数"の場合は，右辺に独立変数 t を含みますので，**非自励系**とよびます．本書では自励系だけを扱います．

自励系 (4.1.2) の右辺において，$f(x_*, y_*) = 0$ かつ $g(x_*, y_*) = 0$ をみたす点 (x_*, y_*) のことを**平衡点**とよびます．系 (4.1.1) を例にすると，

$$f(x, y) = -y = 0, \quad g(x, y) = x = 0$$

の両方をみたすのは $(x, y) = (0, 0)$ ですので，系 (4.1.1) の平衡点は $(0, 0)$ です．平衡点は系の解になっていることもわかります．実際に，$(x(t), y(t)) = (0, 0)$ とおけば $(x'(t), y'(t)) = (0, 0)$ ですので，系 (4.1.1) をみたします．

このように $f(x, y) = 0$, $g(x, y) = 0$ の連立方程式を解いて得られた定数関数の組で与えられる解を**自明解**とよびます．当然，系 (4.1.2) の平衡点 (x_*, y_*) は，系 (4.1.2) の自明解です．

さて，相平面図を描く際に重要となる解軌道の性質ですが，系 (4.1.2) が線形系ならば，"異なる解の解軌道は共有点をもたない"ことが知られています．つまり，平衡点と閉軌道をのぞけば，解軌道どうしは交わりません．以上をまとめると次のようになります．

自励系に関する用語と性質のまとめ

- 自励系 $\cdots$ 右辺に t を含まない系．
- 平衡点 $\cdots$ $f(x_*, y_*) = 0 = g(x_*, y_*)$ となる点 (x_*, y_*)．(自明解も同じ．)
- 定数係数線形系の解軌道どうしは交わらない．

線形系の漸近安定性と相平面図を描くときの注意点

ここでは，係数行列 A が標準形となる場合の2次元線形系

$$\boldsymbol{y}' = A\boldsymbol{y} \tag{4.1.3}$$

の相平面図を描けるようになることを目標とします[2].

3.5節で考えた標準形 (a), (b), (c) を A とする行列の指数関数 e^{tA} はそれぞれ

$$\text{(a)}\ \begin{pmatrix} \mathrm{e}^{\lambda_1 t} & 0 \\ 0 & \mathrm{e}^{\lambda_2 t} \end{pmatrix}, \quad \text{(b)}\ \mathrm{e}^{\lambda t}\begin{pmatrix} 1 & t \\ 0 & 1 \end{pmatrix}, \quad \text{(c)}\ \mathrm{e}^{\alpha t}\begin{pmatrix} \cos(\beta t) & \sin(\beta t) \\ -\sin(\beta t) & \cos(\beta t) \end{pmatrix}$$

でしたので，これらに任意の定数ベクトル $\boldsymbol{c} = (c_1, c_2)^\top$ をかけたベクトルが一般解です．さらに，初期条件を加えた場合の解を以下に書きます．

初期条件付きの系 (4.1.3) の解

初期条件 $\boldsymbol{y}(0) = (x_0, y_0)^\top$ をみたす標準形 (a), (b), (c) のそれぞれに対応する系 (4.1.3) の解 $\boldsymbol{y}(t)$ は以下で与えられる：

$$\text{(a)}\ \begin{pmatrix} x_0\mathrm{e}^{\lambda_1 t} \\ y_0\mathrm{e}^{\lambda_2 t} \end{pmatrix}, \quad \text{(b)}\ \begin{pmatrix} (x_0 + y_0 t)\mathrm{e}^{\lambda t} \\ y_0\mathrm{e}^{\lambda t} \end{pmatrix},$$

$$\text{(c)}\ \begin{pmatrix} (x_0\cos(\beta t) + y_0\sin(\beta t))\mathrm{e}^{\alpha t} \\ (-x_0\sin(\beta t) + y_0\cos(\beta t))\mathrm{e}^{\alpha t} \end{pmatrix}.$$

ここで，標準形 (a), (b), (c) に含まれる λ_1, λ_2, λ, α が係数行列 A の固有値の実部に対応していること，そして，上記の解における e の肩に現れることに着目すると，次の事実がわかります．

漸近安定性の定理

行列 A のすべての固有値の実部が負であるならば，線形系 (4.1.3) のすべての解 $\boldsymbol{y}(t)$ は $\mathbf{0}$ に漸近する．すなわち，$\lim_{t\to\infty} \boldsymbol{y}(t) = \mathbf{0}$ である．(このとき，系 (4.1.3) の原点 (平衡点) $\boldsymbol{y} = \mathbf{0}$ は**漸近安定**であるという．)

この事実は，標準形に限らず，一般の係数行列 A をもつ線形系 (4.1.3) に対しても成り立ちます．結局のところ，係数行列 A の固有値の実部の符号をみれば，$x(t)$ や $y(t)$ が 0 に近づくか，0 から離れるかがわかるわけです．実部がすべて負ならば，解はすべて原点に近づくことになります．

☆注意☆　線形系 (4.1.3) の一つの解を $\boldsymbol{y}(t) = (x(t), y(t))^\top$ と書き，c を任意定数とすれば，$c\boldsymbol{y}(t) = (cx(t), cy(t))^\top$ もまた系 (4.1.3) の解になります．実際，

$$(c\boldsymbol{y}(t))' = c\boldsymbol{y}'(t) = cA\boldsymbol{y}(t) = A(c\boldsymbol{y}(t))$$

2) もちろん，標準形以外の場合でも同様の方法が使えます．

により確認できます．ここで $c=-1$ とすれば，$-\boldsymbol{y}(t)=(-x(t),-y(t))^{\top}$ もまた系 (4.1.3) の解です．つまり，2 次元線形系の相平面図は原点対称になります．このことをふまえて，次の点をおさえておきましょう．

相平面図を描くときのポイント

簡略化のため，第 k 象限を $Q_k\ (k=1,2,3,4)$ と表す．相平面図を描く際は，以下の点に気をつける．

- 線形系 (4.1.3) の相平面図は原点対称だから，上半平面 (Q_1, Q_2, y 軸の正の部分) と x 軸の正の部分に着目して解軌道を描く．
- 下半平面と x 軸の負の部分は，上半平面と x 軸の正の部分の解軌道を原点対称となるように描く．
- 各象限において 2 本以上の解軌道を描く．
- x 軸と y 軸それぞれを通る解軌道を描く．

問題 4.1.1. 初期条件 $\boldsymbol{y}(0)=(x_0,y_0)^{\top}$ をみたす標準形 (a), (b), (c) それぞれに対応する系 (4.1.3) の解 $\boldsymbol{y}(t)$ を求めなさい[3]．

4.2　2 次元線形系の平衡点の分類

4.2.1　係数行列が相異なる実数を固有値にもつ場合

ここでは，係数行列 A が (a) の標準形 $\begin{pmatrix}\lambda_1 & 0\\ 0 & \lambda_2\end{pmatrix}$ の場合の 2 次元線形系 $\boldsymbol{y}'=A\boldsymbol{y}$ の相平面図を描けるようになることを目標とします．3 つの場合

$$\text{(a-1)}\ \ \lambda_2 \leqq \lambda_1 < 0; \qquad \text{(a-2)}\ \ 0 < \lambda_2 \leqq \lambda_1; \qquad \text{(a-3)}\ \ \lambda_2 < 0 < \lambda_1$$

について考えましょう[4]．

● (a-1) の場合の相平面図 (安定結節点)

係数行列 A が (a-1) の場合の 2 次元線形系 $\boldsymbol{y}'=A\boldsymbol{y}$ を同値な連立方程式の形で表すと，2 次元線形系

---

3)　ただし，3.5 節で与えた標準形 (a), (b), (c) それぞれに対応する行列の指数関数 e^{tA} は用いてよいとします．

4)　λ_1 や λ_2 が 0 になる特別な場合はのぞいています．また，上記の 3 つの場合分けにおいては，すべて $\lambda_2 \leqq \lambda_1$ の関係が成立するとしていますが，$\lambda_1 \leqq \lambda_2$ となる逆の大小関係が成立する場合は，相平面の x と y の役割が入れかわるだけですので省略します．

$$\begin{cases} x' = \lambda_1 x, \\ y' = \lambda_2 y \end{cases} \quad (\lambda_2 \leqq \lambda_1 < 0) \tag{4.2.1}$$

となります．初期条件 $(x(0), y(0)) = (x_0, y_0)$ をみたす系 (4.2.1) の解は

$$(x(t), y(t)) = \left(x_0 \mathrm{e}^{\lambda_1 t}, y_0 \mathrm{e}^{\lambda_2 t}\right)$$

です[5)]．ここでは具体的に $\lambda_1 = -1$, $\lambda_2 = -3$ の場合の系

$$\begin{cases} x' = -x, \\ y' = -3y \end{cases} \tag{4.2.2}$$

を例にステップ 1〜ステップ 3 の手順で相平面図を描いてみましょう．

(ステップ 1．大まかな解の挙動をとらえる (解の動く向き))　まず，着目するのは x' と y' の符号です．例えば，$x'(t) > 0$ ならば $x(t)$ は t に関して "増加" します．一方，$x'(t) < 0$ ならば $x(t)$ は t に関して "減少" します．これを相平面上で考えると，$x'(t) > 0$ ならば $x(t)$ は "右 (正の向き)" へ動き，一方，$x'(t) < 0$ ならば $x(t)$ は "左 (負の向き)" へ動くことに対応します．y' も同様に考えれば，次のとおりになります．

解の動き

- $x' > 0 \Longrightarrow$ 解は右に動く "$\rightarrow$",
- $x' < 0 \Longrightarrow$ 解は左に動く "$\leftarrow$",
- $x' = 0 \Longrightarrow$ 解は左右に動かない,
- $y' > 0 \Longrightarrow$ 解は上に動く "$\uparrow$",
- $y' < 0 \Longrightarrow$ 解は下に動く "$\downarrow$",
- $y' = 0 \Longrightarrow$ 解は上下に動かない.

系 (4.2.2) の第 1 式は $x' = -x$ ですので，x' の符号や解の向きは次のとおりです．

- $x > 0 \Rightarrow x' < 0 \Rightarrow$ 解は左に動く "$\leftarrow$",
- $x = 0 \Rightarrow x' = 0 \Rightarrow$ 解は左右に動かない,
- $x < 0 \Rightarrow x' > 0 \Rightarrow$ 解は右に動く "$\rightarrow$".

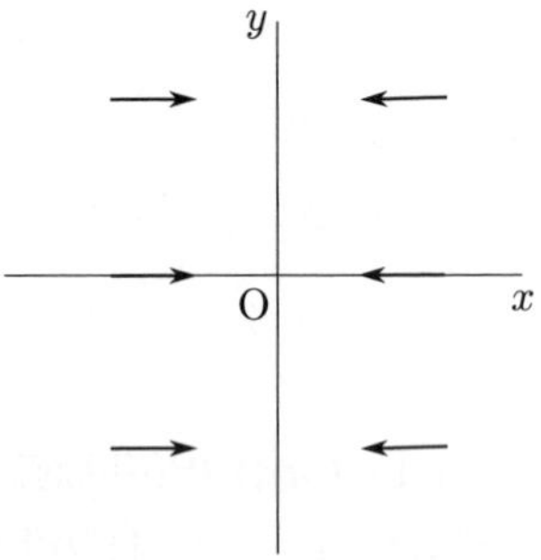

図 4.3　x 方向の解の向き

この情報をもとに矢印を描くと，図 4.3 のようになります．直線 $x = 0$ (y 軸) が x' の符号の切り替わりの基準です．これで x 方向の解の向きがわかりました．

---

5)　4.1 節の "初期条件付きの系 (4.1.3) の解" を参照してください．

一方，系 (4.2.2) の第 2 式は $y' = -3y$ ですので，y' の符号や解の向きは次のとおりです．

- $y > 0 \Rightarrow y' < 0 \Rightarrow$ 解は下に動く “↓”，
- $y = 0 \Rightarrow y' = 0 \Rightarrow$ 解は上下に動かない，
- $y < 0 \Rightarrow y' > 0 \Rightarrow$ 解は上に動く “↑”．

この情報をもとに矢印を描くと，図 4.4 のようになります．直線 $y = 0$ (x 軸) が y' の符号の切り替わりの基準です．これで y 方向の解の向きがわかりました．

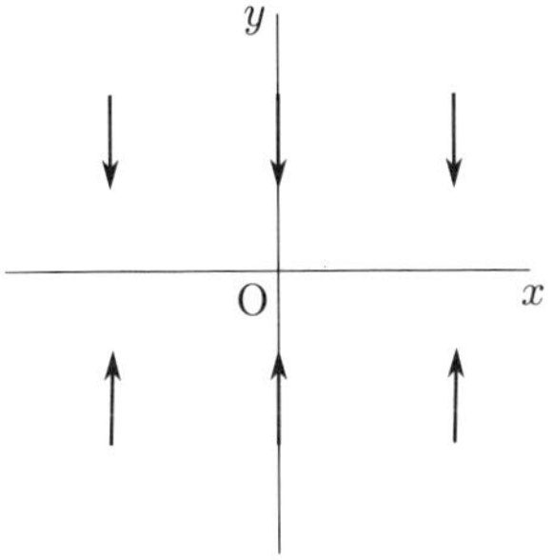

図 4.4　y 方向の解の向き

さらに，図 4.3 の横向きの矢印と図 4.4 の縦向きの矢印の始点をあわせ, 2 つの矢印を 2 辺とする長方形の対角線上に斜めの矢印を描くと，図 4.5 を得ます．これが解の向きを意味します．また，図 4.5 には x 軸上と y 軸上にも矢印を加えています．例えば，正の x 軸上では，$x > 0$ かつ $y = 0$ です．このとき，上にまとめた解の動く向きから，

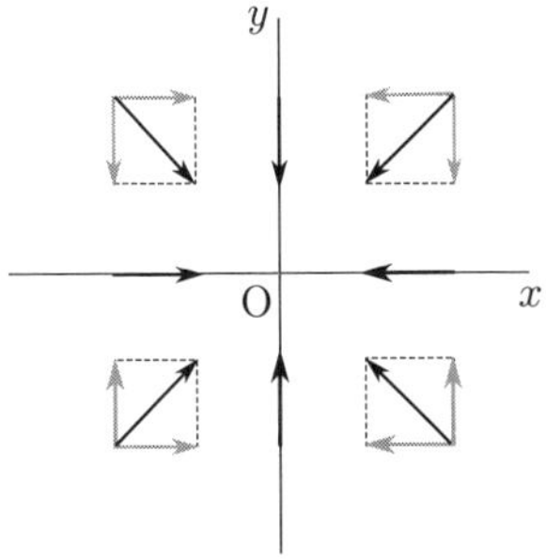

図 4.5　解の動く向き

- $x > 0 \Rightarrow x' < 0 \Rightarrow$ 解は左に動く “←”，
- $y = 0 \Rightarrow y' = 0 \Rightarrow$ 解は上下に動かない，

となるので，解は正の x 軸上にあり，原点の方向へ動くことになります．同様にして，負の x 軸，正・負の y 軸上の解もそれぞれの軸上からはずれることなく原点の方向へ動くことがわかります．

図 4.5 のように，いくつも矢印を描き込むと，大まかな解の動く向きが明確になります[6]．

(ステップ 2. 解の収束・発散を調べる)　この例では $\lambda_1 = -1$, $\lambda_2 = -3$ なので, 固有値の実部がすべて負です．よって, 前節の “漸近安定性の定理” より，系 (4.2.2) の原点は漸近安定です．もちろん，初期条件 $(x(0), y(0)) = (x_0, y_0)$ をみたす系 (4.2.2) の解は

$$(x(t), y(t)) = \left(x_0 \mathrm{e}^{-t}, y_0 \mathrm{e}^{-3t}\right)$$

6)　手描きする場合に “矢印の長さ” はあまり気にしません．もちろん，計算機を使用すれば，大きさをもつ “ベクトル” として表すこともできますが，ここではあくまでも “向き” だけに限定して大ざっぱに解の動きをとらえます．

ですから，これからも原点が漸近安定であること，すなわち，

$$\lim_{t\to\infty}(x(t),y(t))=(0,0)$$

が成り立ちます．

(ステップ 3. 原点近傍における解軌道の接線の傾きを調べる) ステップ1とステップ2だけで解の大まかな挙動をとらえることができますが，相平面上での“解軌道の接線の傾き”についてもう少し詳しく調べてみます．線形系の相平面図は原点対称なので，ここでは上半平面に着目して解の挙動を調べます．

まずは，微分積分学で習った合成関数の微分の公式

$$\frac{\mathrm{d}y}{\mathrm{d}t}=\frac{\mathrm{d}y}{\mathrm{d}x}\frac{\mathrm{d}x}{\mathrm{d}t}$$

を思いだします．もし，$\dfrac{\mathrm{d}x}{\mathrm{d}t}\neq 0$ ならば，

$$\frac{\mathrm{d}y}{\mathrm{d}x}=\frac{\dfrac{\mathrm{d}y}{\mathrm{d}t}}{\dfrac{\mathrm{d}x}{\mathrm{d}t}}=\frac{y'}{x'} \tag{4.2.3}$$

を得ます．これが x-y 平面上での（t ではなく）x の微分に対応しますから，“解軌道の接線の傾き”を意味します．形式的に系 (4.2.2) を式 (4.2.3) の右辺に代入し，さらに，x や y には初期値問題の解を代入してみると，

$$\frac{\mathrm{d}y}{\mathrm{d}x}=\frac{y'}{x'}=\frac{-3y}{-x}=\frac{3y}{x}=\frac{3y_0\mathrm{e}^{-3t}}{x_0\mathrm{e}^{-t}}=\frac{3y_0}{x_0}\mathrm{e}^{-2t} \tag{4.2.4}$$

を得ます．ただし，x_0 と y_0 は初期条件 $(x(0),y(0))=(x_0,y_0)$ からでてきた値です．ここでは上半平面に着目すればよいので，第一象限 Q_1 と第二象限 Q_2 を通る解について解軌道の接線の傾きを考えてみましょう．

(i) 点 (x_0,y_0) が Q_1 上にあるとき $x_0>0$ かつ $y_0>0$ なので，式 (4.2.4) より Q_1 上の解軌道の接線の傾きは常に $\dfrac{\mathrm{d}y}{\mathrm{d}x}>0$ です．さらに，$\dfrac{\mathrm{d}y}{\mathrm{d}x}$ が t の関数であることに注意すると，$\dfrac{\mathrm{d}y}{\mathrm{d}x}$ は t について単調減少で，

$$\lim_{t\to\infty}\frac{\mathrm{d}y}{\mathrm{d}x}=\lim_{t\to\infty}\frac{3y_0}{x_0}\mathrm{e}^{-2t}=0$$

をみたします．ステップ1とステップ2で得たこれまでの情報

- 矢印 (解の向き) は原点の方向を向いている (図 4.5)，
- 解はすべて原点に近づく (原点が漸近安定)

に加え，

- Q_1 上のすべての解軌道の接線の傾きは常に正であって，減少し，やがて 0 に漸近する

となります．これら 3 つの事実から，図 4.6 の右半分の解軌道を描くことができます[7]．

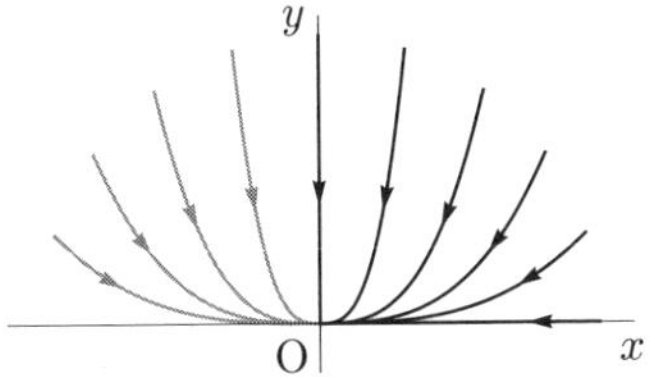

図 4.6　上半平面の解軌道

☆**注意**☆　系 (4.2.2) は原点が漸近安定ですので，$t \to \infty$ のときの接線の傾き $\dfrac{\mathrm{d}y}{\mathrm{d}x}$ を調べました．もし，原点から解が離れる場合は，$t \to -\infty$ のときの接線の傾きを調べます．また，原点へ近づく解と離れる解がともにある場合は $t \to \pm\infty$ の両方について接線の傾きを調べます．

(ii)　点 (x_0, y_0) が Q_2 上にあるとき

(i) のときと同様の計算により，$\dfrac{\mathrm{d}y}{\mathrm{d}x}$ は t について単調増加で，

$$\lim_{t\to\infty} \frac{\mathrm{d}y}{\mathrm{d}x} = \lim_{t\to\infty} \frac{3y_0}{x_0}\mathrm{e}^{-2t} = 0$$

をみたしますので，

- Q_2 上のすべての解軌道の接線の傾きは常に負であって，増加し，やがて 0 に漸近する，

となります (図 4.6 の左半分)．

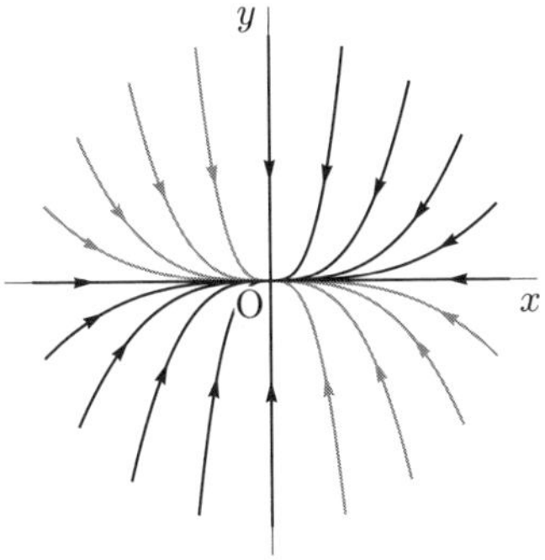

図 4.7　相平面図
(安定結節点)

以上の手順で系 (4.2.2) の相平面の上半平面の解軌道が描けます (図 4.6)．最後に，上半平面と x 軸の正の部分の解軌道を原点対称にして下半平面と x 軸の負の部分に描けば，系 (4.2.2) の相平面図が図 4.7 として完成します．このような相平面図であるとき，系 (4.2.1) の原点を**安定結節点**とよびます．

☆**注意**☆　本書では図 4.5 と図 4.7 を別々に描きましたが，実際に “手描き” をするときには図 4.5 を描いたあと，その上に図 4.7 を描きましょう．つまり，図 4.5 と図 4.7 を重ねた図が本来の完成図です．以下の相平面図でも同様です．

じつは，(a-2), (a-3) および，次項で説明する (b) の標準形の場合も上記の方法と同様の手順で描けます．(a) と (b) の場合の相平面図の描き方の手順をまとめると次のとおりです．

---

7)　ここで x 軸の正の部分や y 軸の正の部分の解の向きはすでに図 4.5 に描かれていることに注意します．

(a) と (b) の標準形の場合の系の相平面図を描く手順

(ステップ 1) 大まかな解の挙動をとらえる．x' と y' の右辺が 0 になる直線が基準．($x' > 0 \Longrightarrow$ “→”，$y' > 0 \Longrightarrow$ “↑” と覚えよう !)

(ステップ 2) 解の収束・発散を調べる．固有値の実部の符号をチェック．

(ステップ 3) 原点近傍における解軌道の接線の傾きを調べる．形式的に $\dfrac{\mathrm{d}y}{\mathrm{d}x}$ を求める．また，

- $\displaystyle\lim_{t\to\infty}(x(t), y(t)) = (0,0) \Longrightarrow \lim_{t\to\infty}\frac{\mathrm{d}y}{\mathrm{d}x}$ を求める，
- $\displaystyle\lim_{t\to-\infty}(x(t), y(t)) = (0,0) \Longrightarrow \lim_{t\to-\infty}\frac{\mathrm{d}y}{\mathrm{d}x}$ を求める，
- それ以外 $\Longrightarrow \displaystyle\lim_{t\to\pm\infty}\frac{\mathrm{d}y}{\mathrm{d}x}$ の両方を求める．

最後に，上半平面の解軌道を原点対称にして下半平面に描く．

(a-2) の場合の相平面図 (不安定結節点)

係数行列 A が (a-2) の場合の 2 次元線形系

$$\begin{cases} x' = \lambda_1 x, \\ y' = \lambda_2 y \end{cases} \quad (0 < \lambda_2 \leqq \lambda_1) \tag{4.2.5}$$

を考えます．系

$$\begin{cases} x' = 3x, \\ y' = y \end{cases} \tag{4.2.6}$$

を例に (a-2) の場合の相平面図を描きましょう．

(ステップ 1)　系 (4.2.6) の第 1 式は $x' = 3x$ なので，

- $x > 0 \Rightarrow x' > 0 \Rightarrow$ “→”，
- $x = 0 \Rightarrow x' = 0 \Rightarrow$ 解は左右に動かない，
- $x < 0 \Rightarrow x' < 0 \Rightarrow$ “←”

となります．また，系 (4.2.6) の第 2 式は $y' = y$ なので，

- $y > 0 \Rightarrow y' > 0 \Rightarrow$ “↑”，
- $y = 0 \Rightarrow y' = 0 \Rightarrow$ 解は上下に動かない，
- $y < 0 \Rightarrow y' < 0 \Rightarrow$ “↓”

です．よって，図 4.8 を得ます．

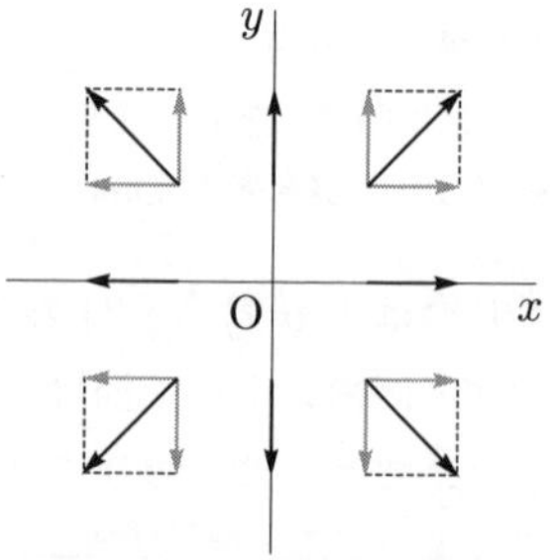

図 4.8　解の動く向き

(ステップ 2)　初期条件 $(x(0), y(0)) = (x_0, y_0)$ をみたす系 (4.2.6) の解は $(x(t), y(t)) = \left(x_0\mathrm{e}^{3t}, y_0\mathrm{e}^{t}\right)$ です．これより,

$$\lim_{t\to-\infty}(x(t), y(t)) = \lim_{t\to-\infty}\left(x_0\mathrm{e}^{3t}, y_0\mathrm{e}^{t}\right) = (0, 0)$$

を得ます．(今回の場合, 原点は漸近安定ではありません．)

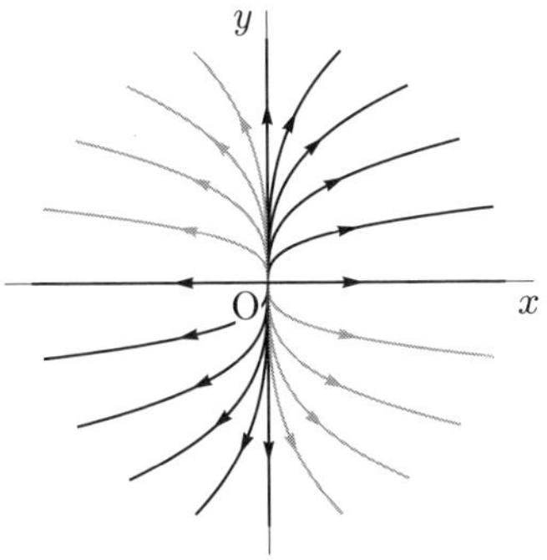

図 4.9　相平面図 (不安定結節点)

(ステップ 3)　解軌道の接線の傾きに形式的に系 (4.2.6) を代入して，さらに解を代入すれば,

$$\frac{\mathrm{d}y}{\mathrm{d}x} = \frac{y'}{x'} = \frac{y}{3x} = \frac{y_0\mathrm{e}^{t}}{3x_0\mathrm{e}^{3t}} = \frac{y_0}{3x_0}\mathrm{e}^{-2t}$$

を得ます．これより,

- $x_0 > 0$ かつ $y_0 > 0 \Rightarrow \dfrac{\mathrm{d}y}{\mathrm{d}x} > 0$ かつ $\displaystyle\lim_{t\to-\infty}\frac{\mathrm{d}y}{\mathrm{d}x} = \lim_{t\to-\infty}\frac{y_0}{3x_0}\mathrm{e}^{-2t} = \infty,$
- $x_0 < 0$ かつ $y_0 > 0 \Rightarrow \dfrac{\mathrm{d}y}{\mathrm{d}x} < 0$ かつ $\displaystyle\lim_{t\to-\infty}\frac{\mathrm{d}y}{\mathrm{d}x} = \lim_{t\to-\infty}\frac{y_0}{3x_0}\mathrm{e}^{-2t} = -\infty$

が成り立ちます[8)]．以上のことから，解軌道を相平面の上半平面に描き，原点対称にすれば，図 4.9 が得られます．

図 4.9 のように，原点から離れる解があるとき，原点を**不安定**とよびます．また，このような相平面図であるとき，系 (4.2.5) の原点を**不安定結節点**とよびます．

(a-3) の場合の相平面図 (鞍点)

係数行列 A が (a-3) の場合の 2 次元線形系

$$\begin{cases} x' = \lambda_1 x, \\ y' = \lambda_2 y \end{cases} \quad (\lambda_2 < 0 < \lambda_1) \tag{4.2.7}$$

を考えます．以下の例題 ($\lambda_1 = 1$, $\lambda_2 = -1$ の場合) を参考に，(a-3) の場合の相平面図を描きましょう．

---

8)　$\displaystyle\lim_{t\to-\infty}\frac{\mathrm{d}y}{\mathrm{d}x} = \infty$ が意味するのは，例えば，$y = \sqrt{x}$ のグラフのように，原点近くでの接線の傾きが大きくなり，やがては y 軸に対して平行になるということです．

例題 4.2.1. 次の系の相平面図を以下の (i)〜(iv) の手順で描きなさい．ただし，初期条件 $(x(0), y(0)) = (x_0, y_0)$ をみたす解を $(x(t), y(t))$ とする．

$$\begin{cases} x' = x, \\ y' = -y. \end{cases} \tag{4.2.8}$$

(i) 解が動く向きを相平面上に矢印を用いて図示しなさい．ただし，x 軸，y 軸上にも矢印を描くこと．

(ii) x_0 と y_0 を適切に場合分けして，$\lim_{t\to\pm\infty} x(t)$ と $\lim_{t\to\pm\infty} y(t)$ を求めなさい．ただし，$y_0 \geqq 0$ とする．

(iii) $x_0 \neq 0$ と $y_0 > 0$ のとき，解 $(x(t), y(t))$ を用いて $\lim_{t\to\pm\infty} \dfrac{\mathrm{d}y}{\mathrm{d}x}$ を求めなさい．

(iv) (i)〜(iii) を用いて，系 (4.2.8) の相平面図を描きなさい．

解答：(i) **(ステップ 1)**　系 (4.2.8) より図 4.10 を得る．

(ii) **(ステップ 2)**　初期条件 $(x(0), y(0)) = (x_0, y_0)$ をみたす系 (4.2.8) の解は $(x(t), y(t)) = (x_0\mathrm{e}^t, y_0\mathrm{e}^{-t})$ である．これより，

- $x_0 > 0 \Longrightarrow \lim_{t\to-\infty} x(t) = 0,\ \lim_{t\to\infty} x(t) = \infty,$
- $x_0 = 0 \Longrightarrow x(t) = x_0\mathrm{e}^t = 0,$
- $x_0 < 0 \Longrightarrow \lim_{t\to-\infty} x(t) = 0,\ \lim_{t\to\infty} x(t) = -\infty,$
- $y_0 > 0 \Longrightarrow \lim_{t\to-\infty} y(t) = \infty,\ \lim_{t\to\infty} y(t) = 0,$
- $y_0 = 0 \Longrightarrow y(t) = y_0\mathrm{e}^{-t} = 0$

が成り立つ．

(iii) **(ステップ 3)**　解軌道の接線の傾きに，形式的に系 (4.2.8) を代入して解を用いると，

$$\frac{\mathrm{d}y}{\mathrm{d}x} = \frac{y'}{x'} = \frac{-y}{x} = \frac{-y_0\mathrm{e}^{-t}}{x_0\mathrm{e}^t} = -\frac{y_0}{x_0}\mathrm{e}^{-2t}$$

を得る．これより，

- $x_0 > 0,\ y_0 > 0 \Longrightarrow \dfrac{\mathrm{d}y}{\mathrm{d}x} < 0,\ \lim_{t\to-\infty} \dfrac{\mathrm{d}y}{\mathrm{d}x} = -\infty,\ \lim_{t\to\infty} \dfrac{\mathrm{d}y}{\mathrm{d}x} = 0,$
- $x_0 < 0,\ y_0 > 0 \Longrightarrow \dfrac{\mathrm{d}y}{\mathrm{d}x} > 0,\ \lim_{t\to-\infty} \dfrac{\mathrm{d}y}{\mathrm{d}x} = \infty,\ \lim_{t\to\infty} \dfrac{\mathrm{d}y}{\mathrm{d}x} = 0$

を得る．

(iv) (i)〜(iii) をもとに解軌道を相平面の上半平面に描き，原点対称にすれば，図 4.11 を得る．　□

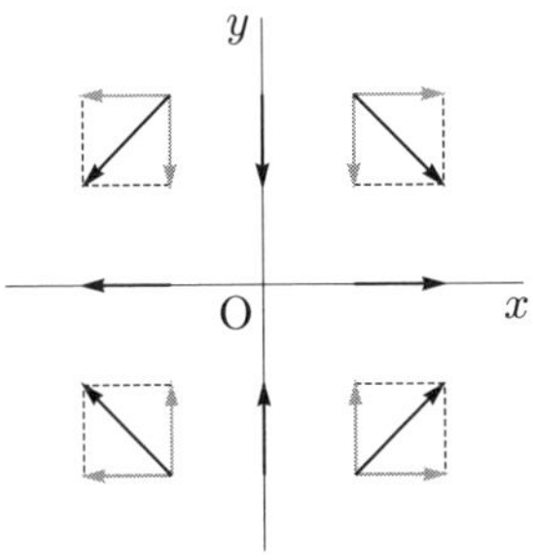

図 4.10　解の動く向き

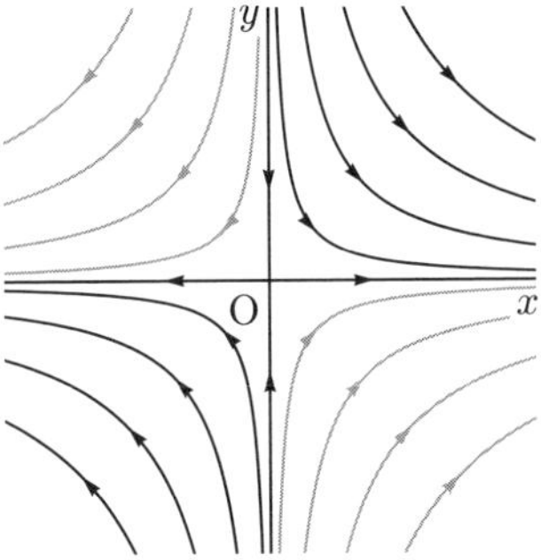

図 4.11　相平面図 (鞍点)

図 4.11 のような相平面図であるとき，系 (4.2.7) の原点を**鞍点**《あんてん》とよびます．

問題 4.2.2. 次の系の相平面図を以下の (i)〜(iv) の手順で描きなさい．ただし，初期条件 $(x(0), y(0)) = (x_0, y_0)$ をみたす解を $(x(t), y(t))$ とする．

$$\begin{cases} x' = -3x, \\ y' = -3y. \end{cases} \tag{4.2.9}$$

(i) 解が動く向きを相平面上に矢印を用いて図示しなさい．ただし，x 軸，y 軸上にも矢印を描くこと．

(ii) $\lim_{t\to\infty}(x(t), y(t))$ を求めなさい．

(iii) $x_0 \neq 0$ と $y_0 > 0$ のとき，解 $(x(t), y(t))$ を用いて $\dfrac{\mathrm{d}y}{\mathrm{d}x}$ を求めなさい．

(iv) (i)〜(iii) を用いて，系 (4.2.9) の相平面図を描きなさい．

問題 4.2.3. 次の系の相平面図を描きなさい．また，それぞれの系の原点は安定・不安定結節点，鞍点のいずれであるかを答えなさい．

(1) $\begin{cases} x' = -2x, \\ y' = -y \end{cases}$　(2) $\begin{cases} x' = x, \\ y' = 2y \end{cases}$　(3) $\begin{cases} x' = -x, \\ y' = 2y \end{cases}$　(4) $\begin{cases} x' = 2x, \\ y' = 2y \end{cases}$

4.2.2　係数行列が重解を固有値にもつ場合

ここでは, 係数行列 A が (b) の標準形 $\begin{pmatrix} \lambda & 1 \\ 0 & \lambda \end{pmatrix}$ の場合の 2 次元線形系 $\boldsymbol{y}' = A\boldsymbol{y}$ の相平面図を描けるようになることを目標とします．場合分けは,

$$\text{(b-1)}\ \ \lambda < 0; \qquad \text{(b-2)}\ \ \lambda > 0$$

の 2 つです．ただし，$\lambda = 0$ となる特別な場合はのぞいています．

(b-1) の場合の相平面図 (安定結節点)

係数行列 A が (b-1) の場合の 2 次元線形系

$$\begin{cases} x' = \lambda x + y, \\ y' = \lambda y \end{cases} \quad (\lambda < 0) \tag{4.2.10}$$

を考えます．ここでは $\lambda = -2$ の場合の系

$$\begin{cases} x' = -2x + y, \\ y' = -2y \end{cases} \tag{4.2.11}$$

を例に，前項の手順にならって相平面図を描いてみましょう．

(ステップ 1)　x' と y' の符号の切り替わりの基準を調べるのが重要でした．まず, 系 (4.2.11) の第 1 式に着目して，

$$(\text{第 1 式の右辺}) = -2x + y = 0$$

から，直線 $y = 2x$ が基準ですので，

- $y > 2x \Rightarrow x' > 0 \Rightarrow$ 解は右に動く "→",
- $y = 2x \Rightarrow x' = 0 \Rightarrow$ 解は左右に動かない,
- $y < 2x \Rightarrow x' < 0 \Rightarrow$ 解は左に動く "←"

となります．また，第 2 式は直線 $y = 0$ が基準ですので，これまでと同様に考えると図 4.12 を得ます．

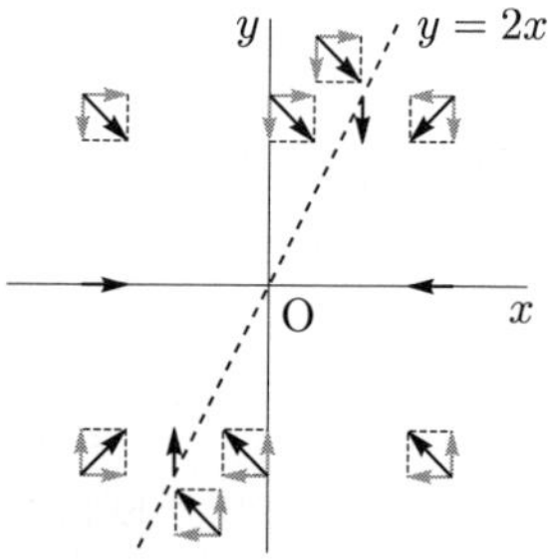

図 4.12　解の動く向き

(ステップ 2)　この例では $\lambda = -2$ (2 重解) なので，固有値の実部がすべて負です．よって，漸近安定性の定理より系 (4.2.11) の原点は漸近安定です．

(ステップ 3)　解軌道の接線の傾きに形式的に系 (4.2.11) と初期値問題の解 $(x(t), y(t)) = \left((x_0 + y_0 t)\mathrm{e}^{-2t}, y_0\mathrm{e}^{-2t}\right)$ を代入すると，

$$\frac{\mathrm{d}y}{\mathrm{d}x} = \frac{y'}{x'} = \frac{-2y}{-2x + y} = \frac{-2y_0\mathrm{e}^{-2t}}{-2(x_0 + y_0 t)\mathrm{e}^{-2t} + y_0\mathrm{e}^{-2t}} = \frac{-2y_0}{-2(x_0 + y_0 t) + y_0}$$

を得ます．もし, $y_0 = 0$ ならば $\dfrac{\mathrm{d}y}{\mathrm{d}x} = 0$ です．$y_0 > 0$ のとき，"接線の傾き $\dfrac{\mathrm{d}y}{\mathrm{d}x}$ の分母が t に関する 1 次関数" ですので，x_0 や y_0 の符号にかかわらず，

$$\lim_{t\to\infty} \frac{\mathrm{d}y}{\mathrm{d}x} = \lim_{t\to\infty} \frac{-2y_0}{-2(x_0 + y_0 t) + y_0} = 0$$

となります[9)].

9)　原点が漸近安定 ($\lim_{t\to\infty}(x(t), y(t)) = (0, 0)$) なので，$t \to \infty$ の場合を求めました．

以上の手順で系 (4.2.11) の相平面の上半平面の解軌道を描くことができますので，最後に，上半平面の解軌道を原点対称にして下半平面に描けば，系 (4.2.11) の相平面図が図 4.13 として完成します．よって，系 (4.2.10) の原点は安定結節点です．

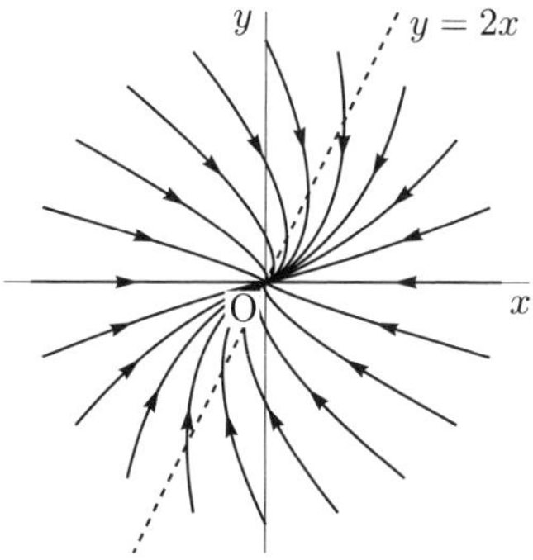

図 4.13　相平面図
(安定結節点)

● (b-2) の場合の相平面図 (不安定結節点)

係数行列 A が (b-2) の場合の 2 次元線形系

$$\begin{cases} x' = \lambda x + y, \\ y' = \lambda y \end{cases} \quad (\lambda > 0) \qquad (4.2.12)$$

を考えます．以下の例題 ($\lambda = 2$ の場合) を参考に，(b-2) の場合の相平面図を描きましょう．

例題 4.2.4. 次の系の相平面図を以下の (i)〜(iv) の手順で描きなさい．ただし，初期条件 $(x(0), y(0)) = (x_0, y_0)$ をみたす解を $(x(t), y(t))$ とする．

$$\begin{cases} x' = 2x + y, \\ y' = 2y. \end{cases} \qquad (4.2.13)$$

(i) 解が動く向きを相平面上に矢印を用いて図示しなさい．ただし，x 軸，y 軸上にも矢印を描くこと．

(ii) $\displaystyle\lim_{t \to -\infty} (x(t), y(t))$ を求めなさい．

(iii) 解 $(x(t), y(t))$ を用いて形式的に $\dfrac{\mathrm{d}y}{\mathrm{d}x}$ を求めなさい．また，$\displaystyle\lim_{t \to -\infty} \dfrac{\mathrm{d}y}{\mathrm{d}x}$ を求めなさい．

(iv) (i)〜(iii) を用いて，系 (4.2.13) の相平面図を描きなさい．また，系 (4.2.13) の原点は安定・不安定結節点，鞍点のいずれであるかを答えなさい．

解答：(i) **(ステップ 1)**　系 (4.2.13) より図 4.14 を得る．

(ii) **(ステップ 2)**　初期条件 $(x(0), y(0)) = (x_0, y_0)$ をみたす系 (4.2.13) の解は $(x(t), y(t)) = \big((x_0 + y_0 t)\mathrm{e}^{2t}, y_0 \mathrm{e}^{2t}\big)$ である．これより，

$$\lim_{t \to -\infty} (x(t), y(t)) = \lim_{t \to -\infty} \big((x_0 + y_0 t)\mathrm{e}^{2t}, y_0 \mathrm{e}^{2t}\big) = (0, 0)$$

を得る．

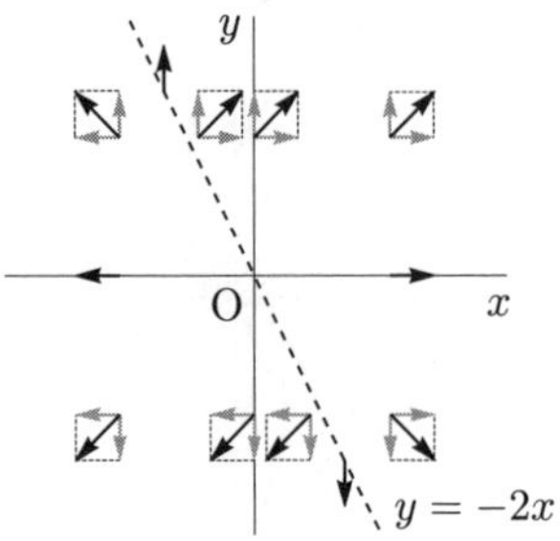

図 4.14 解の動く向き

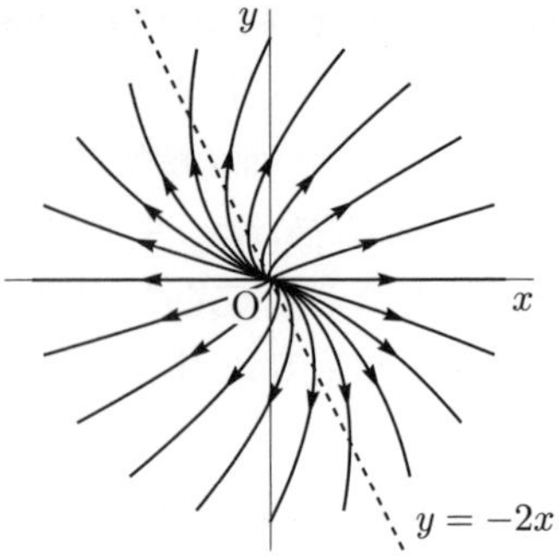

図 4.15 相平面図 (不安定結節点)

(iii) **(ステップ 3)** 解軌道の接線の傾きに，形式的に系 (4.2.13) を代入して解を用いると，

$$\frac{\mathrm{d}y}{\mathrm{d}x} = \frac{y'}{x'} = \frac{2y_0\mathrm{e}^{2t}}{2(x_0 + y_0t)\mathrm{e}^{2t} + y_0\mathrm{e}^{2t}} = \frac{2y_0}{2(x_0 + y_0t) + y_0}$$

を得る．これより，

$$\lim_{t \to -\infty} \frac{\mathrm{d}y}{\mathrm{d}x} = \lim_{t \to -\infty} \frac{2y_0}{2(x_0 + y_0t) + y_0} = 0$$

を得る．

(iv) (i)〜(iii) の情報をもとに解軌道を相平面の上半平面に描き，原点対称にすれば，図 4.15 を得る．よって，系 (4.2.13) の原点は不安定結節点である．□

上記のように，系 (4.2.12) の原点は不安定結節点となります．

問題 4.2.5. 次の系の相平面図を描きなさい．また，それぞれの系の原点は安定・不安定結節点，鞍点のいずれであるかを答えなさい．

(1) $\begin{cases} x' = -3x + y, \\ y' = -3y \end{cases}$　(2) $\begin{cases} x' = 3x + y, \\ y' = 3y \end{cases}$　(3) $\begin{cases} x' = -x + y, \\ y' = -y \end{cases}$

(4) $\begin{cases} x' = x + y, \\ y' = y \end{cases}$

4.2.3　係数行列が虚数を固有値にもつ場合

ここでは，係数行列 A が (c) の標準形 $\begin{pmatrix} \alpha & \beta \\ -\beta & \alpha \end{pmatrix}$ の場合の 2 次元線形系 $\boldsymbol{y}' = A\boldsymbol{y}$ の相平面図を描けるようになることを目標とします．場合分けは，

$$\text{(c-1)}\ \ \alpha < 0,\ \beta \neq 0; \qquad \text{(c-2)}\ \ \alpha > 0,\ \beta \neq 0; \qquad \text{(c-3)}\ \ \alpha = 0,\ \beta \neq 0$$

の 3 つです．

● (c-1) の場合の相平面図 (安定渦状点)

係数行列 A が (c-1) の場合の 2 次元線形系

$$\begin{cases} x' = \alpha x + \beta y, \\ y' = -\beta x + \alpha y \end{cases} \quad (\alpha < 0,\ \beta \neq 0) \tag{4.2.14}$$

を考えます．ここでは $\alpha = -1$, $\beta = 2$ の場合の系

$$\begin{cases} x' = -x + 2y, \\ y' = -2x - y \end{cases} \tag{4.2.15}$$

を例に，相平面図を描いてみましょう．

(ステップ 1)　系 (4.2.15) より図 4.16 を得ます．

(ステップ 2)　この例では $\alpha = -1$ なので，固有値の実部がすべて負です．よって，漸近安定性の定理より，系 (4.2.15) の原点は漸近安定です．

(ステップ 3)　標準形 (c) の場合には，解の回転について調べるため**極座標変換**を行います．系 (4.2.15) の x と y を

$$x = r\cos\theta, \quad y = r\sin\theta \tag{4.2.16}$$

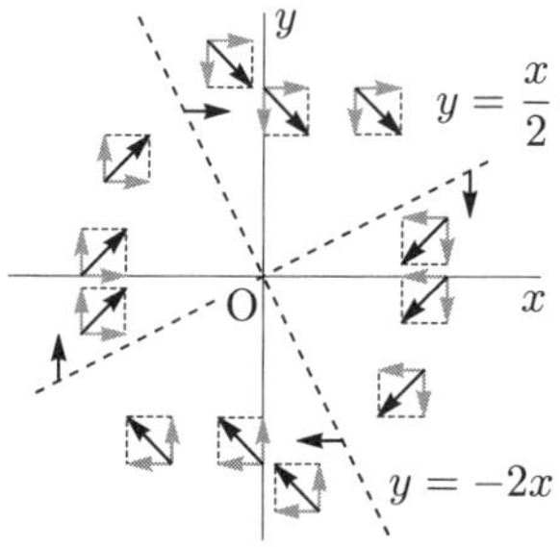

図 4.16　解の動く向き

とおきます．ここで点 (x, y) について，r は原点からの距離，θ は正の x 軸からの角度を意味します．では，式 (4.2.16) の x を t について微分すると，合成関数の微分の公式から，

$$x' = r'\cos\theta + r(\cos\theta)' = r'\cos\theta - r\sin\theta\cdot\theta'$$

となります．次に，式 (4.2.16) の y を t について微分すると，

$$y' = r'\sin\theta + r(\sin\theta)' = r'\sin\theta + r\cos\theta\cdot\theta'$$

となります．これらと式 (4.2.16) を系 (4.2.15) の x', y', x, y に代入すれば，

$$\begin{cases} r'\cos\theta - r\sin\theta\cdot\theta' = -r\cos\theta + 2r\sin\theta, \\ r'\sin\theta + r\cos\theta\cdot\theta' = -2r\cos\theta - r\sin\theta \end{cases}$$

を得ます．ここで，(第 1 式) $\times\cos\theta+$ (第 2 式) $\times\sin\theta$ を計算すれば，$\sin^2\theta+\cos^2\theta=1$ の関係式から $r'=-r$ となります．また，(第 1 式) $\times(-\sin\theta)+$ (第 2 式) $\times\cos\theta$ を計算すれば，$r\theta'=-2r$ となります．よって，系 (4.2.15) は系

$$\begin{cases} r' = -r, \\ \theta' = -2 \end{cases} \tag{4.2.17}$$

に変換されました．この系 (4.2.17) を**極座標系**とよびます．

初期条件 $(r(0),\theta(0))=(r_0,\theta_0)$ をみたす系 (4.2.17) の解も簡単に求まります．実際，系 (4.2.17) の第 1 式は変数分離形ですので，初期条件 $r(0)=r_0$ より，

$$r(t)=r_0\mathrm{e}^{-t}$$

を得ます．また，系 (4.2.17) の第 2 式の両辺を 0 から t まで積分すれば，

$$\int_0^t \theta'(s)\,\mathrm{d}s=-2t, \quad \text{すなわち,} \quad \theta(t)-\theta(0)=-2t$$

となります．ここで，初期条件 $\theta(0)=\theta_0$ より，$\theta(t)=-2t+\theta_0$ を得ます．以上より，初期条件 $(r(0),\theta(0))=(r_0,\theta_0)$ をみたす系 (4.2.17) の解は

$$(r(t),\theta(t))=\left(r_0\mathrm{e}^{-t},-2t+\theta_0\right)$$

です．これで，系 (4.2.15) の原点からの距離 $r(t)$ と正の x 軸からの角度 $\theta(t)$ が求まりましたので，$t\to\infty$ のときのそれらの極限を求めてみますと，

$$\lim_{t\to\infty} r(t)=\lim_{t\to\infty} r_0\mathrm{e}^{-t}=0,$$

$$\lim_{t\to\infty}\theta(t)=\lim_{t\to\infty}(-2t+\theta_0)=-\infty$$

となります．すなわち，“解は原点に漸近しながら，原点の周囲を時計回りに回転し続ける” ことがわかります．

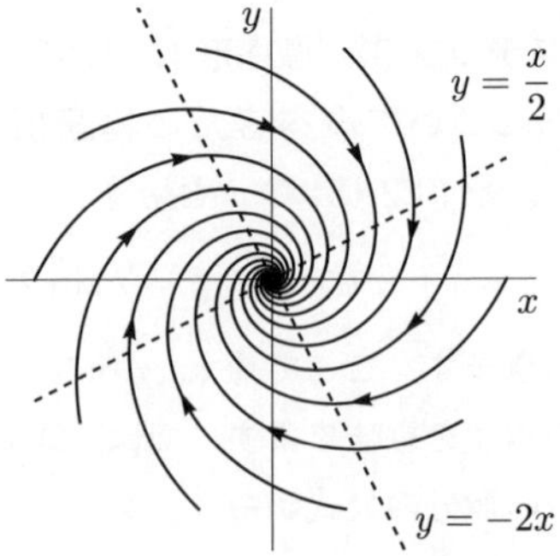

図 4.17 相平面図 (安定渦状点)

以上より，系 (4.2.15) の相平面図が図 4.17 として完成します．このような相平面図であるとき，系 (4.2.14) の原点を**安定渦状点**とよびます．

上記のステップ 3 での $\lim_{t\to\infty} r(t)=0$ は漸近安定を意味しますから，今後は次の流れで相平面図を描くようにします．

(c) の場合の系の相平面図を描く手順

(ステップ 1) 大まかな解の挙動をとらえる．x' と y' の右辺が 0 になる直線が基準．

(ステップ 2) 極座標系に変換して解を求める．(これまでと違う！)

(ステップ 3) 解の収束・発散・回転を調べる．(これまでと違う！)

(c-2) の場合の相平面図 (不安定渦状点)

係数行列 A が (c-2) の場合の 2 次元線形系

$$\begin{cases} x' = \alpha x + \beta y, \\ y' = -\beta x + \alpha y \end{cases} \quad (\alpha > 0,\ \beta \neq 0) \tag{4.2.18}$$

を考えます．以下の例題 ($\alpha = 1$, $\beta = 2$ の場合) を参考に，(c-2) の場合の相平面図を描きましょう．

例題 4.2.6. 次の系の相平面図を以下の (i)〜(iii) の手順で描きなさい．

$$\begin{cases} x' = x + 2y, \\ y' = -2x + y. \end{cases} \tag{4.2.19}$$

(i) 解が動く向きを相平面上に矢印を用いて図示しなさい．ただし，x 軸，y 軸上にも矢印を描くこと．

(ii) 系 (4.2.19) に対応する初期条件 $(r(0), \theta(0)) = (r_0, \theta_0)$ をみたす極座標系の解を $(r(t), \theta(t))$ とするとき，$\lim_{t\to\pm\infty} r(t)$ と $\lim_{t\to-\infty} \theta(t)$ を求めなさい．ただし，$r_0 > 0$ とする．

(iii) (i), (ii) を用いて，系 (4.2.19) の相平面図を描きなさい．

解答：(i) **(ステップ 1)**　系 (4.2.19) より図 4.18 を得る．

(ii) **(ステップ 2)**　系 (4.2.19) に変換 (4.2.16) を用いれば，極座標系

$$\begin{cases} r' = r, \\ \theta' = -2 \end{cases} \tag{4.2.20}$$

を得る．このとき，初期条件 $(r(0), \theta(0)) = (r_0, \theta_0)$ をみたす系 (4.2.20) の解は $(r(t), \theta(t)) = (r_0 \mathrm{e}^t, -2t + \theta_0)$ である．

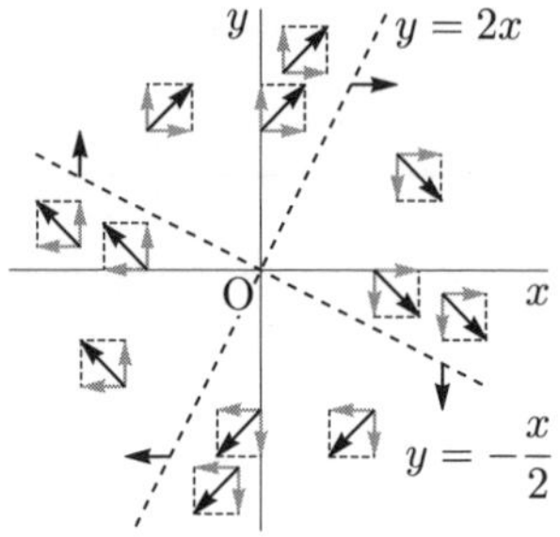

図 4.18 解の動く向き

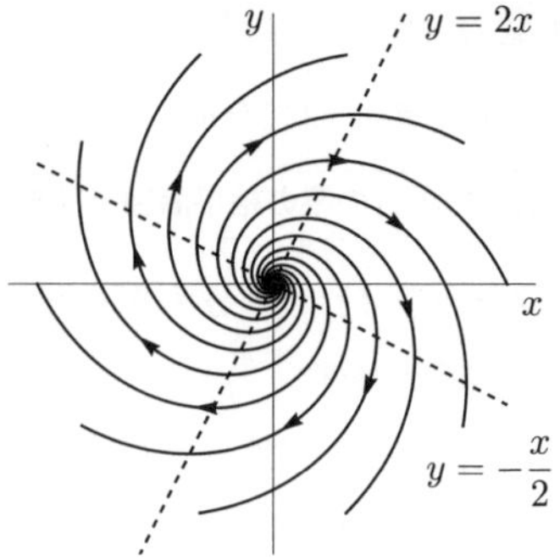

図 4.19 相平面図 (不安定渦状点)

(ステップ 3) 上記より,

$$\lim_{t\to-\infty} r(t) = \lim_{t\to-\infty} r_0 \mathrm{e}^t = 0,$$

$$\lim_{t\to-\infty} \theta(t) = \lim_{t\to-\infty} (-2t + \theta_0) = \infty$$

となるので, $t \to -\infty$ のとき, 解は原点に漸近しながら原点の周囲を反時計回りに回転し続けることがわかる．その一方, $r_0 > 0$ より, $\lim_{t\to\infty} r(t) = \infty$ なので, 原点は不安定である.

(iii) (i), (ii) の情報をもとに相平面図を描けば, 図 4.19 を得る. □

図 4.19 のような相平面図であるとき, 系 (4.2.18) の原点を**不安定渦状点**とよびます.

● (c-3) の場合の相平面図 (渦心点)

係数行列 A が (c-3) の場合の 2 次元線形系

$$\begin{cases} x' = \beta y, \\ y' = -\beta x \end{cases} \quad (\beta \neq 0) \qquad (4.2.21)$$

を考えます．4.1 節で $\beta = -1$ の場合を紹介していますので詳細は省略しますが, その場合に "解は原点を中心とする円上を反時計回りに回転し続ける" ことも (c-1), (c-2) と同じ方法で証明でき, 相平面図を描くことができます．図 4.2 のような相平面図であるとき, 系 (4.2.21) の原点を**渦心点**とよびます.

問題 4.2.7. 次の系の相平面図を以下の (i)〜(iii) の手順で描きなさい．

$$\begin{cases} x' = -2x + 3y, \\ y' = -3x - 2y. \end{cases} \tag{4.2.22}$$

(i) 解が動く向きを相平面上に矢印を用いて図示しなさい．ただし，x 軸，y 軸上にも矢印を描くこと．

(ii) 系 (4.2.22) に対応する初期条件 $(r(0), \theta(0)) = (r_0, \theta_0)$ をみたす極座標系の解を $(r(t), \theta(t))$ とするとき，$\displaystyle\lim_{t\to\pm\infty} r(t)$ と $\displaystyle\lim_{t\to\infty} \theta(t)$ を求めなさい．ただし，$r_0 > 0$ とする．

(iii) (i), (ii) を用いて，系 (4.2.22) の相平面図を描きなさい．

問題 4.2.8. 次の系の相平面図を描きなさい．また，それぞれの系の原点は安定・不安定結節点，鞍点，安定・不安定渦状点，渦心点のいずれであるかを答えなさい．

(1) $\begin{cases} x' = 2x + 3y, \\ y' = -3x + 2y \end{cases}$　(2) $\begin{cases} x' = 2x - 3y, \\ y' = 3x + 2y \end{cases}$　(3) $\begin{cases} x' = -2x - 3y, \\ y' = 3x - 2y \end{cases}$

4.3　2 次元非線形系の線形近似

●線 形 近 似

本節では，非線形系の平衡点の漸近安定性が，線形系の原点の漸近安定性に帰着できることを説明します．

例　まずは，2 次元非線形系

$$\begin{cases} x' = -x + 2y, \\ y' = -2\sin x - y \end{cases} \tag{4.3.1}$$

を例に考えましょう．この系には $\sin x$ が入っているので “非線形” となり，これまでどおりの手法で解を求めることはできません．x' と y' が 0 になるのは

$$\text{直線 } y = \frac{x}{2}, \quad \text{曲線 } y = -2\sin x$$

の上です．グラフを描いてみるとわかるように，この直線と曲線が共有点をもつのは原点 $(x, y) = (0, 0)$ のみです．つまり，系 (4.3.1) の平衡点は原点のみになります．上記の直線と曲線を基準にして，図 4.20 のように，原点近傍の大まかな解の挙動をとらえることができます．

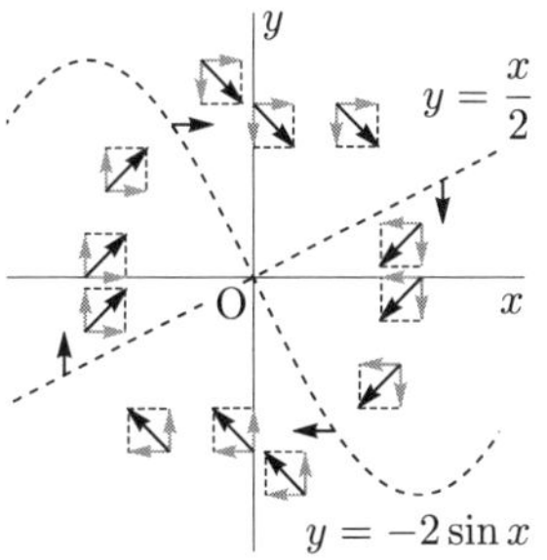

図 4.20　解の動く向き

次に，系 (4.3.1) の原点の漸近安定性を調べましょう．$\sin x$ をそのままで扱うのは困難ですから，“近似” することを考えます．$\sin x$ の $x=0$ でのテイラー展開 (マクローリン展開) は

$$\sin x = \frac{x}{1!} - \frac{x^3}{3!} + \frac{x^5}{5!} - \frac{x^7}{7!} + \cdots$$

です．$x=0$ の近傍では，x^3 よりも x^1 のほうが影響力があります．実際に，$x=-\frac{1}{2}$ を代入したら $x^3=-\frac{1}{8}$ ですから，x^1 のほうが絶対値として大きいことがわかります．よって，$x=0$ の近傍では，

$$\sin x \fallingdotseq \frac{x}{1!}\ (=x)$$

とみなせます．系 (4.3.1) の $\sin x$ を x に置き換えると，系

$$\begin{cases} x' = -x+2y, \\ y' = -2x-y \end{cases} \tag{4.3.2}$$

を得ます．このような操作を “系 (4.3.1) を系 (4.3.2) に**線形近似**する” といい，系 (4.3.2) を系 (4.3.1) の**線形近似系**とよびます．系 (4.3.2) の係数行列は

$$A = \begin{pmatrix} -1 & 2 \\ -2 & -1 \end{pmatrix}$$

ですから，固有方程式は

$$0 = \left| \lambda \begin{pmatrix} 1 & 0 \\ 0 & 1 \end{pmatrix} - \begin{pmatrix} -1 & 2 \\ -2 & -1 \end{pmatrix} \right| = \begin{vmatrix} \lambda+1 & -2 \\ 2 & \lambda+1 \end{vmatrix} = (\lambda+1)^2 + 2^2$$

となるので，固有値 $-1 \pm 2i$ を得ます．複素数 z の実部を $\mathrm{Re}(z)$ と書くと，固有値の実部は，$\mathrm{Re}(-1 \pm 2i) = -1 < 0$ なので，漸近安定性の定理から，系 (4.3.2) の原点は漸近安定です．じつは，“線形近似系の原点が漸近安定であるとき，線形近似されるまえの非線形系の平衡点の近傍の解について漸近安定である” ことが知られています．したがって，系 (4.3.1) の原点も漸近安定と結論づけられます．系 (4.3.1) の原点近傍の相平面図を描くと，図 4.21 のようになります．■

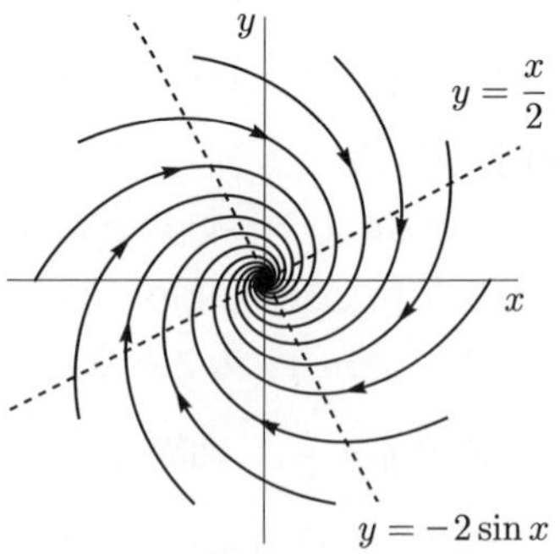

図 4.21　相平面図 (原点近傍を拡大)

不安定性についても同様のことが知られていますので，以上をまとめると，次のようにして非線形系の平衡点の漸近安定性を判定できます．

非線形系の漸近安定性の判定法

(ステップ 1) 非線形系の平衡点を求める．

(ステップ 2) 線形近似系を求める．(非線形系を線形近似する！)

(ステップ 3) 平衡点の安定性の判定 $\cdots$ 線形近似系の原点が，

- 漸近安定 $\Longrightarrow$ 非線形系の平衡点は漸近安定，
- 不安定 $\Longrightarrow$ 非線形系の平衡点は不安定．

以降では，上記の各ステップを例題をとおして説明します．

ステップ 1. 非線形系の平衡点を求める

例題 4.3.1. 以下の非線形系の平衡点を実数の範囲ですべて求めなさい．

(1) $\begin{cases} x' = y - x^3, \\ y' = 1 - xy \end{cases}$　(2) $\begin{cases} x' = y^2 - x^2, \\ y' = 1 - x \end{cases}$　(3) $\begin{cases} x' = x(3 - 2x - y), \\ y' = y(3 - x - 2y) \end{cases}$

解答：(1)　連立方程式

$$\begin{cases} y - x^3 = 0, \\ 1 - xy = 0 \end{cases}$$

を解けばよいので，第 1 式から $y = x^3$ だから，これを第 2 式に代入すれば $1 - x^4 = 0$ より，$x = \pm 1$ を得る．よって，この系の平衡点は $(-1, -1)$, $(1, 1)$ である．

(2)　連立方程式

$$\begin{cases} y^2 - x^2 = 0, \\ \quad 1 - x = 0 \end{cases}$$

を解けばよいので，第 2 式から $x = 1$ だから，これを第 1 式に代入すれば $y^2 - 1 = 0$ より，$y = \pm 1$ を得る．よって，この系の平衡点は $(1, -1)$, $(1, 1)$ である．

(3)　連立方程式

$$\begin{cases} x(3 - 2x - y) = 0, \\ y(3 - x - 2y) = 0 \end{cases}$$

は，“$x=0$ または $3-2x-y=0$” かつ “$y=0$ または $3-x-2y=0$” を意味するので，場合分けにより

- $x=0$ かつ $y=0 \Longrightarrow (x,y)=(0,0)$,
- $x=0$ かつ $3-x-2y=0 \Longrightarrow (x,y)=\left(0,\dfrac{3}{2}\right)$,
- $3-2x-y=0$ かつ $y=0 \Longrightarrow (x,y)=\left(\dfrac{3}{2},0\right)$,
- $3-2x-y=0$ かつ $3-x-2y=0 \Longrightarrow (x,y)=(1,1)$

となるから，この系の平衡点は $(0,0)$, $\left(0,\dfrac{3}{2}\right)$, $\left(\dfrac{3}{2},0\right)$, $(1,1)$ である． □

ステップ 2. 線形近似系を求める

次は，線形近似系を求める一般的な方法を説明します．上記では，系の一部をテイラー展開し，1 次より高次の項を取りのぞくことで線形近似系を求めましたが，もっと一般的な方法を紹介します．ベクトル値関数

$$\boldsymbol{f}(x,y)=\begin{pmatrix} f_1(x,y) \\ f_2(x,y) \end{pmatrix}$$

に対して，行列

$$D\boldsymbol{f}(x,y)=\begin{pmatrix} \dfrac{\partial}{\partial x}f_1(x,y) & \dfrac{\partial}{\partial y}f_1(x,y) \\ \dfrac{\partial}{\partial x}f_2(x,y) & \dfrac{\partial}{\partial y}f_2(x,y) \end{pmatrix}$$

を**ヤコビ行列**とよびます．例えば，

$$f_1(x,y)=-x+2y, \quad f_2(x,y)=-2\sin x-y$$

とすれば，これらは系 (4.3.1) の右辺に対応します．このとき，ヤコビ行列は

$$D\boldsymbol{f}(x,y)=\begin{pmatrix} -1 & 2 \\ -2\cos x & -1 \end{pmatrix}$$

となります．ここで，系 (4.3.1) の平衡点 $(0,0)$ をこのヤコビ行列に代入すると，

$$D\boldsymbol{f}(0,0)=\left.\begin{pmatrix} -1 & 2 \\ -2\cos x & -1 \end{pmatrix}\right|_{(x,y)=(0,0)}=\begin{pmatrix} -1 & 2 \\ -2\cos 0 & -1 \end{pmatrix}=\begin{pmatrix} -1 & 2 \\ -2 & -1 \end{pmatrix}$$

を得ます[10)]．最後にでてきた行列は系 (4.3.1) の線形近似系 (4.3.2) の係数行列 A です．このように，ヤコビ行列に平衡点を代入することで線形近似系の係数行列が求まります．

---

10) ただし，$|_{(x,y)=(0,0)}$ は，(x,y) に $(0,0)$ を代入するという意味です．

線形近似系の係数行列

2 次元非線形系

$$\begin{cases} x' = f_1(x, y), \\ y' = f_2(x, y) \end{cases}$$

の平衡点 (x_*, y_*) における線形近似系の係数行列は

$$D\boldsymbol{f}(x_*, y_*) = \begin{pmatrix} \dfrac{\partial}{\partial x} f_1(x, y) & \dfrac{\partial}{\partial y} f_1(x, y) \\ \dfrac{\partial}{\partial x} f_2(x, y) & \dfrac{\partial}{\partial y} f_2(x, y) \end{pmatrix} \Bigg|_{(x,y)=(x_*,y_*)}$$

である.

例題 4.3.2. 以下の非線形系の平衡点 $(1, 1)$ における線形近似系の係数行列を求めなさい. (以下は前例題と同じ系で, 共通して $(1, 1)$ を平衡点にもちます.)

(1) $\begin{cases} x' = y - x^3, \\ y' = 1 - xy \end{cases}$　(2) $\begin{cases} x' = y^2 - x^2, \\ y' = 1 - x \end{cases}$　(3) $\begin{cases} x' = x(3 - 2x - y), \\ y' = y(3 - x - 2y) \end{cases}$

解答：(1) $f_1(x, y) = y - x^3$, $f_2(x, y) = 1 - xy$ とすれば, ヤコビ行列は

$$D\boldsymbol{f}(x, y) = \begin{pmatrix} -3x^2 & 1 \\ -y & -x \end{pmatrix}$$

である. よって, 平衡点 $(1, 1)$ における線形近似系の係数行列は

$$D\boldsymbol{f}(1, 1) = \begin{pmatrix} -3x^2 & 1 \\ -y & -x \end{pmatrix} \Bigg|_{(x,y)=(1,1)} = \begin{pmatrix} -3 & 1 \\ -1 & -1 \end{pmatrix}.$$

(2) $f_1(x, y) = y^2 - x^2$, $f_2(x, y) = 1 - x$ とすれば, ヤコビ行列は

$$D\boldsymbol{f}(x, y) = \begin{pmatrix} -2x & 2y \\ -1 & 0 \end{pmatrix}$$

である. よって, 平衡点 $(1, 1)$ における線形近似系の係数行列は

$$D\boldsymbol{f}(1, 1) = \begin{pmatrix} -2x & 2y \\ -1 & 0 \end{pmatrix} \Bigg|_{(x,y)=(1,1)} = \begin{pmatrix} -2 & 2 \\ -1 & 0 \end{pmatrix}.$$

(3) $f_1(x, y) = x(3 - 2x - y) = 3x - 2x^2 - xy$, $f_2(x, y) = y(3 - x - 2y) = 3y - xy - 2y^2$ とすれば, ヤコビ行列は

$$D\boldsymbol{f}(x, y) = \begin{pmatrix} 3 - 4x - y & -x \\ -y & 3 - x - 4y \end{pmatrix}$$

である．よって，平衡点 $(1,1)$ における線形近似系の係数行列は

$$Df(1,1) = \begin{pmatrix} 3-4x-y & -x \\ -y & 3-x-4y \end{pmatrix}\Bigg|_{(x,y)=(1,1)} = \begin{pmatrix} -2 & -1 \\ -1 & -2 \end{pmatrix}. \qquad \square$$

ステップ 3. 平衡点の安定性を判定する

例題 4.3.3. 以下の非線形系の平衡点 $(1,1)$ における安定性を調べなさい．ただし，前例題で求めた線形近似系の係数行列を使用してよい．

$$(1)\ \begin{cases} x' = y - x^3, \\ y' = 1 - xy \end{cases} \qquad (2)\ \begin{cases} x' = y^2 - x^2, \\ y' = 1 - x \end{cases} \qquad (3)\ \begin{cases} x' = x(3-2x-y), \\ y' = y(3-x-2y) \end{cases}$$

解答：(1) 前例題から，平衡点 $(1,1)$ における線形近似系の係数行列は

$$A = \begin{pmatrix} -3 & 1 \\ -1 & -1 \end{pmatrix}$$

である．固有方程式は

$$0 = |\lambda E - A| = \begin{vmatrix} \lambda+3 & -1 \\ 1 & \lambda+1 \end{vmatrix} = \lambda^2 + 4\lambda + 4 = (\lambda+2)^2$$

より，固有値 -2 (2 重解) を得る．$\mathrm{Re}(-2) = -2 < 0$ なので，漸近安定性の定理から，線形近似系の原点は漸近安定である．よって，非線形系の平衡点 $(1,1)$ は漸近安定である．

(2) 前例題から，平衡点 $(1,1)$ における線形近似系の係数行列は

$$A = \begin{pmatrix} -2 & 2 \\ -1 & 0 \end{pmatrix}$$

である．固有方程式は

$$0 = |\lambda E - A| = \begin{vmatrix} \lambda+2 & -2 \\ 1 & \lambda \end{vmatrix} = \lambda^2 + 2\lambda + 2$$

より，固有値 $-1 \pm i$ を得る．$\mathrm{Re}(-1 \pm i) = -1 < 0$ なので，漸近安定性の定理から，線形近似系の原点は漸近安定である．よって，非線形系の平衡点 $(1,1)$ は漸近安定である．

(3) 前例題から，平衡点 $(1,1)$ における線形近似系の係数行列は

$$A = \begin{pmatrix} -2 & -1 \\ -1 & -2 \end{pmatrix}$$

である．固有方程式は

$$0 = |\lambda E - A| = \begin{vmatrix} \lambda + 2 & 1 \\ 1 & \lambda + 2 \end{vmatrix} = (\lambda + 3)(\lambda + 1)$$

より，固有値 -1, -3 を得る．このとき，$\mathrm{Re}(-1) = -1 < 0$, $\mathrm{Re}(-3) = -3 < 0$ なので，漸近安定性の定理から，線形近似系の原点は漸近安定である．よって，非線形系の平衡点 $(1, 1)$ は漸近安定である． □

●吸収性，安定性，漸近安定性

じつは，非線形系に対する漸近安定性の定義は線形系に対する定義よりも複雑になります．2 次元非線形系の平衡点 (x_*, y_*) が**漸近安定**とは，

(i) 平衡点 (x_*, y_*) の近傍のすべての解 $(x(t), y(t))$ について，$\lim_{t \to \infty} (x(t), y(t)) = (x_*, y_*)$,

(ii) 平衡点 (x_*, y_*) の近傍のすべての解 $(x(t), y(t))$ について，平衡点 (x_*, y_*) から離れない，

が成り立つときをいいます．ここで，(i) をみたすとき平衡点 (x_*, y_*) を**吸収的**とよび，(ii) をみたすとき平衡点 (x_*, y_*) を**安定**とよびます．つまり，“平衡点が吸収的かつ安定であるとき” **漸近安定**といいます．線形系の場合は，“吸収的ならば安定” が成立し，原点近傍と遠方の状況が類似しますので，“すべての解 $(x(t), y(t))$ について，$\lim_{t \to \infty} (x(t), y(t)) = (0, 0)$ となること” を漸近安定とよんでいました．いずれにせよ，漸近安定ならば，“平衡点の近傍のすべての解が平衡点に漸近する” 性質は線形系と非線形系で変わりません[11]．

問題 4.3.4. 以下の非線形系の点 $(1, 1)$ 以外のすべての平衡点における安定性を調べなさい．ただし，例題 4.3.1 で求めたそれぞれの系の平衡点を利用してよい．

(1) $\begin{cases} x' = y - x^3, \\ y' = 1 - xy \end{cases}$　(2) $\begin{cases} x' = y^2 - x^2, \\ y' = 1 - x \end{cases}$　(3) $\begin{cases} x' = x(3 - 2x - y), \\ y' = y(3 - x - 2y) \end{cases}$

問題 4.3.5. 以下の非線形系のすべての平衡点における安定性を調べなさい．

(1) $\begin{cases} x' = \dfrac{1}{2} - y, \\ y' = x^2 - y^2 \end{cases}$　(2) $\begin{cases} x' = 2 - xy, \\ y' = x - 2y^3 \end{cases}$　(3) $\begin{cases} x' = 1 - (x + 3)y, \\ y' = x + 3 - y^3 \end{cases}$

11) より詳しく知りたい読者は，吉沢太郎 著「復刊 基礎数学シリーズ 13　微分方程式入門」朝倉書店 (2004) を参照してください．

4.4 2 次元非線形系の安定性とリヤプノフ関数

本節では, 線形近似することなく安定性を判定できる方法について紹介します. まずは, 2 次元線形系

$$\begin{cases} x' = -x + 3y, \\ y' = -3x - y \end{cases} \tag{4.4.1}$$

を例に考えましょう. 系 (4.4.1) の平衡点は $(0,0)$ のみです. いま, 系 (4.4.1) の任意の非自明解を $(x(t), y(t))$ と書きます. ここで**非自明解**とは, 自明解以外の解のことです. これを使って,

$$v(t) = \sqrt{x(t)^2 + y(t)^2}$$

と新たな関数 $v(t)$ を定義します. この関数は, $(x(t), y(t)) \neq (0,0)$ においては $v(t) > 0$ となり, 原点 (自明解, 平衡点) からの距離を表す関数といえます. $(x(t), y(t))$ が系 (4.4.1) の解で, $v(t)$ は合成関数の形をしていることに注意して, $v(t)$ を t について微分すると

$$\begin{aligned} v'(t) &= \frac{1}{2}(x(t)^2 + y(t)^2)^{-\frac{1}{2}}(x(t)^2 + y(t)^2)' = \frac{1}{2v(t)}\bigl(2x(t)x'(t) + 2y(t)y'(t)\bigr) \\ &= \frac{1}{2v(t)}\bigl\{2x(t)(-x(t) + 3y(t)) + 2y(t)(-3x(t) - y(t))\bigr\} \\ &= \frac{1}{2v(t)}\bigl(-2x(t)^2 + 6x(t)y(t) - 6x(t)y(t) - 2y(t)^2\bigr) \\ &= \frac{1}{2v(t)}(-2x(t)^2 - 2y(t)^2) = \frac{1}{2v(t)}(-2v(t)^2) = -v(t) \end{aligned}$$

となります. ここで $v'(t) = -v(t) < 0$ となるので, $v(t)$ は t について減少関数です. つまり, 原点と解 $(x(t), y(t))$ の距離は t に関して減少することがわかります. しかもこの場合は

$$v'(t) = -v(t)$$

ですので, 初期条件 $v(0) = v_0 > 0$ をみたす解も求めることができて $v(t) = v_0 \mathrm{e}^{-t}$ となり, $\displaystyle\lim_{t\to\infty} v(t) = 0$ をみたすので, 系 (4.4.1) の原点は漸近安定です.

さてここで,

$$V(x, y) = \sqrt{x^2 + y^2}$$

とすれば $v(t) = V(x(t), y(t))$ です. このとき, 上記のように, 任意の非自明解について $V(x(t), y(t)) > 0$ となり, $\dfrac{\mathrm{d}}{\mathrm{dt}}V(x(t), y(t)) \leqq 0$ をみたす関数 $V(x, y)$ を**リヤプノフ関数**とよびます. リヤプノフ関数については, 系に対して無限に

存在する場合もありますし，存在するかどうかもわからない場合もあります．

例　例えば，上記の例で

$$v(t) = x(t)^2 + y(t)^2$$

とすれば $v'(t) = -2v(t) \leqq 0$ を得ますので，$V(x,y) = x^2 + y^2$ もまた系 (4.4.1) に対するリヤプノフ関数といえます．■

以下のように，系の安定性を判定するリヤプノフ関数を用いた定理が知られています．

リヤプノフ関数による安定性定理

原点 $(0,0)$ を平衡点 (自明解) にもつ系

$$\begin{cases} x' = f(x,y), \\ y' = g(x,y) \end{cases} \tag{4.4.2}$$

のある原点近傍の任意の非自明解を $(x(t), y(t))$ とする．また，系 (4.4.2) に対して，$V(0,0) = 0$ かつ

$$V(x,y) > 0 \quad ((x,y) \neq (0,0))$$

となり，$\dfrac{\mathrm{d}}{\mathrm{dt}}V(x(t),y(t)) \leqq 0$ をみたす関数 $V(x,y)$ が存在すると仮定する．このとき，次が成り立つ．

(i) 系 (4.4.2) の原点は安定である．

(ii) $\dfrac{\mathrm{d}}{\mathrm{dt}}V(x(t),y(t)) < 0$ ならば，系 (4.4.2) の原点は漸近安定である．

例　2 次元非線形系

$$\begin{cases} x' = y^3, \\ y' = -x^3 \end{cases} \tag{4.4.3}$$

を例に考えましょう．この系は原点を平衡点にもちます．系 (4.4.3) の任意の非自明解 $(x(t), y(t))$ に対して，

$$v(t) = x(t)^4 + y(t)^4$$

と定めれば，

$$V(x,y) = x^4 + y^4 > 0 \quad \big((x,y) \neq (0,0)\big)$$

かつ $V(0,0) = 0$ です．また，

$$\begin{aligned}\frac{\mathrm{d}}{\mathrm{dt}}V(x(t),y(t)) &= v'(t) = 4x(t)^3x'(t) + 4y(t)^3y'(t)\\ &= 4x(t)^3\left(y(t)^3\right) + 4y(t)^3\left(-x(t)^3\right) = 0\end{aligned}$$

となります．よって，リヤプノフ関数による安定性定理 (i) より，系 (4.4.3) の原点は安定です． ■

例 前節で扱った 2 次元非線形系

$$\begin{cases} x' = -x + 2y, \\ y' = -2\sin x - y \end{cases} \tag{4.4.4}$$

を例に考えましょう．この系は原点を平衡点にもちます．ある原点近傍を

$$B = \left\{(x,y) : \sqrt{x^2+y^2} < \pi\right\}$$

と定め，系 (4.4.4) の原点近傍 B 内の任意の非自明解 $(x(t),y(t))$ に対して，

$$v(t) = 2(1-\cos(x(t))\,) + y(t)^2$$

とすれば，原点をのぞく B に点 (x,y) が含まれるとき，

$$V(x,y) = 2(1-\cos x) + y^2 > 0$$

をみたし，$V(0,0)=0$ です．また，

$$\begin{aligned}\frac{\mathrm{d}}{\mathrm{dt}}V(x(t),y(t)) &= v'(t) = 2\sin(x(t))x'(t) + 2y(t)y'(t)\\ &= 2\sin(x(t))(-x(t)+2y(t)) + 2y(t)(-2\sin(x(t)) - y(t))\\ &= -2x(t)\sin(x(t)) + 4y(t)\sin(x(t)) - 4y(t)\sin(x(t)) - 2y(t)^2\\ &= -2x(t)\sin(x(t)) - 2y(t)^2\end{aligned}$$

となります．ここで，解 $(x(t),y(t))$ は B に含まれるので，$-\pi < x(t) < \pi$ をみたします．特に $x(t) \neq 0$ では $x(t)\sin(x(t)) > 0$ なので，$(x(t),y(t)) \neq (0,0)$ から，$\dfrac{\mathrm{d}}{\mathrm{dt}}V(x(t),y(t)) = v'(t) < 0$ を得ます．よって，リヤプノフ関数による安定性定理 (ii) より，系 (4.4.4) の原点は漸近安定です． ■

この例のように，平衡点の近くでのみ定義されるリヤプノフ関数を考える場合もあります．

問題 4.4.1. 以下の非線形系の原点の安定性を調べなさい．

(1) $\begin{cases} x' = y^5, \\ y' = -x^5 \end{cases}$ (2) $\begin{cases} x' = -y^3 - x, \\ y' = x^3 - y \end{cases}$ (3) $\begin{cases} x' = -x + 2y, \\ y' = -2x - \sin y \end{cases}$

4.5　2 次元非線形系と現象の数理

●食うか食われるかの数理モデル

1910 年，アメリカの数学者 A. ロトカ (1880–1949) は，化学反応の速度を記述するための数理モデルを考えました．このモデルは 1920 年代に，ロシアの数学者 A. コルモゴロフ (1903–87) とイタリアの数学者 V. ヴォルテラ (1860–1940) によって数理生態学の問題に拡張されました．この**ロトカ–ヴォルテラ捕食者・被食者モデル**は，捕食者 y および被食者 x とする個体群が時間 t とともに変化するときの数理モデルとして現在知られています．

例えば，y 頭のシャチ (捕食者) の群れが x 頭のアザラシ (被食者) の群れを追いかけて食べるとします．個体群の時間による変化は両方の種の影響を受けますので，これら 2 種の個体群の相互作用は系

$$\begin{cases} x' = 30x - xy, \\ y' = 0.015xy - 30y \end{cases} \tag{4.5.1}$$

として表されます．ここで，方程式の係数 30 と 0.015 は海洋実測・実験の結果得られたものです．また，x と y はそれぞれアザラシとシャチの頭数を意味するものですから，$x \geqq 0,\ y \geqq 0$ の範囲で興味があります．

次に，この系の解の動きを調べる手順を説明します．

食うか食われるかの数理モデルの解の動きを調べる

変数 x (アザラシ) と y (シャチ) について次の場合分けを考えます．

Ⅰ) シャチが 1 匹もいない場合 ($y = 0$ の場合)

　(i) 系 (4.5.1) に $y = 0$ を代入すると，$x' = 30x,\ y' = 0$ です．

　(ii) 方程式 $x' = 30x$ を解いて解 $x(t)$ を求め，アザラシの個体数に何が起こるかを調べます．

Ⅱ) アザラシが 1 匹もいない場合 ($x = 0$ の場合)

　(iii) 系 (4.5.1) に $x = 0$ を代入すると，$x' = 0,\ y' = -30y$ です．

　(iv) 方程式 $y' = -30y$ を解いて解 $y(t)$ を求め，シャチの個体数に何が起こるかを調べます．

Ⅲ) $x = 0$ と $y = 0$ が同時に起こった場合，個体群は両方とも絶滅しており，明らかに $x' = 0$ と $y' = 0$ でなければなりません．

Ⅳ) 上記以外である $x > 0,\ y > 0$ の場合，時間の経過とともに 2 種の個体数に何が起こるかを調べます．

場合 I) ～ III) については，各自で確認してみてください．ここでは場合 IV) について詳しく説明しましょう．

まずは，前節で扱ったように，大まかな解の動きをとらえます．x' が 0 になるのは，$x' = x(30-y) = 0$ より，$x = 0$ または $y = 30$ のときです．一方，y' が 0 になるのは，$y' = y(0.015x - 30) = 0$ より，$x = 2000$ または $y = 0$ のときです．したがって，大まかな解の動きは図 4.22 のとおりです．

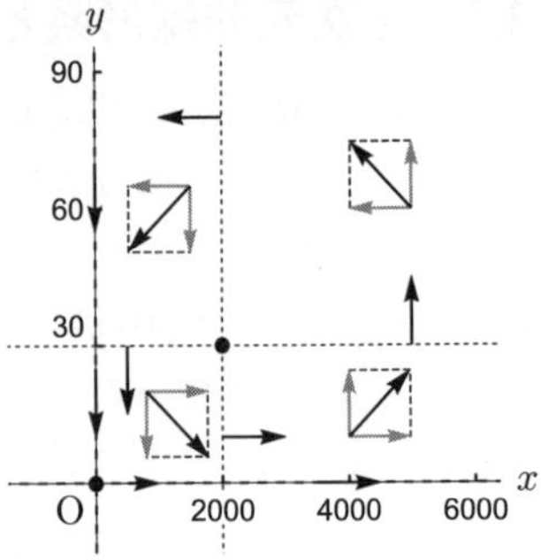

図 4.22 解の動く向き

加えて，系 (4.5.1) の平衡点は $(0,0)$ と $(2000,30)$ の 2 つであることがわかります．今後は，平衡点 $(0,0)$ と $(2000,30)$ の近くの解の動きを調べます．

a)　平衡点 $(0,0)$ **の近くの解の動き**　　いま，

$$f_1(x,y) = 30x - xy, \quad f_2(x,y) = 0.015xy - 30y$$

とすれば，これらは系 (4.5.1) の右辺に対応します．このとき，ヤコビ行列は

$$D\boldsymbol{f}(x,y) = \begin{pmatrix} 30-y & -x \\ 0.015y & 0.015x - 30 \end{pmatrix}$$

となります．ここで，系 (4.5.1) のヤコビ行列に平衡点 $(0,0)$ を代入すると，

$$D\boldsymbol{f}(0,0) = \left.\begin{pmatrix} 30-y & -x \\ 0.015y & 0.015x - 30 \end{pmatrix}\right|_{(x,y)=(0,0)} = \begin{pmatrix} 30 & 0 \\ 0 & -30 \end{pmatrix}$$

です．つまり，平衡点 $(0,0)$ における線形近似系

$$\begin{pmatrix} x' \\ y' \end{pmatrix} = \begin{pmatrix} 30 & 0 \\ 0 & -30 \end{pmatrix} \begin{pmatrix} x \\ y \end{pmatrix}$$

を得ます．このとき，固有方程式は $(\lambda - 30)(\lambda + 30) = 0$ となるので，固有値は $\lambda = 30,\ -30$ です．$\mathrm{Re}(30) > 0$ より系 (4.5.1) の平衡点 $(0,0)$ は不安定です．

b)　平衡点 $(2000,30)$ **の近くの解の動き**　　次に，系 (4.5.1) のヤコビ行列に平衡点 $(2000,30)$ を代入すると，

$$D\boldsymbol{f}(2000,30) = \left.\begin{pmatrix} 30-y & -x \\ 0.015y & 0.015x - 30 \end{pmatrix}\right|_{(x,y)=(2000,30)} = \begin{pmatrix} 0 & -2000 \\ 0.45 & 0 \end{pmatrix}$$

です．つまり，平衡点 $(2000,30)$ における線形近似系

$$\begin{pmatrix} x' \\ y' \end{pmatrix} = \begin{pmatrix} 0 & -2000 \\ 0.45 & 0 \end{pmatrix} \begin{pmatrix} x \\ y \end{pmatrix}$$

を得ます．このとき，固有方程式は $\lambda^2 + 30^2 = 0$ となり，固有値は $\lambda = \pm 30i$ です．非線形系 (4.5.1) の平衡点 $(2000, 30)$ が漸近安定か不安定かは判定不能ですが，線形近似系は 4.2.3 項の (c-3) の場合なので，線形近似系の原点は渦心点です．

じつは，系 (4.5.1) に対するリヤプノフ関数が知られており，それを利用すれば，以下のように平衡点 $(2000, 30)$ は渦心点であることがわかります．まず，$p = x - 2000$, $q = y - 30$ として，系 (4.5.1) の平衡点 $(2000, 30)$ が原点 $(0, 0)$ になるように平行移動してみましょう．$x = p + 2000$, $y = q + 30$ ですから，

$$
\begin{aligned}
p' &= (x - 2000)' = x' = 30x - xy = 30(p + 2000) - (p + 2000)(q + 30) \\
&= -q(p + 2000) = -pq - 2000q, \\
q' &= (y - 30)' = y' = 0.015xy - 30y = 0.015(p + 2000)(q + 30) - 30(q + 30) \\
&= (0.015p + 30)(q + 30) - 30(q + 30) = 0.015pq + 0.45p
\end{aligned}
$$

となるので，結局，系

$$
\begin{cases}
p' = -pq - 2000q, \\
q' = 0.015pq + 0.45p
\end{cases}
\tag{4.5.2}
$$

を得ます．ここで関数 W を

$$
W(p, q) = 0.015(p + 2000) + (q + 30) - 30\log(p + 2000) - 30\log(q + 30)
$$

とすれば，$W(0, 0)$ が最小値であることが確認できます．ただし，$p > -2000$, $q > -30$ です．いま，関数

$$
V(p, q) = W(p, q) - W(0, 0)
$$

を考えます．このとき，$V(0, 0) = 0$ であって，$(p, q) \neq (0, 0)$ のとき $V(p, q) > 0$ であることも確認できます．また，$p > -2000$, $q > -30$ をみたす領域内の系 (4.5.2) の非自明解を $(p(t), q(t))$ として $v(t) = V(p(t), q(t))$ と定めれば，

$$
\begin{aligned}
\frac{\mathrm{d}}{\mathrm{d}t}V(p(t), q(t)) &= \frac{\mathrm{d}}{\mathrm{d}t}W(p(t), q(t)) - \frac{\mathrm{d}}{\mathrm{d}t}(W(0, 0)) \\
&= v' = 0.015p' + q' - 30\frac{p'}{p + 2000} - 30\frac{q'}{q + 30} \\
&= 0.015(-pq - 2000q) + (0.015pq + 0.45p) \\
&\quad - 30\frac{-pq - 2000q}{p + 2000} - 30\frac{0.015pq + 0.45p}{q + 30} \\
&= -0.015pq - 30q + 0.015pq + 0.45p - 30(-q) - 30 \times 0.015p \\
&= 0
\end{aligned}
$$

となります．よって，リヤプノフ関数による安定性定理 (i) より，系 (4.5.2) の原点は安定です．また，$\dfrac{\mathrm{d}}{\mathrm{d}t}V(p(t),q(t)) = 0\ (t \geqq 0)$ から，すべての $t \geqq 0$ に対して，

$$V(p(t),q(t)) = (\text{正の定数})$$

となり，$(p(t),q(t))$ は原点を囲むある閉軌道の上を動いていることを意味しています．系 (4.5.2) の解軌道は系 (4.5.1) の解軌道の平行移動ですから，系 (4.5.1) の解軌道も平衡点 $(2000,30)$ を囲む閉軌道になり，すなわち，図 4.23 のように平衡点 $(2000,30)$ は渦心点になります．

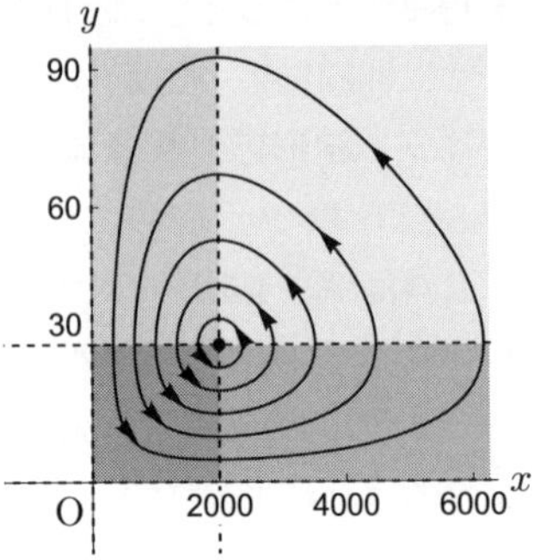

図 4.23　相平面図

系 (4.5.1) の解軌道の特徴をまとめると次のとおりです．

食うか食われるかのモデルの解軌道の特徴

- 注目すべき第一の特徴は，解軌道が閉軌道であることです．したがって，シャチもアザラシも絶滅に到りません．また，解は時間について周期的であることも知られています．
- 第二の特徴は，シャチとアザラシのそれぞれの軌道を，平衡点 $(2000,30)$ を中心に直線 $x = 2000$ と $y = 30$ によって，次の 4 つの異なった領域に分割できることです．図 4.23 をみると以下のことがわかります．

  (i) 左下の領域では餌のアザラシの不足のためシャチの個体数が減少しますが，一方，アザラシの個体数は，シャチの減少のせいで増加に転向します．

  (ii) 右下の領域ではアザラシの個体数がかなり増加するため，シャチの個体数も増加に転向します．

  (iii) 右上の領域ではシャチの個体数が大量に増えて，アザラシの個体数が減少しています．

  (iv) 左上の領域ではアザラシの個体数の不足・減少で，シャチの個体数も減少することがわかります．

  以上の運動 (i)〜(iv) が時間経過とともに繰り返し現れます．

★注目★　この例のほか，興味深い相平面図が得られるニューロン (神経細胞) の興奮現象を現す数理モデルがあります．Web の補足資料を参照してください．

http://www.baifukan.co.jp/link/linktop3.html

Web 資料はコチラ

5

その他の解法

本章では，べき級数による解法とラプラス変換による解法を紹介します．べき級数を用いた解法では，1 階と 2 階の定数係数線形微分方程式に加え，変数係数線形微分方程式への適用の仕方について説明します．また，ラプラス変換を用いた解法では，その定義および基本的な計算について説明したのち，ラプラス変換の公式や性質を用いて定数係数線形微分方程式を解く方法を説明します．

5.1 べき級数による解法

1 階線形微分方程式の場合

これまで求めてきた微分方程式の解は，その多くが初等関数で書けました．例えば，1 階線形微分方程式

$$y' = y \tag{5.1.1}$$

の一つの解として，$y(x) = \mathrm{e}^x$ をあげることができます．ここで，e^x のマクローリン展開を思いだすと，

$$y(x) = \mathrm{e}^x = 1 + \frac{x}{1!} + \frac{x^2}{2!} + \frac{x^3}{3!} + \frac{x^4}{4!} + \frac{x^5}{5!} + \cdots$$

ですから，式 (5.1.1) の解はべき級数で書けることがわかります．本節では，“べき級数展開できる” 微分方程式の解を求める方法を紹介します．

では，上記のべき級数展開できる解をどのように導くかを説明しましょう．いま，べき級数

$$y(x) = a_0 + a_1x + a_2x^2 + a_3x^3 + \cdots \tag{5.1.2}$$

が式 (5.1.1) の解であると仮定します．ただし，a_n $(n = 0, 1, 2, 3, \cdots)$ は定数です．式 (5.1.2) を式 (5.1.1) に代入して，適切な a_n を定めることが目標です．まず，$y(x)$ を微分すると，

$$\begin{aligned} y'(x) &= \left(a_0 + a_1 x + a_2 x^2 + a_3 x^3 + \cdots\right)' \\ &= (a_0)' + (a_1 x)' + (a_2 x^2)' + (a_3 x^3)' + \cdots \\ &= 0 + 1 \cdot a_1 x^{1-1} + 2a_2 x^{2-1} + 3a_3 x^{3-1} + \cdots \\ &= a_1 + 2a_2 x + 3a_3 x^2 + \cdots \end{aligned} \tag{5.1.3}$$

となります．(この計算の上から 2 行目は**項別微分**とよばれます．) よって，式 (5.1.1) より，$y'(x)$ が $y(x)$ と等しければよいので，式 (5.1.2) と式 (5.1.3) の x のべきが等しい係数どうしを比較すれば，関係式

$$a_1 = a_0, \quad 2a_2 = a_1, \quad 3a_3 = a_2, \quad \cdots, \quad (n+1)a_{n+1} = a_n, \quad \cdots$$

を得ます．つまり，a_n は次の漸化式をみたします．

$$a_{n+1} = \frac{a_n}{n+1}.$$

ここで，任意定数 C を用いて $a_0 = C$ とし，この漸化式をみたす a_n を求めましょう．順次

$$a_1 = a_0 = C, \quad a_2 = \frac{a_1}{2} = \frac{C}{2}, \quad a_3 = \frac{a_2}{3} = \frac{\frac{C}{2}}{3} = \frac{C}{2 \cdot 3},$$
$$a_4 = \frac{a_3}{4} = \frac{\frac{C}{2\cdot 3}}{4} = \frac{C}{2 \cdot 3 \cdot 4}, \quad \cdots$$

となるので，$a_n = \dfrac{C}{n!}$ を得ます．これを式 (5.1.2) に代入すると，式 (5.1.1) の一般解

$$y(x) = \frac{C}{0!} + \frac{C}{1!}x + \frac{C}{2!}x^2 + \frac{C}{3!}x^3 + \cdots = C\left(1 + \frac{x}{1!} + \frac{x^2}{2!} + \frac{x^3}{3!} + \cdots\right)$$

が求まります．また，e^x のマクローリン展開からこの解は $y(x) = C\mathrm{e}^x$ と書けますので，$C = 1$ とすれば，最初にあげた一つの解 $y(x) = \mathrm{e}^x$ を得ます．

べき級数による解法をまとめると次のようになります．

べき級数による解法 (1 階線形微分方程式)

(ステップ 1) べき級数 $y(x) = a_0 + a_1 x + a_2 x^2 + a_3 x^3 + \cdots$ を解とし，項別微分して $y'(x)$ を求める．

(ステップ 2) $y(x)$ と $y'(x)$ を微分方程式に代入して，x のべきが等しい係数どうしを比較し，a_n に関する漸化式を導く．

(ステップ 3) $a_0 = C$ として，a_n に関する漸化式を解く．

(ステップ 4) a_n を $y(x)$ に代入して，微分方程式の解を求める．

では，例題で解法を確認してみましょう．

例題 5.1.1. 次の微分方程式の解をべき級数による解法で求めなさい．

$$y' + 2y = 0. \tag{5.1.4}$$

解答：(ステップ 1) べき級数

$$y(x) = a_0 + a_1 x + a_2 x^2 + a_3 x^3 + a_4 x^4 + \cdots \tag{5.1.5}$$

が式 (5.1.4) の解であるとする．ただし，a_n $(n = 0, 1, 2, 3, \cdots)$ は定数である．式 (5.1.5) を x で項別微分すると，

$$y'(x) = a_1 + 2a_2 x + 3a_3 x^2 + 4a_4 x^3 + 5a_5 x^4 + \cdots \tag{5.1.6}$$

である．

(ステップ 2) 式 (5.1.4) の左辺に式 (5.1.5) と式 (5.1.6) を代入し，x について昇べきの順にすれば，

$$\begin{aligned} y'(x) + 2y(x) &= a_1 + 2a_2 x + 3a_3 x^2 + 4a_4 x^3 + 5a_5 x^4 + \cdots \\ &\quad + 2(a_0 + a_1 x + a_2 x^2 + a_3 x^3 + a_4 x^4 + \cdots) \\ &= (a_1 + 2a_0) + (2a_2 + 2a_1)x + (3a_3 + 2a_2)x^2 \\ &\quad + (4a_4 + 2a_3)x^3 + \cdots \end{aligned}$$

である．式 (5.1.4) の右辺は 0 なので，関係式

$$\begin{aligned} &a_1 + 2a_0 = 0, \quad 2a_2 + 2a_1 = 0, \quad 3a_3 + 2a_2 = 0, \quad \cdots, \\ &(n+1)a_{n+1} + 2a_n = 0, \quad \cdots \end{aligned}$$

が成り立てばよい[1)]．つまり，a_n は次の漸化式をみたす．

$$a_{n+1} = \frac{-2a_n}{n+1}.$$

(ステップ 3) ここで任意定数 C を用いて $a_0 = C$ とし，この漸化式をみたす a_n を求める．順次

$$\begin{aligned} a_1 &= \frac{-2a_0}{1} = -2C, \quad a_2 = \frac{-2a_1}{2} = \frac{-2(-2C)}{2} = \frac{(-2)^2 C}{2}, \\ a_3 &= \frac{-2a_2}{3} = \frac{-2\left\{\frac{(-2)^2 C}{2}\right\}}{3} = \frac{(-2)^3 C}{1 \cdot 2 \cdot 3}, \end{aligned}$$

---

1) 右辺が 0 の微分方程式の場合，x のべきが等しい係数どうしを比較することは，x について昇べきの順に整理した左辺の各係数が 0 であることに対応します．

$$a_4 = \frac{-2a_3}{4} = \frac{-2\left\{\frac{(-2)^3 C}{1\cdot 2\cdot 3}\right\}}{4} = \frac{(-2)^4 C}{1\cdot 2\cdot 3\cdot 4}, \quad \cdots$$

となるので，$a_n = \dfrac{(-2)^n C}{n!}$ を得る．

(ステップ 4) これを式 (5.1.5) に代入すると，式 (5.1.4) の一般解

$$\begin{aligned} y(x) &= \frac{C}{0!} + \frac{-2C}{1!}x + \frac{(-2)^2 C}{2!}x^2 + \frac{(-2)^3 C}{3!}x^3 + \cdots \\ &= C\left\{1 + \frac{-2x}{1!} + \frac{(-2x)^2}{2!} + \frac{(-2x)^3}{3!} + \cdots\right\} \left(= C\mathrm{e}^{-2x}\right) \end{aligned}$$

を得る． □

● 2 階線形微分方程式の場合

次に，2 階線形微分方程式の場合を例題でみてみましょう．

例題 5.1.2. 次の微分方程式の解をべき級数による解法で求めなさい．

$$y'' + y = 0. \tag{5.1.7}$$

解答：(ステップ 1) べき級数

$$y(x) = a_0 + a_1 x + a_2 x^2 + a_3 x^3 + a_4 x^4 + \cdots \tag{5.1.8}$$

が式 (5.1.7) の解であるとする．ただし，a_n $(n = 0, 1, 2, 3, \cdots)$ は定数である．式 (5.1.8) を x で項別微分すると，

$$y'(x) = a_1 + 2a_2 x + 3a_3 x^2 + 4a_4 x^3 + 5a_5 x^4 + \cdots$$

である．さらに，$y'(x)$ を x で項別微分すると，

$$y''(x) = 1\cdot 2a_2 + 2\cdot 3a_3 x + 3\cdot 4a_4 x^2 + 4\cdot 5a_5 x^3 + \cdots \tag{5.1.9}$$

を得る[2)]．

(ステップ 2) 式 (5.1.7) の左辺に式 (5.1.8) と式 (5.1.9) を代入し，x について昇べきの順にすれば，

$$\begin{aligned} y''(x) + y(x) &= 1\cdot 2a_2 + 2\cdot 3a_3 x + 3\cdot 4a_4 x^2 + 4\cdot 5a_5 x^3 + \cdots \\ &\quad + a_0 + a_1 x + a_2 x^2 + a_3 x^3 + a_4 x^4 + \cdots \\ &= (1\cdot 2a_2 + a_0) + (2\cdot 3a_3 + a_1)x + (3\cdot 4a_4 + a_2)x^2 \\ &\quad + (4\cdot 5a_5 + a_3)x^3 + \cdots \end{aligned}$$

---

2) $2\cdot 3$ や $3\cdot 4$ のようにかけ算をそのまま残しておくのがコツです．

である．式 (5.1.7) の右辺は 0 なので，関係式

$$1 \cdot 2a_2 + a_0 = 0, \quad 2 \cdot 3a_3 + a_1 = 0, \quad 3 \cdot 4a_4 + a_2 = 0, \quad \cdots,$$
$$(n+1)(n+2)a_{n+2} + a_n = 0, \quad \cdots$$

が成り立てばよい．つまり，a_n は次の漸化式をみたす．

$$a_{n+2} = \frac{-a_n}{(n+1)(n+2)}.$$

(ステップ 3)　ここで，任意定数 C_1 と C_2 を用いて $a_0 = C_1$, $a_1 = C_2$ とし，この漸化式をみたす a_n を求める．順次

$$a_2 = \frac{-a_0}{1 \cdot 2} = \frac{-C_1}{1 \cdot 2}, \qquad a_3 = \frac{-a_1}{2 \cdot 3} = \frac{-C_2}{2 \cdot 3},$$

$$a_4 = \frac{-a_2}{3 \cdot 4} = \frac{-\left(\frac{-C_1}{1 \cdot 2}\right)}{3 \cdot 4} = \frac{(-1)^2 C_1}{1 \cdot 2 \cdot 3 \cdot 4},$$

$$a_5 = \frac{-a_3}{4 \cdot 5} = \frac{-\left(\frac{-C_2}{2 \cdot 3}\right)}{4 \cdot 5} = \frac{(-1)^2 C_2}{1 \cdot 2 \cdot 3 \cdot 4 \cdot 5},$$

$$a_6 = \frac{-a_4}{5 \cdot 6} = \frac{-\left\{\frac{(-1)^2 C_1}{1 \cdot 2 \cdot 3 \cdot 4}\right\}}{5 \cdot 6} = \frac{(-1)^3 C_1}{1 \cdot 2 \cdot 3 \cdot 4 \cdot 5 \cdot 6}$$

となる．あらためて整理すると，

$$a_2 = \frac{-C_1}{2!}, \quad a_3 = \frac{-C_2}{3!}, \quad a_4 = \frac{(-1)^2 C_1}{4!},$$

$$a_5 = \frac{(-1)^2 C_2}{5!}, \quad a_6 = \frac{(-1)^3 C_1}{6!}, \cdots$$

である．ここで，a_0, a_2, a_4, a_6 に C_1 が含まれ，a_1, a_3, a_5 に C_2 が含まれるので，a_n の $n = 2k$ (偶数) と $n = 2k+1$ (奇数) のときに場合分けして，

$$a_{2k} = \frac{(-1)^k C_1}{(2k)!}, \quad a_{2k+1} = \frac{(-1)^k C_2}{(2k+1)!}$$

を得る．ただし，$k = 0, 1, 2, 3, \cdots$ である．

(ステップ 4)　これらを式 (5.1.8) に代入すると，式 (5.1.7) の一般解

$$y(x) = \frac{C_1}{0!} + \frac{C_2}{1!}x - \frac{C_1}{2!}x^2 - \frac{C_2}{3!}x^3 + \frac{C_1}{4!}x^4 + \frac{C_2}{5!}x^5 - \frac{C_1}{6!}x^6 - \frac{C_2}{7!}x^7 + \cdots$$
$$= C_1\left(1 - \frac{x^2}{2!} + \frac{x^4}{4!} - \frac{x^6}{6!} + \cdots\right) + C_2\left(\frac{x}{1!} - \frac{x^3}{3!} + \frac{x^5}{5!} - \frac{x^7}{7!} + \cdots\right)$$

を得る．　□

さて，$\sin x$ と $\cos x$ のマクローリン展開が

$$\sin x = \frac{x}{1!} - \frac{x^3}{3!} + \frac{x^5}{5!} - \frac{x^7}{7!} + \cdots, \quad \cos x = 1 - \frac{x^2}{2!} + \frac{x^4}{4!} - \frac{x^6}{6!} + \cdots$$

なので，例題 5.1.2 で求めた一般解は，次のなじみのある式になります．

$$y(x) = C_1 \cos x + C_2 \sin x.$$

2 階線形微分方程式のべき級数による解法をまとめると次のようになります．

べき級数による解法 (2 階線形微分方程式)

(ステップ 1) べき級数 $y(x) = a_0 + a_1 x + a_2 x^2 + a_3 x^3 + \cdots$ を解とし，項別微分して $y'(x)$ と $y''(x)$ を求める．

(ステップ 2) $y(x)$, $y'(x)$, $y''(x)$ を微分方程式に代入して，x について昇べきの順に整理し，各係数 $= 0$ として a_n に関する漸化式を導く．

(ステップ 3) $a_0 = C_1$, $a_1 = C_2$ として，a_n に関する漸化式を解く．(方程式によっては，a_0 や a_1 が特別な値に限定されることもある．)

(ステップ 4) a_n を $y(x)$ に代入して，微分方程式の解を求める．

●変数係数 2 階線形微分方程式の場合

べき級数による解法を用いれば，変数係数をもつ 2 階線形微分方程式でも解が求まる場合があります．このことを例題で確かめましょう．

例題 5.1.3. 次の微分方程式の一つの解をべき級数による解法で求めなさい．

$$y'' + \frac{1}{x}y' + y = 0. \tag{5.1.10}$$

解答：(ステップ 1) べき級数

$$y(x) = a_0 + a_1 x + a_2 x^2 + a_3 x^3 + a_4 x^4 + \cdots \tag{5.1.11}$$

が式 (5.1.10) の解であるとする．ただし，a_n $(n = 0, 1, 2, 3, \cdots)$ は定数である．式 (5.1.11) を x で項別微分すると，

$$y'(x) = a_1 + 2a_2 x + 3a_3 x^2 + 4a_4 x^3 + 5a_5 x^4 + \cdots \tag{5.1.12}$$

である．さらに，$y'(x)$ を x で項別微分すると，

$$y''(x) = 1 \cdot 2a_2 + 2 \cdot 3a_3 x + 3 \cdot 4a_4 x^2 + 4 \cdot 5a_5 x^3 + \cdots \tag{5.1.13}$$

を得る．

(ステップ 2) 式 (5.1.10) の左辺に式 (5.1.11), (5.1.12), (5.1.13) を代入し，x について昇べきの順にすれば，

$$
\begin{aligned}
y''(x) &+ \frac{1}{x}y'(x) + y(x) \\
&= 1\cdot 2a_2 + 2\cdot 3a_3x + 3\cdot 4a_4x^2 + 4\cdot 5a_5x^3 + \cdots \\
&\quad + \frac{1}{x}\left(a_1 + 2a_2x + 3a_3x^2 + 4a_4x^3 + 5a_5x^4 + \cdots\right) \\
&\quad + a_0 + a_1x + a_2x^2 + a_3x^3 + a_4x^4 + \cdots \\
&= 1\cdot 2a_2 + 2\cdot 3a_3x + 3\cdot 4a_4x^2 + 4\cdot 5a_5x^3 + \cdots \\
&\quad + \frac{a_1}{x} + 2a_2 + 3a_3x + 4a_4x^2 + 5a_5x^3 + \cdots \\
&\quad + a_0 + a_1x + a_2x^2 + a_3x^3 + a_4x^4 + \cdots \\
&= \frac{a_1}{x} + (1\cdot 2a_2 + 2a_2 + a_0) + (2\cdot 3a_3 + 3a_3 + a_1)x \\
&\quad + (3\cdot 4a_4 + 4a_4 + a_2)x^2 + (4\cdot 5a_5 + 5a_5 + a_3)x^3 + \cdots \\
&= \frac{a_1}{x} + \{(1+1)2a_2 + a_0\} + \{(2+1)3a_3 + a_1\}x \\
&\quad + \{(3+1)4a_4 + a_2\}x^2 + \{(4+1)5a_5 + a_3\}x^3 + \cdots \\
&= \frac{a_1}{x} + (2^2a_2 + a_0) + (3^2a_3 + a_1)x + (4^2a_4 + a_2)x^2 \\
&\quad + (5^2a_5 + a_3)x^3 + \cdots
\end{aligned}
$$

である．式 (5.1.10) の右辺は 0 なので，$a_1 = 0$ かつ

$$2^2a_2 + a_0 = 0, \quad 3^2a_3 + a_1 = 0, \quad 4^2a_4 + a_2 = 0, \quad 5^2a_5 + a_3 = 0, \quad \cdots$$

をみたさなくてはならない．つまり，$(n+2)^2a_{n+2} + a_n = 0$ の関係が成り立つから，次の漸化式を得る．

$$a_{n+2} = \frac{-a_n}{(n+2)^2}.$$

(ステップ 3) 任意定数 C を用い $a_0 = C$ として a_n を求めるが，$a_1 = 0$ でなくてはならないので，今回は一般解までは得られないことに注意する．また，$a_1 = 0$ より，n が奇数の場合の a_n は

$$a_3 = 0, \quad a_5 = 0, \quad a_7 = 0, \quad \cdots$$

となる．次に，この漸化式をみたす n が偶数の場合の a_n を求める．順次

$$a_2 = \frac{-a_0}{2^2} = \frac{-C}{2^2}, \quad a_4 = \frac{-a_2}{4^2} = \frac{-\left(\frac{-C}{2^2}\right)}{4^2} = \frac{(-1)^2 C}{2^2 4^2} = \frac{(-1)^2 C}{(2 \cdot 4)^2},$$

$$a_6 = \frac{-a_4}{6^2} = \frac{-\left\{\frac{(-1)^2 C}{(2\cdot 4)^2}\right\}}{6^2} = \frac{(-1)^3 C}{(2 \cdot 4)^2 \cdot 6^2} = \frac{(-1)^3 C}{(2 \cdot 4 \cdot 6)^2}, \quad \cdots$$

となる．ここで,

$$2 \cdot 4 \cdot 6 = (2 \cdot 1) \cdot (2 \cdot 2) \cdot (2 \cdot 3) = 2^3 \cdot 1 \cdot 2 \cdot 3 = 2^3 \cdot 3!$$

の関係が成り立つので，a_n の $n = 2k$ (偶数) と $n = 2k+1$ (奇数) のときに場合分けして,

$$a_{2k} = \frac{(-1)^k C}{(2^k k!)^2}, \quad a_{2k+1} = 0$$

を得る．ただし，$k = 0, 1, 2, 3, \cdots$ である．

(ステップ 4) これらを式 (5.1.11) に代入すると，式 (5.1.10) の一つの解

$$y(x) = \frac{(-1)^0 C}{(2^0 \cdot 0!)^2} + \frac{(-1)^1 C}{(2^1 \cdot 1!)^2} x^2 + \frac{(-1)^2 C}{(2^2 \cdot 2!)^2} x^4 + \frac{(-1)^3 C}{(2^3 \cdot 3!)^2} x^6 + \cdots$$

$$= C\left\{1 - \frac{1}{(2^1 \cdot 1!)^2} x^2 + \frac{1}{(2^2 \cdot 2!)^2} x^4 - \frac{1}{(2^3 \cdot 3!)^2} x^6 + \cdots\right\} \quad (5.1.14)$$

を得る． □

式 (5.1.10) は，電波の伝播や静電位差などを表す際に登場する**ベッセルの微分方程式**の特別な場合として知られています．特に，$C = 1$ のとき，記号 $\sum$ を用いて式 (5.1.14) を書くと

$$y(x) = \sum_{k=0}^{\infty} \frac{(-1)^k}{(2^k k!)^2} x^{2k} = \sum_{k=0}^{\infty} \frac{(-1)^k}{(k!)^2} \left(\frac{x}{2}\right)^{2k}$$

として表すことができ，この関数は第 1 種，0 位の**ベッセル関数**とよばれます．また，この解と 1 次独立な解を求めることができることも知られています[3)]．

問題 5.1.4. 次の微分方程式の解をべき級数による解法で求めなさい．ただし，(3) は 1 つの解を求めればよい．

(1) $y' = -y$ (2) $y'' = y$ (3) $y'' + \dfrac{2}{x} y' + y = 0$

---

3) 宇佐美広介・齋藤保久・原下秀士・眞中裕子・和田出秀光 著「理工系微分方程式＝解き方から基礎理論への入門」培風館 (2017) や，原 惟行・松永秀章 著「常微分方程式入門 第 3 版」共立出版 (2018) などを参照してください．

5.2 ラプラス変換による解法

5.2.1 ラプラス変換とその公式

ここでは，ラプラス変換とよばれる，関数 $f(x)$ を別の変数の関数にする変換について学びます．

関数 $f(x)$ について，広義積分 $\displaystyle\int_0^\infty \mathrm{e}^{-sx} f(x)\,\mathrm{d}x$ が収束するとき，この広義積分を関数 $f(x)$ の**ラプラス変換**とよびます．特に，ラプラス (Laplace) 変換の頭文字 L を用いて $\mathcal{L}[f(x)](s)$ と表します[4)]．つまり，

関数 $f(x)$ のラプラス変換

$$\mathcal{L}[f(x)](s) = \int_0^\infty \mathrm{e}^{-sx} f(x)\,\mathrm{d}x \tag{5.2.1}$$

です．また，s は上記の広義積分が収束するくらい大きいと仮定します[5)]．

もし，$f(x) = 0$ ならば式 (5.2.1) の右辺は 0 ですので，$\mathcal{L}[0](s) = 0$ です．

例 では，例として，定数関数 1 のラプラス変換 $\mathcal{L}[1](s)$ を実際に求めてみましょう．$s > 0$ とします．式 (5.2.1) に $f(x) = 1$ を代入すると

$$\begin{aligned}\mathcal{L}[1](s) &= \int_0^\infty \mathrm{e}^{-sx}\cdot 1\,\mathrm{d}x = \int_0^\infty \mathrm{e}^{-sx}\,\mathrm{d}x \\ &= \lim_{R\to\infty}\int_0^R \mathrm{e}^{-sx}\,\mathrm{d}x = \lim_{R\to\infty}\left[\frac{1}{-s}\mathrm{e}^{-sx}\right]_0^R \\ &= \lim_{R\to\infty}\frac{1}{-s}\left(\mathrm{e}^{-sR} - 1\right) = \frac{1}{-s}(0-1) = \frac{1}{s}\end{aligned}$$

となります． ■

例 もう一つ例を考えてみましょう．x のラプラス変換 $\mathcal{L}[x](s)$ です．$s > 0$ とします．式 (5.2.1) に $f(x) = x$ を代入すると

$$\mathcal{L}[x](s) = \int_0^\infty \mathrm{e}^{-sx} x\,\mathrm{d}x = \lim_{R\to\infty}\int_0^R x\mathrm{e}^{-sx}\,\mathrm{d}x$$

ですので，部分積分の公式より，

---

4) $F(s)$ と表すこともあります．

5) 例えば，以下の 2 つの例では，$s > 0$ でないと広義積分は収束しません．また，例題 5.2.1 では，s がある値 a より大きくないと広義積分は収束しません．

$$
\begin{aligned}
\int_0^R x\mathrm{e}^{-sx}\,\mathrm{d}x &= \left[\frac{1}{-s}\mathrm{e}^{-sx}x\right]_0^R - \int_0^R \frac{1}{-s}\mathrm{e}^{-sx}x'\,\mathrm{d}x \\
&= \frac{1}{-s}\left(\mathrm{e}^{-sR}R - 0\right) + \frac{1}{s}\int_0^R \mathrm{e}^{-sx}\,\mathrm{d}x \\
&= -\frac{R\mathrm{e}^{-sR}}{s} + \frac{1}{s}\left[\frac{1}{-s}\mathrm{e}^{-sx}\right]_0^R = -\frac{R\mathrm{e}^{-sR}}{s} - \frac{1}{s^2}\left(\mathrm{e}^{-sR} - 1\right) \\
&= \left(-\frac{R}{s} - \frac{1}{s^2}\right)\mathrm{e}^{-sR} + \frac{1}{s^2}
\end{aligned}
$$

となります．よって，

$$
\mathcal{L}[x](s) = \int_0^\infty \mathrm{e}^{-sx}x\,\mathrm{d}x = \lim_{R\to\infty}\left\{\left(-\frac{R}{s} - \frac{1}{s^2}\right)\mathrm{e}^{-sR} + \frac{1}{s^2}\right\} = \frac{1}{s^2}
$$

を得ます[6)]． ■

さて，以上より，$\mathcal{L}[1](s)$ と $\mathcal{L}[x](s)$ の公式ができました．同様にして $\mathcal{L}[x^n](s)$ (n は自然数) の公式も求まりますので，以下にまとめておきます．

ラプラス変換の公式 (I)

$$
\mathcal{L}[0](s) = 0, \quad \mathcal{L}[1](s) = \frac{1}{s}, \quad \mathcal{L}[x](s) = \frac{1}{s^2}, \quad \mathcal{L}[x^n](s) = \frac{n!}{s^{n+1}}.
$$

次に，e^{ax} のラプラス変換の公式を導きましょう．

例題 5.2.1. ラプラス変換 $\mathcal{L}[\mathrm{e}^{ax}](s)$ を求めなさい．ただし，a は定数である．

解答： 式 (5.2.1) に $f(x) = \mathrm{e}^{ax}$ を代入すると，ラプラス変換 $\mathcal{L}[\mathrm{e}^{ax}](s)$ は

$$
\mathcal{L}[\mathrm{e}^{ax}](s) = \int_0^\infty \mathrm{e}^{-sx}\mathrm{e}^{ax}\,\mathrm{d}x = \int_0^\infty \mathrm{e}^{-(s-a)x}\,\mathrm{d}x = \lim_{R\to\infty}\int_0^R \mathrm{e}^{-(s-a)x}\,\mathrm{d}x
$$

と書ける．ここで，

$$
\int_0^R \mathrm{e}^{-(s-a)x}\,\mathrm{d}x = \left[\frac{1}{-(s-a)}\mathrm{e}^{-(s-a)x}\right]_0^R = \frac{1}{-(s-a)}\left(\mathrm{e}^{-(s-a)R} - 1\right)
$$

となる．$s - a > 0$ のとき広義積分は収束するので，ラプラス変換

$$
\mathcal{L}[\mathrm{e}^{ax}](s) = \lim_{R\to\infty}\frac{1}{-(s-a)}\left(\mathrm{e}^{-(s-a)R} - 1\right) = \frac{1}{s-a}
$$

を得る． □

6) ここで，“$\lim_{R\to\infty}$ (R の 1 次式) $\times\, \mathrm{e}^{-sR} = 0$ ($s > 0$)” であることに注意しましょう．

ラプラス変換の計算の手順について以下にまとめておきます.

ラプラス変換の計算の手順

(ステップ 1) 広義積分を R と lim を用いて表す.

(ステップ 2) 極限をとるまえの定積分を計算する.

(ステップ 3) 最後に, $R \to \infty$ の極限をとって広義積分を計算する.

では, この手順で $\cos x$ のラプラス変換の公式を導きましょう.

例題 5.2.2. ラプラス変換 $\mathcal{L}[\cos x](s)$ を求めなさい.

解答：(ステップ 1)　式 (5.2.1) に $f(x) = \cos x$ を代入すると, ラプラス変換 $\mathcal{L}[\cos x](s)$ は次のように書ける.

$$\mathcal{L}[\cos x](s) = \int_0^\infty \mathrm{e}^{-sx} \cos x \, \mathrm{d}x = \lim_{R\to\infty} \int_0^R \mathrm{e}^{-sx} \cos x \, \mathrm{d}x.$$

(ステップ 2)　$I = \displaystyle\int_0^R \mathrm{e}^{-sx} \cos x \, \mathrm{d}x$ とおく. このとき, 部分積分を使って

$$\begin{aligned} I = \int_0^R \mathrm{e}^{-sx} \cos x \, \mathrm{d}x &= \left[\frac{1}{-s} \mathrm{e}^{-sx} \cos x \right]_0^R - \int_0^R \frac{1}{-s} \mathrm{e}^{-sx} (\cos x)' \, \mathrm{d}x \\ &= \frac{1}{-s} \left(\mathrm{e}^{-sR} \cos R - 1 \right) - \frac{1}{s} \underline{\int_0^R \mathrm{e}^{-sx} \sin x \, \mathrm{d}x} \end{aligned} \tag{5.2.2}$$

である. 右辺の第 2 項の積分に着目すれば,

$$\begin{aligned} \underline{\int_0^R \mathrm{e}^{-sx} \sin x \, \mathrm{d}x} &= \left[\frac{1}{-s} \mathrm{e}^{-sx} \sin x \right]_0^R - \int_0^R \frac{1}{-s} \mathrm{e}^{-sx} (\sin x)' \, \mathrm{d}x \\ &= \frac{1}{-s} \left(\mathrm{e}^{-sR} \sin R - 0 \right) + \frac{1}{s} \int_0^R \mathrm{e}^{-sx} \cos x \, \mathrm{d}x \\ &= -\frac{1}{s} \mathrm{e}^{-sR} \sin R + \frac{1}{s} I \end{aligned} \tag{5.2.3}$$

となる. これを式 (5.2.2) に代入すると,

$$\begin{aligned} I &= \frac{1}{-s} \left(\mathrm{e}^{-sR} \cos R - 1 \right) - \frac{1}{s} \underline{\left(-\frac{1}{s} \mathrm{e}^{-sR} \sin R + \frac{1}{s} I \right)} \\ &= -\frac{1}{s} \mathrm{e}^{-sR} \cos R + \frac{1}{s} + \frac{1}{s^2} \mathrm{e}^{-sR} \sin R - \frac{1}{s^2} I \end{aligned}$$

であるから, 左辺に I をまとめれば,

$$\left(1+\frac{1}{s^2}\right)I=\left(\frac{\sin R}{s^2}-\frac{\cos R}{s}\right)\mathrm{e}^{-sR}+\frac{1}{s}$$

を得る．いま，

$$1+\frac{1}{s^2}=\frac{s^2+1}{s^2},\qquad \frac{\sin R}{s^2}-\frac{\cos R}{s}=\frac{\sin R-s\cos R}{s^2}$$

だから，I について解くと，次を得る．

$$I=\frac{\sin R-s\cos R}{s^2+1}\mathrm{e}^{-sR}+\frac{s}{s^2+1}.$$

(ステップ 3)　よって，ラプラス変換

$$\mathcal{L}[\cos x](s)=\lim_{R\to\infty}I=\lim_{R\to\infty}\left(\frac{\sin R-s\cos R}{s^2+1}\mathrm{e}^{-sR}+\frac{s}{s^2+1}\right)=\frac{s}{s^2+1}$$

を得る．　□

上記の例題の式 (5.2.3) に着目すると，$\sin x$ のラプラス変換 $\mathcal{L}[\sin x]$ は

$$\mathcal{L}[\sin x](s)=\int_0^\infty \mathrm{e}^{-sx}\sin x\,\mathrm{d}x=\lim_{R\to\infty}\int_0^R \mathrm{e}^{-sx}\sin x\,\mathrm{d}x$$

$$=\lim_{R\to\infty}\left(-\frac{1}{s}\mathrm{e}^{-sR}\sin R+\frac{1}{s}I\right)=\frac{1}{s}\lim_{R\to\infty}I=\frac{1}{s}\mathcal{L}[\cos x](s)=\frac{1}{s^2+1}$$

であることもわかります．

より一般の形で三角関数のラプラス変換の公式が知られています．

ラプラス変換の公式 (II)

$$\mathcal{L}[\mathrm{e}^{ax}](s)=\frac{1}{s-a},$$

$$\mathcal{L}[\cos(ax)](s)=\frac{s}{s^2+a^2},\quad \mathcal{L}[\sin(ax)](s)=\frac{a}{s^2+a^2}.$$

(a は定数)

問題 5.2.3. ラプラス変換の公式 (I) と (II) を用いずに，次のラプラス変換を定義に従って求めなさい．

(1) $\mathcal{L}[2](s)$　(2) $\mathcal{L}[1+x](s)$　(3) $\mathcal{L}\left[x^2\right](s)$　(4) $\mathcal{L}[\mathrm{e}^{2x}](s)$　(5) $\mathcal{L}[\cos(2x)](s)$

5.2.2　ラプラス変換による微分方程式の解法

ここではラプラス変換の基本的な性質について紹介し，導関数のラプラス変換の公式を導きます．そのうえで，ラプラス変換の公式や性質を用いて，微分方程式を解く方法を紹介します．

●ラプラス変換の基本的な性質

関数 $f(x)$ のラプラス変換の定義は

$$\mathcal{L}[f(x)](s) = \int_0^\infty \mathrm{e}^{-sx} f(x)\,\mathrm{d}x$$

でした．これを用いてラプラス変換の基本的な性質を導きましょう．

まずは，$\mathcal{L}[3f(x)](s)$ を考えます．積分の性質から，

$$\mathcal{L}[3f(x)](s) = \int_0^\infty \mathrm{e}^{-sx}(3f(x))\,\mathrm{d}x = 3\int_0^\infty \mathrm{e}^{-sx} f(x)\,\mathrm{d}x = 3\mathcal{L}[f(x)](s)$$

となります．よって，“定数倍はラプラス変換の外にでる” ことがわかります．

次に，$\mathcal{L}[f(x)+g(x)](s)$ を考えます．積分の性質から，

$$\begin{aligned}\mathcal{L}[f(x)+g(x)](s) &= \int_0^\infty \mathrm{e}^{-sx}(f(x)+g(x))\,\mathrm{d}x \\ &= \int_0^\infty \mathrm{e}^{-sx} f(x)\,\mathrm{d}x + \int_0^\infty \mathrm{e}^{-sx} g(x)\,\mathrm{d}x \\ &= \mathcal{L}[f(x)](s) + \mathcal{L}[g(x)](s)\end{aligned}$$

です．よって，“足し算や引き算のラプラス変換は，ラプラス変換してから，足したり引いたりしたものと同じになる” ことがわかります．

以上のようにして，一般に，次の**線形性**が成り立つことが示せます．

ラプラス変換の線形性

$$\mathcal{L}[af(x)+bg(x)](s) = a\mathcal{L}[f(x)](s) + b\mathcal{L}[g(x)](s) \quad (a,\ b \text{ は定数}).$$

では，この線形性と前節のラプラス変換の公式 (I) と (II) を用いて次の例題を解いてみましょう．

例題 5.2.4. 次のラプラス変換を求めなさい．

(1) $\mathcal{L}[3\cos x](s)$　(2) $\mathcal{L}[1+x](s)$　(3) $\mathcal{L}\left[3+2x^3\right](s)$

(4) $\mathcal{L}\left[5\mathrm{e}^{3x}+2\cos(3x)\right](s)$

解答：(1) 線形性と公式 (II) から，

$$\mathcal{L}[3\cos x](s) = 3\mathcal{L}[\cos x](s) = 3\frac{s}{s^2+1} = \frac{3s}{s^2+1}.$$

(2) 線形性と公式 (I) から，

$$\mathcal{L}[1+x](s) = \mathcal{L}[1](s) + \mathcal{L}[x](s) = \frac{1}{s} + \frac{1}{s^2}.$$

(3) 線形性と公式 (I) から，

$$\mathcal{L}\left[3+2x^3\right](s)=3\mathcal{L}[1](s)+2\mathcal{L}\left[x^3\right](s)=3\frac{1}{s}+2\frac{3!}{s^{3+1}}=\frac{3}{s}+\frac{12}{s^4}.$$

(4) 線形性と公式 (II) から，

$$\begin{aligned}\mathcal{L}\left[5\mathrm{e}^{3x}+2\cos(3x)\right](s)&=5\mathcal{L}\left[\mathrm{e}^{3x}\right](s)+2\mathcal{L}[\cos(3x)](s)\\&=5\frac{1}{s-3}+2\frac{s}{s^2+3^2}=\frac{5}{s-3}+\frac{2s}{s^2+9}.\end{aligned}$$

□

●導関数のラプラス変換

まず，1 階導関数のラプラス変換 $\mathcal{L}[f'(x)](s)$ について考えてみましょう．ラプラス変換 (5.2.1) の $f(x)$ を $f'(x)$ にすればよいので，

$$\mathcal{L}[f'(x)](s)=\int_0^\infty \mathrm{e}^{-sx}f'(x)\,\mathrm{d}x=\lim_{R\to\infty}\int_0^R \mathrm{e}^{-sx}f'(x)\,\mathrm{d}x$$

となります．この右辺の積分に部分積分を用いると，

$$\begin{aligned}\int_0^R \mathrm{e}^{-sx}f'(x)\,\mathrm{d}x&=\left[f(x)\mathrm{e}^{-sx}\right]_0^R-\int_0^R f(x)\left(\mathrm{e}^{-sx}\right)'\,\mathrm{d}x\\&=\left[f(x)\mathrm{e}^{-sx}\right]_0^R-\int_0^R f(x)\left(-s\mathrm{e}^{-sx}\right)\mathrm{d}x\\&=\left(f(R)\mathrm{e}^{-sR}-f(0)\right)+s\int_0^R f(x)\mathrm{e}^{-sx}\,\mathrm{d}x\end{aligned}$$

を得ます．ここで両辺について $R\to\infty$ とするのですが，そのまえに，

$$\lim_{R\to\infty}f(R)\mathrm{e}^{-sR}=0,$$

かつ

$$\lim_{R\to\infty}\int_0^R f(x)\mathrm{e}^{-sx}\,\mathrm{d}x=\mathcal{L}[f(x)](s)\ \text{が存在する}$$

ことを仮定しておきましょう．これらが成り立つならば，

$$\begin{aligned}\mathcal{L}[f'(x)](s)&=\lim_{R\to\infty}\int_0^R \mathrm{e}^{-sx}f'(x)\,\mathrm{d}x\\&=\lim_{R\to\infty}\left\{\left(f(R)\mathrm{e}^{-sR}-f(0)\right)+s\int_0^R f(x)\mathrm{e}^{-sx}\,\mathrm{d}x\right\}\\&=\lim_{R\to\infty}\left(f(R)\mathrm{e}^{-sR}-f(0)\right)+\lim_{R\to\infty}s\int_0^R f(x)\mathrm{e}^{-sx}\,\mathrm{d}x\\&=0-f(0)+s\mathcal{L}[f(x)](s)\end{aligned}$$

となり，結局，次の公式を得ます．

1 階導関数のラプラス変換の公式

$$\mathcal{L}[f'(x)](s) = s\mathcal{L}[f(x)](s) - f(0). \qquad (5.2.4)$$

じつは，この公式はすごいことをいっています．

“導関数を含むラプラス変換を，導関数のないラプラス変換で表せる！”

のです．この公式の威力については微分方程式を解くときにわかります．そのまえに，2 階導関数のラプラス変換の公式を導いておきましょう．

公式 (5.2.4) において，$f(x)$ を $g'(x)$ とすれば，

$$\mathcal{L}[g''(x)](s) = s\mathcal{L}[g'(x)](s) - g'(0)$$

となります．この右辺の $\mathcal{L}[g'(x)](s)$ にふたたび公式 (5.2.4) を用いると，

$$\begin{aligned}\mathcal{L}[g''(x)](s) &= s(s\mathcal{L}[g(x)](s) - g(0)) - g'(0)\\ &= s^2\mathcal{L}[g(x)](s) - sg(0) - g'(0)\end{aligned}$$

です．ここで，$g(x)$ を $f(x)$ と書いて，次の公式を得ます[7)]．

2 階導関数のラプラス変換の公式

$$\mathcal{L}[f''(x)](s) = s^2\mathcal{L}[f(x)](s) - sf(0) - f'(0).$$

●ラプラス変換を用いた微分方程式の解法

では，本題に入ります．ラプラス変換の公式 (I), (II) と性質 (線形性・導関数の公式) をもう一度思いだしておきましょう．

例 これよりラプラス変換の公式や性質を用いて，微分方程式

$$y' = y \qquad (5.2.5)$$

の解を求めてみます．

方程式 (5.2.5) の解を $y(x)$ とおくと，$y'(x) = y(x)$ が成り立ちますので，この両辺をラプラス変換すれば，

$$\mathcal{L}[y'(x)](s) = \mathcal{L}[y(x)](s)$$

です．この左辺に 1 階導関数の公式を用いると，

$$(\text{左辺}) = \mathcal{L}[y'(x)](s) = s\mathcal{L}[y(x)](s) - y(0)$$

7) n 階導関数のラプラス変換の公式も同様にして得られますが，本書では省略します．

ですから，

$$s\mathcal{L}[y(x)](s) - y(0) = \mathcal{L}[y(x)](s)$$

となります．さらに，$\mathcal{L}[y(x)](s)$ について左辺にまとめると，

$$(s-1)\mathcal{L}[y(x)](s) = y(0)$$

から，

$$\mathcal{L}[y(x)](s) = y(0)\frac{1}{s-1}$$

を得ます．ここで，公式 (II) から $\mathcal{L}[\mathrm{e}^x](s) = \dfrac{1}{s-1}$ ですので，これと線形性より，

$$\mathcal{L}[y(x)](s) = y(0)\frac{1}{s-1} = y(0)\mathcal{L}[\mathrm{e}^x](s) = \mathcal{L}[y(0)\mathrm{e}^x](s)$$

となります．よって，ラプラス変換をはずすと[8)]，方程式 (5.2.5) の解

$$y(x) = y(0)\mathrm{e}^x$$

を得ます． ■

☆**注意**☆ $y(0)$ を任意定数 C とすると，$y(x) = C\mathrm{e}^x$ は一般解になりますし，方程式 (5.2.5) に加えて初期条件 $y(0) = y_0$ が与えられれば，$y(x) = y_0\mathrm{e}^x$ は初期値問題の解になります．これらのことは，方程式 (5.2.5) を変数分離形とみて解いても確認できます．

これまでの解法の手順をまとめると以下のようになります．

ラプラス変換を用いた微分方程式の解法の手順

(ステップ 1) 微分方程式の両辺をラプラス変換する．

(ステップ 2) 導関数の公式や線形性と公式 (I), (II) を用いて，

$$\mathcal{L}[y(x)](s) = \mathcal{L}[\ (\text{数式})\ ](s)$$

の形にする．

(ステップ 3) ラプラス変換をはずせば，$y(x) = (\text{数式})$ が求める解になる．

例題 5.2.5. ラプラス変換を用いて，次の初期値問題の解を求めなさい．

(1) $y' = 3y + \mathrm{e}^{2x}, \quad y(0) = 1$ (2) $y'' + 4y = 0, \quad y(0) = y'(0) = 1$

---

8) ラプラス変換をはずすことは，ラプラス変換の逆の変換 (**逆ラプラス変換**とよばれます) をすることに対応します．じつは，その逆の変換をすれば，もとの関数にもどることが保証されています．本書では細かい議論をさけ，形式的に解を求めることにします．

解答：(1) **(ステップ 1)**　方程式の両辺をラプラス変換すると，線形性と公式 (II) より，

$$\mathcal{L}[y'(x)](s) = \mathcal{L}\left[3y(x) + \mathrm{e}^{2x}\right](s) = 3\mathcal{L}[y(x)](s) + \mathcal{L}\left[\mathrm{e}^{2x}\right](s)$$
$$= 3\mathcal{L}[y(x)](s) + \frac{1}{s-2}$$

である．

(ステップ 2)　この左辺に 1 階導関数の公式を用いると，

$$(\text{左辺}) = \mathcal{L}[y'(x)](s) = s\mathcal{L}[y(x)](s) - y(0)$$

だから，

$$s\mathcal{L}[y(x)](s) - y(0) = 3\mathcal{L}[y(x)](s) + \frac{1}{s-2}$$

となる．さらに，$\mathcal{L}[y(x)](s)$ について左辺にまとめると，

$$(s-3)\mathcal{L}[y(x)](s) = y(0) + \frac{1}{s-2}$$

だから，

$$\mathcal{L}[y(x)](s) = y(0)\frac{1}{s-3} + \frac{1}{(s-2)(s-3)}$$

を得る．ここで，部分分数分解

$$\frac{1}{(s-2)(s-3)} = \frac{-1}{s-2} + \frac{1}{s-3}$$

より，

$$\mathcal{L}[y(x)](s) = y(0)\frac{1}{s-3} + \frac{-1}{s-2} + \frac{1}{s-3} = -\frac{1}{s-2} + (1+y(0))\frac{1}{s-3}$$

を得る．よって，公式 (II) と線形性から

$$\mathcal{L}[y(x)](s) = -\mathcal{L}\left[\mathrm{e}^{2x}\right](s) + (1+y(0))\mathcal{L}\left[\mathrm{e}^{3x}\right](s)$$
$$= \mathcal{L}\left[-\mathrm{e}^{2x} + (1+y(0))\mathrm{e}^{3x}\right](s)$$

となる．

(ステップ 3)　よって，ラプラス変換をはずし，初期条件 $y(0) = 1$ を用いると，求める解

$$y(x) = -\mathrm{e}^{2x} + (1+1)\mathrm{e}^{3x} = -\mathrm{e}^{2x} + 2\mathrm{e}^{3x}$$

を得る．

(2) **(ステップ 1)**　方程式の両辺をラプラス変換すると，公式 (I) より，

$$\mathcal{L}[y''(x) + 4y(x)](s) = \mathcal{L}[0](s) = 0$$

である．

(ステップ 2)　この左辺に線形性と 2 階導関数の公式を用いると，

$$\begin{aligned}(\text{左辺}) &= \mathcal{L}[y''(x)](s) + 4\mathcal{L}[y(x)](s)\\ &= s^2\mathcal{L}[y(x)](s) - sy(0) - y'(0) + 4\mathcal{L}[y(x)](s)\\ &= (s^2+4)\mathcal{L}[y(x)](s) - sy(0) - y'(0)\end{aligned}$$

だから，

$$(s^2+4)\mathcal{L}[y(x)](s) - sy(0) - y'(0) = 0$$

となる．さらに，$\mathcal{L}[y(x)](s)$ について左辺にまとめると，

$$(s^2+4)\mathcal{L}[y(x)](s) = sy(0) + y'(0)$$

だから，

$$\mathcal{L}[y(x)](s) = y(0)\frac{s}{s^2+4} + y'(0)\frac{1}{s^2+4}$$

を得る．よって，公式 (Ⅱ) から

$$\mathcal{L}[y(x)](s) = y(0)\mathcal{L}[\cos(2x)](s) + \frac{1}{2}y'(0)\mathcal{L}[\sin(2x)](s)$$

なので，これと線形性より，

$$\mathcal{L}[y(x)](s) = \mathcal{L}\left[y(0)\cos(2x) + \frac{1}{2}y'(0)\sin(2x)\right](s)$$

となる．

(ステップ 3)　よって，ラプラス変換をはずし，初期条件 $y(0) = y'(0) = 1$ を用いると，求める解

$$y(x) = \cos(2x) + \frac{1}{2}\sin(2x)$$

を得る．　□

本書では，定数係数の非同次線形微分方程式を解くために必要な最低限のラプラス変換の公式や性質を紹介しました．ここで扱わなかった多くの公式や性質もありますが，それらは他書へゆずることにします．

問題 5.2.6. 次のラプラス変換を求めなさい．

(1) $\mathcal{L}[5\sin x](s)$　(2) $\mathcal{L}[2+3x](s)$　(3) $\mathcal{L}\left[4x+5x^6\right](s)$

(4) $\mathcal{L}\left[2e^{4x}+3\cos(2x)\right](s)$　(5) $\mathcal{L}\left[x^5+x^3+3e^{5x}+3\sin(5x)+7\cos(5x)\right](s)$

問題 5.2.7. ラプラス変換を用いて，次の初期値問題の解を求めなさい．

(1) $y' = -y,\quad y(0) = 2$　(2) $y'' - 4y = 0,\quad y(0) = y'(0) = 1$

(3) $y' = 2y + x,\quad y(0) = 1$　(4) $y'' + 9y = e^x,\quad y(0) = y'(0) = 1$

問題の略解

以下，$C, C_1, C_2, C_3, C_4, c_1, c_2, D$ は任意定数を表し，$\boldsymbol{c}$ は任意の定数ベクトルを表す．

第 1 章

問題 1.1.2　何度か微分することで確認できるため，省略する．

問題 1.2.3　(1) $y(x) = Ce^{3x}$　(2) $y(x) = Ce^{x^2}$　(3) $y(x) = C\cos x$　(4) $y(x) = \dfrac{1}{2} + Ce^{-x^2}$
(5) $y(x) = \dfrac{1}{1 - Ce^{e^x}}$　(6) $y(x)^2 = 2e^x + C\ \left(y(x) = \pm\sqrt{2e^x + C}\right)$　(7) $y(x)^3 = \dfrac{3}{2}x^2 + C$
(8) $(y(x) - 1)^3 = 2x - \cos x + C$　(9) $\cos(y(x)) = -\sin x + C$
(10) $y(x) = \sin(\arcsin x + C)$　(11) $y(x) = \tan\left(\dfrac{x^2}{2} + C\right)$　(12) $\tan(y(x)) = \dfrac{1}{\cos x} + C$

問題 1.2.4　(1) $y(x) = e^{3x}$　(2) $y(x) = e^{x^2}$　(3) $y(x) = 3e^{x^2-4}$　(4) $y(x) = \dfrac{1}{1 + \log|x|}$
(5) $y(x) = \dfrac{3x+1}{3x-1}$　(6) $y(x) = \dfrac{1}{\sin x}$　(7) $y(x) = 2e^{\frac{1}{\cos x}-2}$　(8) $y(x) = \dfrac{4 - xe^{\frac{x^2}{2}-x+\frac{1}{x}-\frac{1}{2}}}{2 - xe^{\frac{x^2}{2}-x+\frac{1}{x}-\frac{1}{2}}}$

問題 1.3.3　(1) $y(x) = 2 + De^{-2x}$　(2) $y(x) = -\dfrac{x}{2} - \dfrac{1}{4} + De^{2x}$　(3) $y(x) = \dfrac{1}{2} + De^{-x^2}$
(4) $y(x) = \dfrac{x}{2} - \dfrac{x^3}{4} + \dfrac{D}{x}$　(5) $y(x) = (x + D)e^{-x^2}$　(6) $y(x) = \dfrac{\frac{x^3}{3} + D}{x^2 + 1}$
(7) $y(x) = \dfrac{\log|x| + D}{x^2 + 1}$　(8) $y(x) = -1 - \sin^2 x + 2\sin x + De^{-\sin x}$

問題 1.3.4　(1) $y(x) = 2e^x - 1$　(2) $y(x) = x - 2e^{-x}$
(3) $y(x) = \dfrac{1}{10}e^{3x} - \dfrac{1}{10}(\cos x + 3\sin x)$　(4) $y(x) = \dfrac{x}{2}\log x - \dfrac{x}{4} - \dfrac{3}{4x}$
(5) $y(x) = \left(2e^2 + 1\right)e^{3(x-1)} - (x+1)e^{2x}$　(6) $y(x) = (\arctan x + 1)\sqrt{x^2 + 1}$

問題 1.4.3　(1) $y(x) = Dx^2 - x$　(2) $y(x) = 2x\log|x| + Cx$　(3) $y(x) = x\log(\log|x| + C)$
(4) $y(x) = x\tan(\log|x| + C)$　(5) $y(x) = \dfrac{x\left(2 - Cx^3\right)}{1 - 2Cx^3}$　(6) $\left(\dfrac{y}{x}\right)^2 + \dfrac{y}{x} + 1 = Cx$

問題 1.4.4　(1) $y(x) = 2x$　(2) $y(x) = x\log|x|$
(3) $y(x)^2 = x^2(2\log|x| + 9)\ \left(y(x) = \pm x\sqrt{2\log|x| + 9}\right)$
(4) $y(x) = -x\log(e^{-1} - \log|x|)$　(5) $y(x) = x\arctan(\log|x|)$

問題 1.5.3　(1) $y(x) = \dfrac{1}{De^x + 1}$　(2) $y(x)^2 = \dfrac{1}{De^{2x} + 1}\ \left(y(x) = \pm\dfrac{1}{\sqrt{De^{2x} + 1}}\right)$

(3) $y(x) = \dfrac{\mathrm{e}^x}{D - x}$　　(4) $y(x) = \left(D\mathrm{e}^{-\frac{1}{2}x} + x - 2\right)^2$　　(5) $y(x) = \left(D|x|^{\frac{1}{2}} + x\right)^2$

(6) $y(x) = \dfrac{x^2 + 1}{x \sin x + \cos x + D}$

問題 1.5.4　(1) $y(x)^2 = 4 - 3\mathrm{e}^{-2x}$ $\left(y(x) = \pm\sqrt{4 - 3\mathrm{e}^{-2x}}\right)$

(2) $y(x) = \dfrac{\mathrm{e}^x}{1 - x}$　　(3) $y(x) = \dfrac{1}{-\frac{1}{2} + \mathrm{e}^{-x^2}}$　　(4) $y(x) = \dfrac{x^2}{2 - \sin x}$

問題 1.6.3　(1) $y(x) = \dfrac{D\mathrm{e}^{x^2} + \frac{1}{2}}{D\mathrm{e}^{x^2} - \frac{1}{2}}$　($y_1(x) = 1$ は特殊解)

(2) $y(x) = \dfrac{D\mathrm{e}^{2x - \frac{2}{3}x^3} + \frac{1}{2}}{D\mathrm{e}^{2x - \frac{2}{3}x^3} - \frac{1}{2}}$　($y_1(x) = \pm 1$ は特殊解)

(3) $y(x) = \dfrac{\left(D\mathrm{e}^{-x^2} + \frac{1}{2}\right)x}{D\mathrm{e}^{-x^2} - \frac{1}{2}}$　($y_1(x) = x$ は特殊解)

(4) $y(x) = \dfrac{2D\mathrm{e}^{-\cos x} + 3}{D\mathrm{e}^{-\cos x} + 1}$　($y_1(x) = 2,\ 3$ は特殊解)

(5) $y(x) = \dfrac{Dx^3 + 2x^2}{Dx + 1}$　($y_1(x) = x^2$ は特殊解)

(6) $y(x) = \dfrac{\left(D\mathrm{e}^{-\frac{4}{3}x^{\frac{3}{2}}} + \frac{1}{2}\right)\sqrt{x}}{D\mathrm{e}^{-\frac{4}{3}x^{\frac{3}{2}}} - \frac{1}{2}}$　($y_1(x) = \sqrt{x}$ は特殊解)

問題 1.6.4　(1) $y(x) = \dfrac{1 - 4\mathrm{e}^{-3x}}{-1 - 2\mathrm{e}^{-3x}}$　($y_1(x) = 2,\ -1$ は特殊解)

(2) $y(x) = \dfrac{2 - 2\mathrm{e}^{\sin x}}{1 - 2\mathrm{e}^{\sin x}}$　($y_1(x) = 1,\ 2$ は特殊解)

(3) $y(x) = \dfrac{2x + 1 - 3\mathrm{e}^{-2(x-1)}}{x\left(-2x + 1 - 3\mathrm{e}^{-2(x-1)}\right)}$　($y_1(x) = \dfrac{1}{x}$ は特殊解)

(4) $y(x) = \dfrac{-x^3 + x^2 + 1}{1 - x}$　($y_1(x) = x^2$ は特殊解)

問題 1.7.3　(1) $y(x) = \dfrac{C}{x^2}$　　(2) $x^2 + 3xy(x) + x + y(x)^2 + 5y(x) = C$

(3) $y(x) = \dfrac{C}{x + \mathrm{e}^x}$　　(4) $\dfrac{x^2 y(x)^2}{2} + xy(x) = C$

(5) $\left(-\cos x + x^2\right)y(x) + \mathrm{e}^{y(x)} = C$　　(6) $x + \dfrac{2}{3}\left(x^2 - y(x)^2\right)^{\frac{3}{2}} = C$

問題 1.7.4　(1) $xy(x)^4 = 1$　　(2) $(\mathrm{e}^x + x)\,y(x) + y(x)^2 = 0$

(3) $3x^3 + xy(x) - x - 2y(x)^2 = -8$　　(4) $x\cos(xy(x)) + \dfrac{1}{2}\mathrm{e}^{2x} + \dfrac{y(x)^3}{3} = \dfrac{5}{6}$

第 2 章

問題 2.1.2　2 回微分することで確認でき，一般解はどれも $y(x) = C_1 y_1(x) + C_2 y_2(x)$ の形で与えられるため，省略する．

問題 2.2.3　(1) $y(x) = C_1\mathrm{e}^{2x} + C_2\mathrm{e}^{4x}$　　(2) $y(x) = C_1\mathrm{e}^{3x} + C_2 x\mathrm{e}^{3x}$

(3) $y(x) = C_1\mathrm{e}^{2x}\cos x + C_2\mathrm{e}^{2x}\sin x$　　(4) $y(x) = C_1\mathrm{e}^{-3x} + C_2\mathrm{e}^{x}$

(5) $y(x) = C_1 \mathrm{e}^{-x} + C_2 x \mathrm{e}^{-x}$ (6) $y(x) = C_1 \mathrm{e}^{-x} \cos(2x) + C_2 \mathrm{e}^{-x} \sin(2x)$

(7) $y(x) = C_1 \cos(\sqrt{3}x) + C_2 \sin(\sqrt{3}x)$ (8) $y(x) = C_1 \mathrm{e}^{-x} + C_2 \mathrm{e}^{\frac{1}{2}x}$

(9) $y(x) = C_1 \mathrm{e}^{-\frac{1}{3}x} + C_2 x \mathrm{e}^{-\frac{1}{3}x}$ (10) $y(x) = C_1 \mathrm{e}^{-\frac{1}{4}x} \cos\left(\frac{\sqrt{7}}{4}x\right) + C_2 \mathrm{e}^{-\frac{1}{4}x} \sin\left(\frac{\sqrt{7}}{4}x\right)$

問題 2.2.4 (1) $y(x) = -\mathrm{e}^{x} + \mathrm{e}^{3x}$ (2) $y(x) = \mathrm{e}^{-2x} + 3x\mathrm{e}^{-2x}$

(3) $y(x) = \sqrt{3}\cos(2x) + \sin(2x)$ (4) $y(x) = -\frac{2}{7}\mathrm{e}^{-3(x-1)} + \frac{16}{7}\mathrm{e}^{\frac{1}{2}(x-1)}$

(5) $y(x) = \mathrm{e}^{\frac{1}{3}x} + \frac{1}{3}x\mathrm{e}^{\frac{1}{3}x}$ (6) $y(x) = -\mathrm{e}^{-x}\cos(\sqrt{2}x) - \frac{\sqrt{2}}{2}\mathrm{e}^{-x}\sin(\sqrt{2}x)$

問題 2.3.2 (1) $y(x) = C_1 \mathrm{e}^{-3x} + C_2 \mathrm{e}^{x} + C_3 \mathrm{e}^{5x}$

(2) $y(x) = C_1 \mathrm{e}^{-2x} + C_2 x\mathrm{e}^{-2x} + C_3 x^2 \mathrm{e}^{-2x}$ (3) $y(x) = C_1 \mathrm{e}^{x} + C_2 \mathrm{e}^{2x} + C_3 x\mathrm{e}^{2x}$

(4) $y(x) = C_1 \mathrm{e}^{x} + C_2 \mathrm{e}^{x}\cos(\sqrt{3}x) + C_3 \mathrm{e}^{x}\sin(\sqrt{3}x)$

(5) $y(x) = C_1 \mathrm{e}^{-x} + C_2 x\mathrm{e}^{-x} + C_3 x^2 \mathrm{e}^{-x} + C_4 x^3 \mathrm{e}^{-x}$

(6) $y(x) = C_1 \cos x + C_2 \sin x + C_3 x\cos x + C_4 x\sin x$

問題 2.4.2 (1) $y(x) = C_1 \mathrm{e}^{-2x} + C_2 \mathrm{e}^{2x} + \frac{1}{5}\mathrm{e}^{3x}$ (2) $y(x) = C_1 \mathrm{e}^{-2x} + C_2 \mathrm{e}^{2x} + \frac{1}{4}x\mathrm{e}^{2x}$

(3) $y(x) = C_1 \cos(2x) + C_2 \sin(2x) + \frac{1}{13}\mathrm{e}^{3x}$ (4) $y(x) = C_1 \mathrm{e}^{3x} + C_2 x\mathrm{e}^{3x} + \frac{1}{25}\mathrm{e}^{-2x}$

(5) $y(x) = C_1 \mathrm{e}^{3x} + C_2 x\mathrm{e}^{3x} + \frac{1}{2}x^2\mathrm{e}^{3x}$ (6) $y(x) = C_1 \mathrm{e}^{-2x} + C_2 \mathrm{e}^{3x} + 2x\mathrm{e}^{3x}$

(7) $y(x) = C_1 \mathrm{e}^{\frac{1}{2}x} + C_2 \mathrm{e}^{\frac{1}{3}x} + x\mathrm{e}^{\frac{1}{2}x}$ (8) $y(x) = C_1 \mathrm{e}^{-\frac{1}{2}x} + C_2 x\mathrm{e}^{-\frac{1}{2}x} + \frac{1}{8}x^2\mathrm{e}^{-\frac{1}{2}x}$

問題 2.4.4 (1) $y(x) = C_1 \mathrm{e}^{-x} + C_2 \mathrm{e}^{x} - \cos x$ (2) $y(x) = C_1 \mathrm{e}^{-\sqrt{2}x} + C_2 \mathrm{e}^{\sqrt{2}x} - \frac{\sin x}{3}$

(3) $y(x) = C_1 \mathrm{e}^{-x} + C_2 x\mathrm{e}^{-x} - \frac{4}{5}\cos(2x) - \frac{3}{5}\sin(2x)$

(4) $y(x) = C_1 \mathrm{e}^{x}\cos(\sqrt{2}x) + C_2 \mathrm{e}^{x}\sin(\sqrt{2}x) + \frac{1}{4}\cos(3x) - \frac{1}{4}\sin(3x)$

(5) $y(x) = C_1 \mathrm{e}^{-x} + C_2 \mathrm{e}^{x} - \frac{1}{2}\cos x - \sin x$

(6) $y(x) = C_1 \cos(2x) + C_2 \sin(2x) - \cos(3x) - \sin(3x)$

(7) $y(x) = C_1 \mathrm{e}^{-2x}\cos x + C_2 \mathrm{e}^{-2x}\sin x + \frac{1}{13}\cos(2x) + \frac{8}{13}\sin(2x)$

問題 2.4.6 (1) $y(x) = C_1 \cos x + C_2 \sin x + x + 1$

(2) $y(x) = C_1 \cos(\sqrt{2}x) + C_2 \sin(\sqrt{2}x) + \frac{1}{2}x^2 + x + 1$

(3) $y(x) = C_1 \mathrm{e}^{x} + C_2 x\mathrm{e}^{x} + 2x + 7$ (4) $y(x) = C_1 \mathrm{e}^{x} + C_2 \mathrm{e}^{2x} + x^2 + 5x + 8$

(5) $y(x) = C_1 \cos x + C_2 \sin x + x^3 + 3x^2 - 2x - 1$

(6) $y(x) = C_1 \mathrm{e}^{\frac{1}{2}x} + C_2 x\mathrm{e}^{\frac{1}{2}x} + x^2 + 8x + 24$

問題 2.4.7 (1) $y(x) = C_1 \cos x + C_2 \sin x + \frac{1}{5}\mathrm{e}^{2x} + x^2 - 2$

(2) $y(x) = C_1 \cos(\sqrt{3}x) + C_2 \sin(\sqrt{3}x) + \frac{1}{3}x + \frac{1}{3} + \frac{1}{2}\sin x$

(3) $y(x) = C_1 \mathrm{e}^{-2x} + C_2 \mathrm{e}^{2x} - \frac{1}{3}\mathrm{e}^{x} - \frac{1}{5}\cos x$ (4) $y(x) = C_1 \cos x + C_2 \sin x + \frac{1}{2}(x-1)\mathrm{e}^{x}$

(5) $y(x) = C_1 \cos(\sqrt{3}x) + C_2 \sin(\sqrt{3}x) - \frac{1}{2}\cos x + \frac{1}{2}x\sin x$

(6) $y(x) = C_1 \mathrm{e}^{-2x} + C_2 \mathrm{e}^{2x} - \frac{1}{5}\mathrm{e}^{x}\cos x + \frac{1}{10}\mathrm{e}^{x}\sin x$

(7) $y(x) = C_1 \mathrm{e}^{-\sqrt{2}x} + C_2 \mathrm{e}^{\sqrt{2}x} - \left(x^2 + 4x + 10\right)\mathrm{e}^{x}$

第 3 章

問題 3.1.3, 問題 3.1.4, 問題 3.1.5 微分することで確認できるため，省略する．

問題 3.2.2 (1) $\boldsymbol{y}(t) = c_1\mathrm{e}^{-t}\begin{pmatrix}1\\1\end{pmatrix} + c_2\mathrm{e}^{t}\begin{pmatrix}2\\1\end{pmatrix}$ (2) $\boldsymbol{y}(t) = c_1\mathrm{e}^{2t}\begin{pmatrix}5\\1\end{pmatrix} + c_2\mathrm{e}^{6t}\begin{pmatrix}1\\1\end{pmatrix}$

(3) $\boldsymbol{y}(t) = c_1\mathrm{e}^{-4t}\begin{pmatrix}2\\-1\end{pmatrix} + c_2\mathrm{e}^{t}\begin{pmatrix}3\\1\end{pmatrix}$ (4) $\boldsymbol{y}(t) = c_1\begin{pmatrix}1\\-1\end{pmatrix} + c_2\mathrm{e}^{3t}\begin{pmatrix}1\\2\end{pmatrix}$

(5) $\boldsymbol{y}(t) = c_1\mathrm{e}^{(1-\sqrt{2})t}\begin{pmatrix}\sqrt{2}\\-1\end{pmatrix} + c_2\mathrm{e}^{(1+\sqrt{2})t}\begin{pmatrix}\sqrt{2}\\1\end{pmatrix}$

(6) $\boldsymbol{y}(t) = c_1\mathrm{e}^{-2t}\begin{pmatrix}1\\-1\\1\end{pmatrix} + c_2\mathrm{e}^{-t}\begin{pmatrix}1\\-1\\0\end{pmatrix} + c_3\mathrm{e}^{t}\begin{pmatrix}-7\\1\\2\end{pmatrix}$

問題 3.2.3 (1) $\boldsymbol{y}(t) = \mathrm{e}^{t}\begin{pmatrix}1\\1\end{pmatrix}$ (2) $\boldsymbol{y}(t) = \mathrm{e}^{5t}\begin{pmatrix}1\\2\end{pmatrix}$

(3) $\boldsymbol{y}(t) = \mathrm{e}^{-t}\begin{pmatrix}1\\-1\end{pmatrix} - \mathrm{e}^{t}\begin{pmatrix}1\\-2\end{pmatrix}$ (4) $\boldsymbol{y}(t) = \dfrac{1}{2}\mathrm{e}^{-3t}\begin{pmatrix}3\\-1\end{pmatrix} - \dfrac{1}{2}\mathrm{e}^{5t}\begin{pmatrix}1\\1\end{pmatrix}$

問題 3.2.5 (1) $\boldsymbol{y}(t) = c_1\begin{pmatrix}-\sin(2t)\\\cos(2t)\end{pmatrix} + c_2\begin{pmatrix}\cos(2t)\\\sin(2t)\end{pmatrix}$

(2) $\boldsymbol{y}(t) = c_1\mathrm{e}^{t}\begin{pmatrix}3\sin(3t)\\\cos(3t)\end{pmatrix} + c_2\mathrm{e}^{t}\begin{pmatrix}3\cos(3t)\\-\sin(3t)\end{pmatrix}$

(3) $\boldsymbol{y}(t) = c_1\mathrm{e}^{-t}\begin{pmatrix}2\cos(2t)\\2\cos(2t)-\sin(2t)\end{pmatrix} + c_2\mathrm{e}^{-t}\begin{pmatrix}2\sin(2t)\\\cos(2t)+2\sin(2t)\end{pmatrix}$

問題 3.2.6 (1) $\boldsymbol{y}(t) = 2\mathrm{e}^{t}\begin{pmatrix}-\sin(2t)\\\cos(2t)\end{pmatrix} + \mathrm{e}^{t}\begin{pmatrix}\cos(2t)\\\sin(2t)\end{pmatrix}$

(2) $\boldsymbol{y}(t) = \mathrm{e}^{-t}\begin{pmatrix}\cos(3t)+\sin(3t)\\\cos(3t)\end{pmatrix}$

問題 3.2.8 (1) $\boldsymbol{y}(t) = c_1\mathrm{e}^{-2t}\begin{pmatrix}1\\0\end{pmatrix} + c_2\mathrm{e}^{-2t}\begin{pmatrix}0\\1\end{pmatrix}$

(2) $\boldsymbol{y}(t) = c_1\mathrm{e}^{-2t}\begin{pmatrix}0\\1\end{pmatrix} + c_2\mathrm{e}^{-2t}\begin{pmatrix}\frac{1}{2}\\t\end{pmatrix}$ (3) $\boldsymbol{y}(t) = c_1\mathrm{e}^{t}\begin{pmatrix}1\\-1\end{pmatrix} + c_2\mathrm{e}^{t}\begin{pmatrix}t+1\\-t\end{pmatrix}$

(4) $\boldsymbol{y}(t) = c_1\mathrm{e}^{3t}\begin{pmatrix}1\\1\end{pmatrix} + c_2\mathrm{e}^{3t}\begin{pmatrix}t+\frac{1}{4}\\t\end{pmatrix}$

問題 3.2.9 (1) $\boldsymbol{y}(t) = \mathrm{e}^{t}\begin{pmatrix}1\\t\end{pmatrix}$ (2) $\boldsymbol{y}(t) = \mathrm{e}^{-t}\begin{pmatrix}1-2t\\1-4t\end{pmatrix}$

問題 3.3.2 (1) $\mathrm{e}^{tA} = \begin{pmatrix}\mathrm{e}^{5t} & 0\\0 & \mathrm{e}^{5t}\end{pmatrix}$ (2) $\mathrm{e}^{tA} = \begin{pmatrix}\mathrm{e}^{-2t} & 0\\0 & \mathrm{e}^{-3t}\end{pmatrix}$

(3) $\mathrm{e}^{tA} = \begin{pmatrix}\mathrm{e}^{7t} & t\mathrm{e}^{7t}\\0 & \mathrm{e}^{7t}\end{pmatrix}$ (4) $\mathrm{e}^{tA} = \begin{pmatrix}-\cos(5t) & -\sin(5t)\\\sin(5t) & \cos(5t)\end{pmatrix}$

問題 3.4.3 (1) $\boldsymbol{y}(t) = \begin{pmatrix}-\frac{1}{3}+c_1\mathrm{e}^{3t}\\-\frac{1}{5}+c_2\mathrm{e}^{5t}\end{pmatrix}$ (2) $\boldsymbol{y}(t) = \begin{pmatrix}\frac{2}{3}+c_1\mathrm{e}^{-3t}+c_2t\mathrm{e}^{-3t}\\1+c_2\mathrm{e}^{-3t}\end{pmatrix}$

(3) $\boldsymbol{y}(t) = \begin{pmatrix}c_1\cos(2t)+c_2\sin(2t)\\-\frac{1}{2}-c_1\sin(2t)+c_2\cos(2t)\end{pmatrix}$ (4) $\boldsymbol{y}(t) = \begin{pmatrix}2+c_1\mathrm{e}^{-t}\\t-1+c_2\mathrm{e}^{-t}\end{pmatrix}$

問題 3.5.2　(1) $\boldsymbol{y}(t) = \begin{pmatrix} 5\mathrm{e}^{2t} & \mathrm{e}^{6t} \\ \mathrm{e}^{2t} & \mathrm{e}^{6t} \end{pmatrix} \boldsymbol{c}$　(2) $\boldsymbol{y}(t) = \mathrm{e}^{t} \begin{pmatrix} -3\sin(3t) & 3\cos(3t) \\ -\cos(3t) & -\sin(3t) \end{pmatrix} \boldsymbol{c}$

(3) $\boldsymbol{y}(t) = \mathrm{e}^{-2t} \begin{pmatrix} 0 & \frac{1}{2} \\ 1 & t \end{pmatrix} \boldsymbol{c}$　(4) $\boldsymbol{y}(t) = \begin{pmatrix} 2\mathrm{e}^{-4t} & 3\mathrm{e}^{t} \\ -\mathrm{e}^{-4t} & \mathrm{e}^{t} \end{pmatrix} \boldsymbol{c}$

(5) $\boldsymbol{y}(t) = \mathrm{e}^{t} \begin{pmatrix} 2\cos(2t) & 2\sin(2t) \\ 2\cos(2t) - \sin(2t) & 2\sin(2t) + \cos(2t) \end{pmatrix} \boldsymbol{c}$　(6) $\boldsymbol{y}(t) = \mathrm{e}^{t} \begin{pmatrix} 1 & t+1 \\ -1 & -t \end{pmatrix} \boldsymbol{c}$

問題 3.6.1　与えられた系の一般解は

$$\begin{pmatrix} x(t) \\ y(t) \end{pmatrix} = \boldsymbol{y}(t) = c_1 \mathrm{e}^{\sqrt{a^2-b^2}t} \begin{pmatrix} b \\ \sqrt{a^2-b^2} - a \end{pmatrix} + c_2 \mathrm{e}^{-\sqrt{a^2-b^2}t} \begin{pmatrix} b \\ -(\sqrt{a^2-b^2} + a) \end{pmatrix}$$

である．また，初期条件 $\begin{pmatrix} x(0) \\ y(0) \end{pmatrix} = \begin{pmatrix} x_0 \\ y_0 \end{pmatrix}$ をみたす解は

$$\begin{pmatrix} x(t) \\ y(t) \end{pmatrix} = \frac{(\sqrt{a^2-b^2}+a)x_0 + by_0}{2b\sqrt{a^2-b^2}} \mathrm{e}^{\sqrt{a^2-b^2}t} \begin{pmatrix} b \\ \sqrt{a^2-b^2} - a \end{pmatrix}$$
$$+ \frac{(\sqrt{a^2-b^2}-a)x_0 - by_0}{2b\sqrt{a^2-b^2}} \mathrm{e}^{-\sqrt{a^2-b^2}t} \begin{pmatrix} b \\ -(\sqrt{a^2-b^2} + a) \end{pmatrix}$$

である．ここで $a > b > 0$ から $\sqrt{a^2-b^2}$ は実数となり，$\lim_{t\to\infty} \mathrm{e}^{\sqrt{a^2-b^2}t} = \infty$ と $\lim_{t\to\infty} \mathrm{e}^{-\sqrt{a^2-b^2}t} = 0$ をみたすので，t が大きければこの解の第 1 項の影響が大きいことがわかる．

もし $(\sqrt{a^2-b^2}+a)x_0 + by_0 \neq 0$ のとき，$a > b > 0$ より解の第 1 項のベクトルの成分が $b > 0$ かつ $\sqrt{a^2-b^2} - a < 0$ だから，t が大きくなれば $x(t)$ と $y(t)$ は異符号である．よってこの場合，2 人の恋愛は成就しない．

一方，もし $(\sqrt{a^2-b^2}+a)x_0 + by_0 = 0$ のとき，$y_0 = -\dfrac{\sqrt{a^2-b^2}+a}{b} x_0$ だから，解は

$$\begin{pmatrix} x(t) \\ y(t) \end{pmatrix} = x_0 \mathrm{e}^{-\sqrt{a^2-b^2}t} \begin{pmatrix} 1 \\ -\frac{\sqrt{a^2-b^2}+a}{b} \end{pmatrix}$$

である．ここで $x_0 = 0$ のときは $\begin{pmatrix} x(t) \\ y(t) \end{pmatrix} = \begin{pmatrix} 0 \\ 0 \end{pmatrix}$ であり，$x_0 \neq 0$ のときは $-\dfrac{\sqrt{a^2-b^2}+a}{b} < 0$ より $x(t)$ と $y(t)$ は異符号だから，2 人の恋愛は成就しない．

以上より，いずれの場合も 2 人の恋愛は成就しない．

第 4 章

問題 4.1.1　“初期条件付きの系 (4.1.3) の解” として本文に記載のため省略．

問題 4.2.2　(ii) $\lim_{t\to\infty} (x(t), y(t)) = (0, 0)$　(iii) $\dfrac{\mathrm{d}y}{\mathrm{d}x} = \dfrac{y}{x} = \dfrac{y_0}{x_0}$

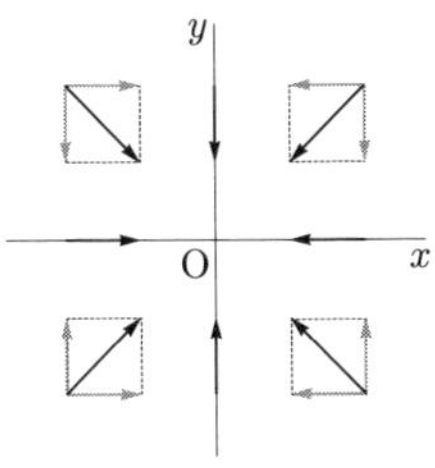

(i)

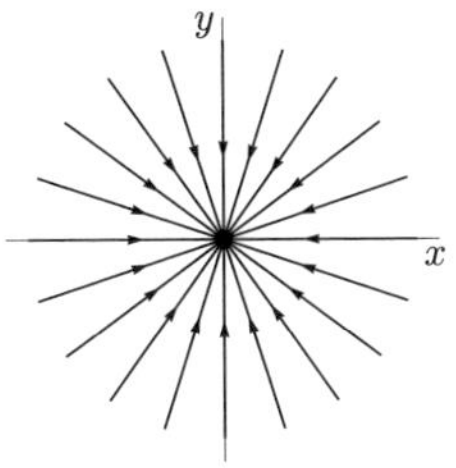

(iv)

問題 4.2.3

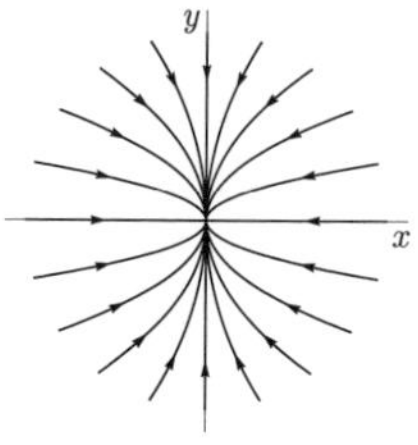

(1) 安定結節点

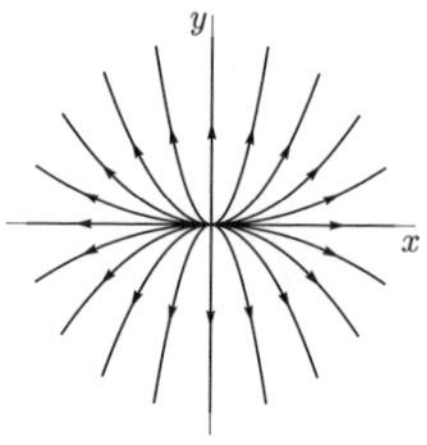

(2) 不安定結節点

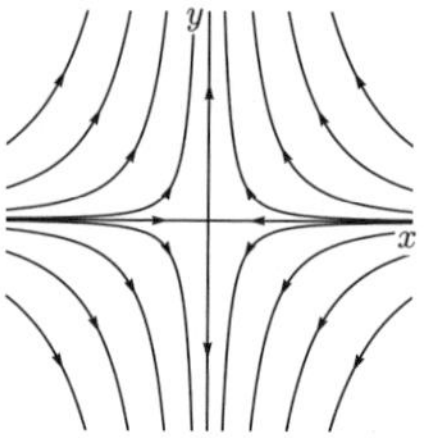

(3) 鞍　点

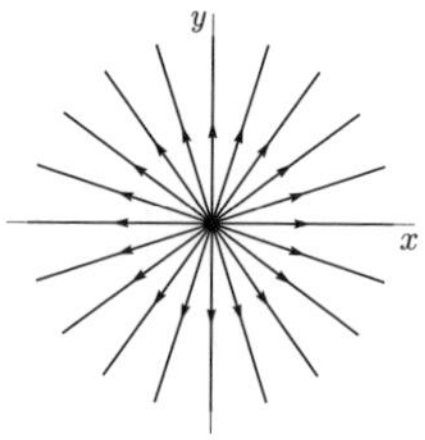

(4) 不安定結節点

問題 4.2.5

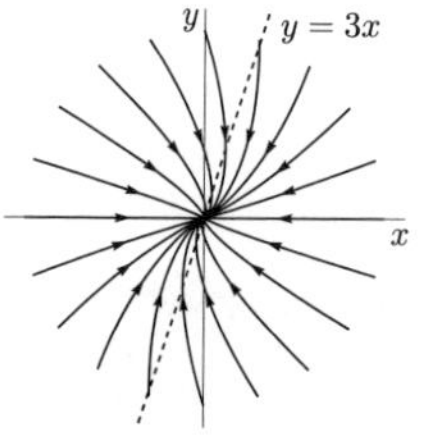

(1) 安定結節点

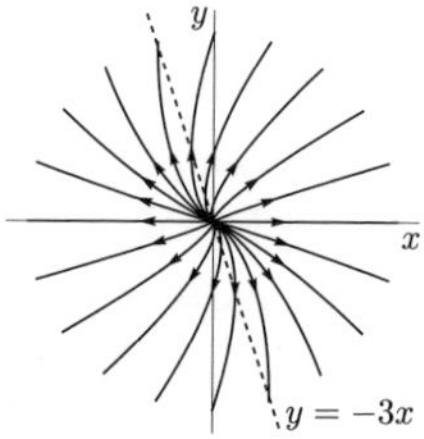

(2) 不安定結節点

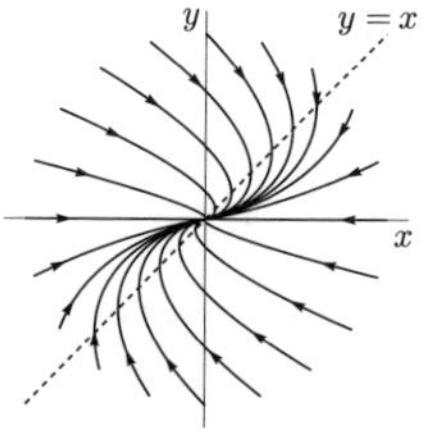

(3) 安定結節点

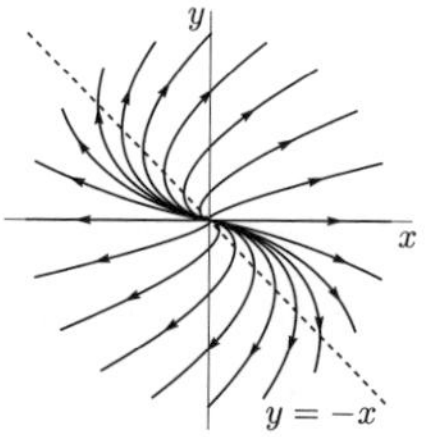

(4) 不安定結節点

問題 4.2.7　(ii) $\lim_{t\to\infty} r(t)=0,\ \lim_{t\to-\infty} r(t)=\infty,\ \lim_{t\to\infty}\theta(t)=-\infty$

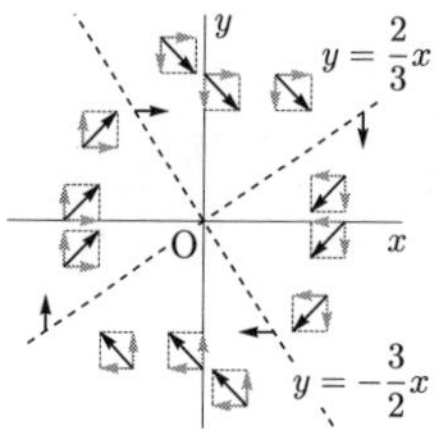

(i)

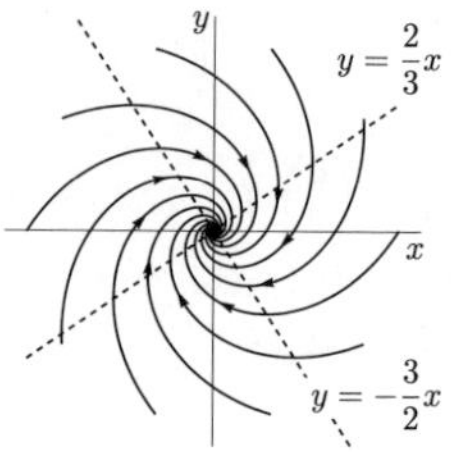

(iii)

問題 4.2.8

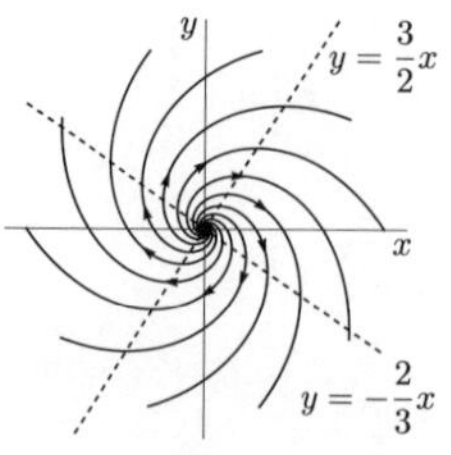

(1) 不安定渦状点

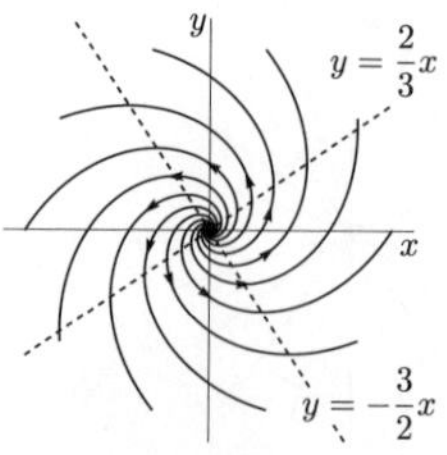

(2) 不安定渦状点

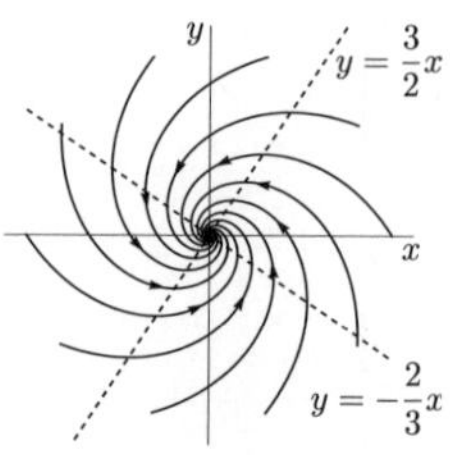

(3) 安定渦状点

問題 4.3.4 (1) 平衡点 $(-1,-1)$ は不安定　(2) 平衡点 $(1,-1)$ は不安定
(3) 平衡点 $(0,0)$ は不安定，平衡点 $\left(0,\dfrac{3}{2}\right)$ は不安定，平衡点 $\left(\dfrac{3}{2},0\right)$ は不安定

問題 4.3.5 (1) 平衡点 $\left(\dfrac{1}{2},\dfrac{1}{2}\right)$ は漸近安定，平衡点 $\left(-\dfrac{1}{2},\dfrac{1}{2}\right)$ は不安定
(2) 平衡点 $(2,1)$ は漸近安定，平衡点 $(-2,-1)$ は不安定
(3) 平衡点 $(-2,1)$ は漸近安定，平衡点 $(-4,-1)$ は不安定

問題 4.4.1 (1) $V(x,y)=x^6+y^6$ として，原点は安定
(2) $V(x,y)=x^4+y^4$ として，原点は漸近安定
(3) $V(x,y)=x^2+y^2$ として，原点は漸近安定

第 5 章

問題 5.1.4 (1) $y(x)=C\left\{1+\dfrac{-x}{1!}+\dfrac{(-x)^2}{2!}+\dfrac{(-x)^3}{3!}+\cdots\right\}=Ce^{-x}$

(2)
$$y(x)=C_1\left(1+\frac{x^2}{2!}+\frac{x^4}{4!}+\frac{x^6}{6!}+\cdots\right)+C_2\left(\frac{x}{1!}+\frac{x^3}{3!}+\frac{x^5}{5!}+\frac{x^7}{7!}+\cdots\right)$$
$$=C_1\frac{e^x+e^{-x}}{2}+C_2\frac{e^x-e^{-x}}{2}$$

(3) $y(x)=C\left(1-\dfrac{x^2}{3!}+\dfrac{x^4}{5!}-\dfrac{x^6}{7!}+\cdots\right)=C\dfrac{\sin x}{x}$

問題 5.2.3 (1) $\mathcal{L}[2](s)=\dfrac{2}{s}$　(2) $\mathcal{L}[1+x](s)=\dfrac{1}{s}+\dfrac{1}{s^2}$　(3) $\mathcal{L}\left[x^2\right](s)=\dfrac{2}{s^3}$
(4) $\mathcal{L}[e^{2x}](s)=\dfrac{1}{s-2}$　(5) $\mathcal{L}[\cos(2x)](s)=\dfrac{s}{s^2+4}$

問題 5.2.6 (1) $\mathcal{L}[5\sin x](s)=\dfrac{5}{s^2+1}$　(2) $\mathcal{L}[2+3x](s)=\dfrac{2}{s}+\dfrac{3}{s^2}$
(3) $\mathcal{L}\left[4x+5x^6\right](s)=\dfrac{4}{s^2}+\dfrac{3600}{s^7}$　(4) $\mathcal{L}\left[2e^{4x}+3\cos(2x)\right](s)=\dfrac{2}{s-4}+\dfrac{3s}{s^2+4}$
(5) $\mathcal{L}\left[x^5+x^3+3e^{5x}+3\sin(5x)+7\cos(5x)\right](s)=\dfrac{120}{s^6}+\dfrac{6}{s^4}+\dfrac{3}{s-5}+\dfrac{7s+15}{s^2+25}$

問題 5.2.7 (1) $y(x)=2e^{-x}$　(2) $y(x)=\dfrac{1}{4}e^{-2x}+\dfrac{3}{4}e^{2x}$
(3) $y(x)=\dfrac{5}{4}e^{2x}-\dfrac{1}{4}-\dfrac{1}{2}x$　(4) $y(x)=\dfrac{9}{10}\cos(3x)+\dfrac{3}{10}\sin(3x)+\dfrac{1}{10}e^x$

索　引

○な　行

○は　行

○ま　行

○や　行

○ら　行

著者略歴

鬼《おに》 塚《つか》 政《まさ》 一《かず》

現　在　岡山理科大学理学部准教授
　　　　島根大学　博士(理学)

榊《さかき》 原《ばら》 航《こお》 也《や》

現　在　金沢大学理工研究域准教授
　　　　東京大学　博士(数理科学)

濱《はま》 谷《や》 義《よし》 弘《ひろ》

現　在　皇學館大学教育学部特命教授
　　　　岡山理科大学　理学博士

2024年 4 月18日　初 版 発 行

例題で学ぶ
はじめての微分方程式

著　者　鬼 塚 政 一
　　　　榊 原 航 也
　　　　濱 谷 義 弘
発行者　山 本 　格

発 行 所　株式会社　培 風 館

東京都千代田区九段南 4-3-12・郵便番号 102-8260
電 話(03)3262-5256(代表)・振 替 00140-7-44725

平文社印刷・牧 製本

PRINTED IN JAPAN

ISBN 978-4-563-01173-4 C3041